国家科学技术学术著作出版基金资助出版

火灾条件下玻璃破裂行为和机理

Fracture Behavior and Mechanism of Glass Exposed to Fire

王青松　陈昊东　孙金华　著

科学出版社

北　京

内 容 简 介

本书对玻璃热破裂的基础、玻璃热破裂行为规律及水幕保护下的玻璃热破裂行为等方面的最新研究成果进行全面论述。全书共8章。第1章主要介绍玻璃在建筑上的应用及热破裂问题。第2章主要介绍玻璃热破裂的基础。第3章主要介绍玻璃热破裂的随机性规律及分析方法。第4章介绍玻璃热破裂的确定性规律，包括温度场及应力场分布、破裂的判据及裂纹扩展等。第5章重点论述玻璃热破裂的影响因素，包括边框约束、火源条件影响等。第6章讲述水幕保护下的玻璃热破裂行为，包括水幕对钢化玻璃和非钢化玻璃破裂行为的影响等。第7章论述风-热耦合荷载下玻璃的破裂行为。第8章介绍玻璃幕墙消防安全评估。

本书不仅可作为从事火灾科学研究、玻璃(幕墙)设计及施工、消防救援等研究人员和工程技术人员的参考书籍，也可作为高等院校消防工程、安全工程等专业高年级本科生和研究生教材。

图书在版编目（CIP）数据

火灾条件下玻璃破裂行为和机理／王青松，陈昊东，孙金华著. —北京：科学出版社，2023.3

ISBN 978-7-03-075110-2

Ⅰ. ①火…　Ⅱ. ①王…②陈…③孙…　Ⅲ. ①火灾－调查　Ⅳ. ①TU998.12

中国国家版本馆CIP数据核字（2023）第042637号

责任编辑：牛宇锋　罗　娟／责任校对：任苗苗

责任印制：吴兆东／封面设计：蓝正设计

科学出版社 出版

北京东黄城根北街16号

邮政编码：100717

http://www.sciencep.com

北京中科印刷有限公司 印刷

科学出版社发行　各地新华书店经销

*

2023年3月第　一　版　开本：720×1000　B5

2023年3月第一次印刷　印张：15 1/4

字数：305 000

定价：120.00元

前言

玻璃作为继水泥和钢材之后的第三大建筑材料，其制造及使用已有上千年历史。随着当今社会的发展，人类对玻璃美观性、多功能性的要求也越来越高，这在建筑行业中体现得尤为突出，如今建筑玻璃的功能不再局限于满足人们对于房屋采光的需求，其自身的保温隔热、安全防护及美观艺术等特性也成为人们选择玻璃种类的重要标准。与此同时，建筑玻璃的大量使用也带来了更大的火灾隐患及更为复杂的火灾危险特性。近年来发生的众多建筑火灾事故也促使我们需要对玻璃在火灾场景下的特性及影响有一个更为全面、深入的认识。

随着社会城市化进程的不断加快，玻璃作为建筑外墙的主体材料被各类建筑广泛采用，火灾场景下玻璃幕墙的破裂机制和防控方法研究显得尤为迫切。为揭示高层建筑立体火蔓延的行为规律，预测建筑火灾发展和蔓延态势，并有效防控火灾的蔓延和扩大，必须充分了解所采用玻璃幕墙的热响应规律及玻璃破裂机理和行为，提出有针对性的关于玻璃幕墙的建筑物防火优化设计方法，为消防灭火和人员疏散提供一定的参考。

本书以火灾科学理论、线弹性断裂力学理论、安全系统工程理论等为基础，对玻璃热破裂基础、玻璃热破裂的随机性规律、玻璃热破裂的确定性规律、水幕保护下的玻璃热破裂行为等方面的最新研究成果进行全面论述。全书共 8 章，由王青松、陈昊东和孙金华共同撰写，王青松对全书进行统稿。第 1 章主要介绍玻璃在建筑上的应用，对玻璃在火灾中的破裂问题进行概述，由孙金华撰写。第 2 章主要介绍玻璃热破裂基础，由陈昊东和王青松撰写。第 3 章介绍玻璃热破裂的随机性规律，由张毅和孙金华撰写。第 4 章重点论述玻璃热破裂的确定性规律，由陈昊东和王青松撰写。第 5 章讲述玻璃热破裂的影响因素，由苏燕飞和王青松撰写。第 6 章论述水幕保护下的玻璃热破裂行为，由邵光正和王青松撰写。第 7 章介绍风-热耦合荷载下玻璃的破裂行为，由赵寒和王青松撰写。第 8 章介绍玻璃幕墙消防安全评估，由翟宏举和孙金华撰写。李煌、翟宏举、梅文昕、秦鹏、姜丽华、张玥、贾壮壮、李亚文等对全书进行了校对。

本书是一部系统、全面介绍火灾条件下玻璃破裂行为和机理的专著，集玻璃热破裂原理、火灾科学和安全系统工程理论于一体，重点介绍火灾科学国家重点实验室多年来在火灾条件下玻璃破裂行为等方面所取得的研究成果，内容新颖。其中，玻璃的热破裂机制、风-热荷载影响玻璃破裂机理、水幕保护下的玻璃热破裂行为等属国内外独创性工作，形成了本书的特点和独到之处。

在本书的撰写过程中，得到了多位老师的支持，并引用了国内外同行的相关研究成果，同时引用了作者课题组培养的张毅和陈昊东的博士学位论文，以及邵光正、赵寒、苏燕飞等研究生的硕士学位论文，在此一并向他们表示感谢。本书是作者诸多科研项目研究成果的结晶，得到国家自然科学基金面上项目“风载荷和水喷淋作用下玻璃(幕墙)的火灾响应规律及破裂机理研究”(51578524)和国家自然科学基金青年科学基金项目“火灾下玻璃裂纹扩展演化规律及脱落机理研究”(51808523)、973 计划项目“城市高层建筑重大火灾防控关键基础问题研究”(2012CB719700)、中国科学院青年创新促进会优秀会员计划(Y201768)、中央高校基本科研业务费专项资金(WK2320000051)等的资助。在此衷心感谢国家自然科学基金委员会、科技部、中国科学院、教育部等部门在研究经费上给予的大力支持。

虽然作者在撰写过程中尽了最大的努力，但由于水平有限，疏漏在所难免，敬请读者批评指正。

作　者
2023 年 2 月

目　　录

第1章 绪 论

1.1 建筑火灾概述

1.1.1 建筑火灾的基本概念

建筑物是指供人们生活、学习、工作、居住，以及从事生产和文化活动的房屋。其他如水池、水塔、烟囱、堤坝以及各种管道支架等称为构筑物。根据建筑物的使用性质可以分为民用建筑、工业建筑和农业建筑三大类；根据其层数或高度又可分为单层、多层、高层、超高层和地下建筑五类。建筑物火灾，也称为建筑火灾，是最常见的火灾，据历年火灾统计，建筑火灾次数占火灾总数的 90%以上。

随着社会经济的发展和城市化进程的不断加快，各式各样的建筑拔地而起，其中高层建筑的发展尤为迅猛，2017 年我国已建成投入使用的高层建筑达到 61.9 万座，百米以上的超高层建筑 6457 座，百米以上超高层建筑的年均增长率更是高达 8%，为世界平均增长率的 2.5 倍[1, 2]。根据世界高层建筑与都市人居学会(Tall Buildings and Urban Habitat, CTBUH)最新发布的世界高层建筑回顾报告中，截止到 2018 年末，全球 200m 及以上高层建筑总数达 1478 座，我国以 678 座位居第一；300m 以上高层建筑中，我国以 68 座位居第一，我国已成为世界上高层建筑建成最多、最高的国家[3]。与此同时，高层建筑火灾事故也频频发生，公安部消防局数据显示，2008～2018 年全国共发生高层建筑火灾 3.1 万起，造成 474 人死亡，直接财产损失 15.6 亿元[4, 5]。加上高层建筑火灾具有火灾蔓延途径多、速度快，竖向管井较多，易形成烟囱效应，人员集中且疏散困难，装备要求高，灭火救援困难以及起火原因多等特点，其一旦发生火灾事故，火情将很难控制[1, 2]。

1.1.2 建筑火灾的发展蔓延过程

建筑火灾与其他类型火灾一样，都遵循火灾发展蔓延的一般规律，通常将其发展过程分为初起阶段、成长阶段、全面发展阶段和衰减阶段四个阶段。

1. 建筑火灾的初起阶段

室内发生火灾后，最初只是起火点及其周围可燃物着火燃烧，这时火灾可近似认为是在敞开的空间里发展。初起阶段的特点是：火灾燃烧范围不大，仅限于初始起火点附近；温度差别大，在燃烧区域及其附近存在高温，室内平均温度低；火灾发展速度较慢，在发展过程中火势不稳定；火灾发展时间因受点火源、可燃物性质和分布以及通风条件影响，其长短差别很大。

2. 建筑火灾的成长阶段

该阶段由于燃烧面积快速扩大，室内温度不断升高，热对流和热辐射显著增强。室内可燃物燃烧所产生的燃烧热，因传导、对流和辐射的作用，使未燃部分热分解，放出的气体停滞于天棚下，但因氧气供应不足不能燃烧；当玻璃破碎时，新鲜空气与之快速混合，并突然发火，该现象称为爆燃。爆燃发生时室温急剧上升，大量烟火冲出室外，外部新鲜空气随热对流进入室内，火势猛增，即进入全面发展阶段。

3. 建筑火灾的全面发展阶段

在火灾成长阶段后期，火灾范围迅速扩大，当火灾房间温度达到一定值时，积聚在房间内的可燃气体突然起火，整个房间都充满了火焰，房间内所有可燃物表面部分都卷入火灾中，燃烧很猛烈，温度升高很快。房间内局部燃烧向全室性燃烧过渡的这种现象通常称为轰燃。轰燃是室内火灾最显著的特征之一，它标志着火灾全面发展阶段的开始。

轰燃发生之后，房间所有可燃物都在猛烈燃烧，放热速度很快，因而房间内温度升高很快，并出现持续性高温，最高温度可达1100℃左右。火焰、高温烟气从房间的开口部位大量喷出，火灾蔓延到建筑物的其他部分。室内高温还对建筑物构件产生热作用，使建筑物构件的承载能力下降，甚至造成建筑物局部或整体倒塌破坏。通常在起火后，由于耐火建筑的房间四周墙壁和顶棚、地面坚固而不会烧穿，所以发生火灾时房间通风开口的大小没有什么变化，当火灾发展到全面发展阶段时，室内燃烧大多由通风控制，室内火灾保持稳定的燃烧状态。火灾全面发展阶段的持续时间取决于室内可燃物的性质、数量和通风条件等。

4. 建筑火灾的衰减阶段

在火灾全面发展阶段后期，随着室内可燃物的挥发物质不断减少以及可燃物数量的减少，火灾燃烧速度递减，温度逐渐下降。一般认为，当室内平均温度降到温度最高值的80%时，火灾进入衰减阶段。随后，房间温度明显下降，直到把房间内的全部可燃物燃尽，室内外温度趋于一致，火灾结束。

1.2 玻璃在建筑上的应用

1.2.1 玻璃的分类

随着工业建设的迅猛发展，玻璃这种古老而又新兴的材料在工业和民生领域的应用日趋扩大，在现代建筑业的应用更是前所未有的广泛，玻璃在装修中的使用非常普遍，从外墙窗户到室内屏风、门扇等都会使用。因此，根据研究需要，本节将对玻璃尤其是建筑玻璃的分类进行探讨。

玻璃不仅种类繁多，而且其范围十分广泛，通常可以按照其化学组成成分、生产工艺和用途进行分类。按其化学组成成分进行分类，可以分为钠钙玻璃、钾玻璃、铝镁玻璃、铅玻璃、硼硅玻璃、石英玻璃及高硅氧玻璃。按照其生产工艺和用途可以分为建筑玻璃、日用玻璃、汽车玻璃、军用玻璃及其他工业技术玻璃等。

从建筑玻璃的发展趋势可以看出,玻璃已经不仅仅只承担单一的采光功能了,在现代建筑物中更作为一种结构材料和装饰材料得到普遍应用。现在建筑玻璃的深层次加工已经具备了除控制光线以外的其他多种功能，如调节温度、防噪声、防辐射、防火防爆、提高建筑艺术装饰性等[6]。常见的建筑玻璃按照其性能和应用划分，可以分成三大类[7]。

1. 平板玻璃

平板玻璃就是指没有经过其他加工的平板状玻璃，包括无色透明和本体着色的平板玻璃，具有透光、隔热、隔声、耐磨、耐气候变化的性能，有的还有保温、吸热、防辐射等特征，因而是建筑玻璃中生产量最大、使用最多的一种，广泛应用于镶嵌建筑物的门窗、墙面、室内装饰等，同时也是进一步加工成其他技术玻璃的原片。它可以是采用各种工艺生产的硅酸盐玻璃，如浮法、平拉法、引上法等，但是采用压延法生产的夹丝玻璃和压花玻璃并不属于平板玻璃。平板玻璃的规格按厚度通常可分为 2mm、3mm、4mm、5mm、6mm、8mm、10mm、12mm、15mm、19mm、22mm 和 25mm。

平板玻璃按照其生产方法的不同，可以分为普通平板玻璃和浮法玻璃。普通平板玻璃亦称为窗玻璃，主要适用于门窗、装修、温室、暖房、太阳能集热器、家具和柜台等；浮法玻璃与普通平板玻璃的生产工艺不同，具有表面坚硬、光滑、平整等优点，主要适用于高级建筑门窗、镜面、夹层玻璃、装饰用玻璃、仿水晶制品等。

2. 安全玻璃

与普通玻璃相比，安全玻璃具有更高的力学强度和更强的抗冲击能力。这种玻璃经剧烈振动或撞击不易破碎，即使被击碎时，其碎片也不会伤人，并具有防盗、防火的功能，这对主体玻璃结构的现代建筑具有特别重要的意义。它的主要品种包括钢化玻璃、夹丝玻璃、夹层玻璃、钛化玻璃、防火玻璃、防弹玻璃和防盗玻璃。

1) 钢化玻璃

钢化玻璃也称强化玻璃，这种玻璃是在玻璃表层预制一定的压应力，玻璃遇到外力时首先抵消表层应力，以此提高玻璃的强度。钢化玻璃按工艺分为化学钢化玻璃和物理钢化玻璃。物理钢化玻璃又称为淬火钢化玻璃。它是将普通平板玻璃加热到接近玻璃的软化温度(600℃)，通过自身的形变消除内部应力，然后在高压冷空气的作用下迅速冷却至室温而成。钢化玻璃的应力状态为内部受拉应力，外部受压应力，应力分布区如图 1.1 所示。

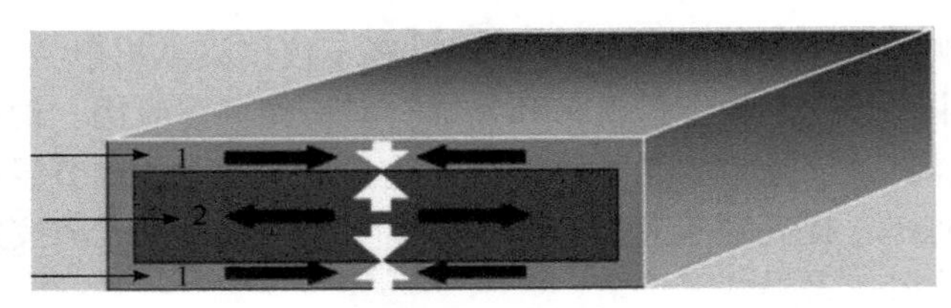

1-压应力区；2-拉应力区

图 1.1　钢化玻璃应力分布区

化学钢化玻璃则是通过改变玻璃表面的化学成分来提高玻璃的强度，一般是应用离子交换法进行钢化。化学钢化玻璃的应力状态与物理钢化玻璃类似，也是内层受拉、外层受压。钢化玻璃破碎后，碎片小且无锋利尖角，相对其他种类玻璃而言更加安全，所以应用非常广泛。

2) 夹丝玻璃

夹丝玻璃也称防碎玻璃或钢丝玻璃，它是在压延成型时，于其内部嵌入金属丝(网)的玻璃。当玻璃破碎时，它的碎片会依然悬挂在金属丝(网)上而不会掉落下来。而且，在遭遇火灾时能够于较短时间阻止火焰蔓延，从而有效延缓火势扩大，可以用作防火建筑的窗和隔烟间壁。一般适用于建筑物的透明防护结构、天窗和庭院、公园、动物园及运动场地的透明栏栅。

3) 夹层玻璃

夹层玻璃是指在两片或多片玻璃原片之间夹以聚乙烯醇缩丁醛(polyvinyl-butyral, PVB)树脂胶片，经过加热、加压黏合而成的平面或曲面的复合玻璃制品。由于这种玻璃中间层具有弹性，黏合力强，能够提高抗冲击强度，所以在受到冲击破碎时，它的碎片不会飞溅和掉落，也不会像普通玻璃那样破碎后产生锋利的碎片，可以有效地避免和减轻对人体的伤害。其主要运用于交通运输车辆及建筑物中有特殊要求的部位。

4) 钛化玻璃

钛化玻璃也称永不碎铁甲箔膜玻璃，是将钛金箔膜紧贴于任意一种玻璃基材之上，使之结合成一体的新型玻璃，具有高抗碎能力、高防热及防紫外线等功能。

5) 防火玻璃

防火玻璃是指在两片玻璃间凝聚一种透明的凝胶，当遇到高温时，会分解而吸收大量的热，使得玻璃能够暂时保持不破裂，从而进一步防止火势蔓延。一般用于建筑群的防火格栅或防火道等。

6) 防弹玻璃和防盗玻璃

防弹玻璃和防盗玻璃都是用钢化玻璃、夹丝(网)玻璃、化学增强玻璃或者高强有机材料(如定向有机玻璃、聚碳酸酯等)，并采用夹层工艺所制成的复合玻璃。可以根据不同的要求，选用不同材料从而组成不同的复合结构，达到在一定距离内抵御枪弹射击的性能和防范偷盗的效果。一般用于有特殊防弹或防盗要求的建筑物及边防观察哨所等。

3. 节能型玻璃

应用在建筑物上的传统玻璃主要用于采光，然而，随着人们对门窗保温隔热要求的提高，集节能性和装饰性于一体的节能型玻璃就此诞生。节能型玻璃具有特殊的对光和热的吸收、透射和反射能力，隔热和遮阳性能优越，将其应用于建筑物的外墙窗玻璃幕墙，可以起到显著的节能效果，已经广泛地应用于各种高级建筑物上。常用于建筑上的节能型玻璃主要有吸热玻璃、热反射玻璃、低辐射玻璃(Low-E 玻璃)、中空玻璃和真空玻璃。

1) 吸热玻璃

吸热玻璃是能够吸收大量红外线辐射能，并保持良好的可见光透过率的平板玻璃。吸热玻璃生产工艺中加入着色的氧化物或者在平板玻璃表面镀上有色的氧化物膜层，因此它可以吸收太阳的可见光、红外线热辐射和紫外线，能够保持较好的隔热性能。

2) 热反射玻璃

热反射玻璃是指在玻璃表面通过加热、蒸汽、化学等方法，镀上金属、非金属及其氧化物薄膜从而使其具有较高的热反射能力的平板玻璃。它能够将太阳能反射回大气中，从而阻挡太阳能进入室内，使得太阳能不在室内转化为热能。热反射玻璃对于太阳辐射能的反射能力较强，但是可见光的透过率较低，热反射玻璃在厚度为 6mm 时要比同一厚度的浮法玻璃的可见光透过率减少 75%以上，也要比吸热玻璃减少 60%。

3) 低辐射镀膜玻璃

低辐射镀膜玻璃，简称低辐射玻璃，也称 Low-E 玻璃(low emissivity coating glass)，是一种对波长范围为 4.5～25μm 的远红外线有较高反射比的镀膜玻璃。上述膜层与普通浮法玻璃相比具有很低的辐射系数(普通浮法玻璃的辐射系数为 0.84，Low-E 玻璃一般为 0.1～0.2 甚至更低)，因此将镀有这种膜层的玻璃称为 Low-E 玻璃[8, 9]。Low-E 玻璃安装生产工艺可以分为在线 Low-E 玻璃和离线 Low-E 玻璃，按照使用性能(主要是遮阳性能)分为高透型 Low-E 玻璃和遮阳型 Low-E 玻璃。Low-E 玻璃虽然在我国起步较晚，但是在建筑市场和建材市场上，现在几乎成了建筑节能型玻璃的代名词。

4) 中空玻璃

中空玻璃是在两片或多片封闭的玻璃之间充入干燥气体或惰性气体之后，通过胶结或焊接方法密封玻璃边缘而形成的玻璃组合。玻璃中间限制了中间空气层的流动，从而减少玻璃的对流和传导换热，因此中空玻璃具有良好的保温隔热能力。此外，中空玻璃的单片还可以采用镀膜玻璃和其他节能型玻璃，将这些玻璃的优点集于一身，从而发挥更好的节能作用。中空玻璃按玻璃层数可以分为两层、三层和四层三类，按制造方法可以分为焊接、熔接和制造三类，按照其用途可以分为普通中空玻璃和特种中空玻璃两类。

5) 真空玻璃

真空玻璃是基于保温瓶的原理研制，将密封的两片玻璃之间抽成真空并密封排气口，这样玻璃与玻璃之间传导的热量接近零，保温隔热效果十分明显，而且隔声性能非常好。一般来说，真空玻璃的单片至少有一片是 Low-E 玻璃，通过 Low-E 玻璃对热辐射的反射，使得其对流、辐射和传导传热都较少，节能性能相对来说更佳。由于生产过程中玻璃的密封工艺等比较复杂，目前真空玻璃生产规模较小，与中空玻璃相比其价格更为昂贵[6]。

1.2.2 玻璃在建筑中的应用举例

玻璃是现代建筑的重要材料之一。近些年随着玻璃制作技术的不断发展、各种类型的功能玻璃不断开发和应用，玻璃在建筑中的应用越来越多，建筑玻璃已经成为建筑功能化和多样化的重要组成部分。同时，人们生活水平的提高，对建筑物的需求也不仅仅局限于“透明采光、遮风挡雨”，而有了装饰和节能等新的需求，这种建筑多元化的发展，也极大地带动了建筑用深加工玻璃的品种和数量的发展，产品质量有了较大的提高。

平板玻璃工业属于原材料工业，是国民经济建设的重要基础。其中，浮法玻璃由于其高透光、低成本、美观、耐用、环境友好等优点而广泛应用，占平板玻璃的比例为84%，优质浮法玻璃占浮法玻璃总量的比例为31%。但是由于浮法玻璃属于脆性材料，存在破裂不确定性，所以不够安全，而且其节能性较差，普遍应用浮法玻璃的门窗是节能最薄弱的环节。

然而，现代建筑设计理念已经趋向于人性化、亲近自然，世界各国对能源危机的忧患意识也大大提高，对建筑节能的重视程度也越来越高，对玻璃的要求逐步向功能性和通透性转变。全世界建筑行业对玻璃的要求有向高通透、低反射或者减反射方向转变的趋势。目前，我国每年建筑消耗能源约占全社会总能耗的30%，而透过玻璃门窗产生的能量损失占整个建筑能耗的50%左右，因此降低建筑门窗的传热系数，减少通过门窗的能量散失是降低建筑能耗的有效途径。

随着城市化程度越来越高，高层建筑增多，玻璃幕墙也越来越受到大众的欢迎，玻璃幕墙的出现对现代建筑的演变产生了深远的影响。在20世纪50年代，美国纽约的利华大厦(图1.2)和联合大厦率先使用玻璃幕墙，开创了玻璃幕墙使用的先河。随后玻璃幕墙开始在高层建筑中广泛应用，例如，芝加哥石油大厦、纽约世界贸易中心和西尔斯大厦等地标性建筑都采用了玻璃幕墙。北京长城饭店是我国首个使用玻璃幕墙作为外饰材料的现代建筑(图1.3)，从此，玻璃幕墙在我国得到飞速发展[10]。

图1.2 纽约利华大厦外景

图1.3 北京长城饭店外景

1.3 玻璃破裂对建筑火蔓延的影响

玻璃建筑在带给人们舒适生活的同时，也带来了很大的困扰。在火灾场景中，虽然玻璃不属于可燃物，但是玻璃作为建筑物中力学性能最为薄弱的环节，往往非常容易发生破裂乃至脱落，玻璃的破裂脱落在火灾中的危害性主要表现为：形成新的火蔓延途径，导致火势从室内蔓延至室外或者从室外蔓延至室内，造成更大的损失；形成新的通风口，致使新鲜空气进入建筑物内，加速火灾的燃烧过程，甚至可能引起轰燃、回燃；玻璃碎片的脱落，可能会影响人员的安全疏散和消防队员的灭火救援。

火灾中玻璃破裂的案例数不胜数。例如，1986 年 12 月 31 日圣胡安(San Juan)杜邦广场酒店火灾，起因是一名纵火犯用甲醇引燃了一个存放家具的装有玻璃墙壁的房间，当玻璃破裂后，火灾蔓延到上面的房间，当上面的房间发生轰燃后，热烟气充满走廊并堵塞了广场的两个出口，这场火灾最后导致 97 人丧生[11, 12]。灾后调查显示，在不到 10min 的火势发展阶段，5 次不同位置的玻璃破裂对火灾发展和蔓延起到了至关重要的作用[13]。

我国也发生了多起高层建筑火灾，由于玻璃破裂，进一步加剧了火灾发展。2009 年 2 月 9 日，中央电视台新址北配楼突发大火(图 1.4)，火灾原因是燃放烟花不慎点燃了大楼外侧的保温材料。火灾过程中，由于受到火焰和烟气的加热，建筑物外侧玻璃脱落，火焰蔓延至室内，引起立体火灾。事故最终造成 1 名消防战士遇难，7 人受伤，直接经济损失近 2 亿元。2010 年 11 月 15 日，电焊工违规操作导致上海静安区一高层公寓发生火灾(图 1.5)，大火迅速蔓延并导致建筑外窗玻璃破裂脱落，火灾很快蔓延到室内，事故最终导致 58 人死亡、70 余人受伤和 56 人失踪的悲剧[14]。由燃放烟花引起的悲剧也发生在沈阳皇朝万鑫酒店，2011 年 2 月 3 日，燃放烟花而引燃了室外塑料草坪，火情迅速蔓延导致 B 座公寓楼窗玻璃发生破裂脱落，室内可燃物体被引燃[15]，火灾最终导致 B 座公寓楼基本烧光，只剩下主体框架，如图 1.6 所示[16]。这些案例都造成了严重的经济损失或人员伤亡，社会影响恶劣。由上述案例也可以看出，玻璃幕墙的破裂和脱落对高层建筑内外交互立体火灾蔓延起到关键性作用[13]，凸显了玻璃在火灾蔓延过程中的重要性。

图 1.4　中央电视台新址北配楼火灾

图 1.5　上海静安区高层公寓火灾

图 1.6　沈阳皇朝万鑫酒店 B 座公寓火灾

1.4　研究玻璃破裂行为的必要性

在以钢筋混凝土为主体的现代建筑中，建筑玻璃已成为其中最脆弱的构件[17]，玻璃自身的脆弱性会导致其自身破裂，并形成新的开口，进而影响火情的进一步发展[18]，如图 1.7 所示。因此，玻璃破裂形成开口所需要的条件和机理也是建筑火灾动力学研究中十分重要的内容。世界火灾学之父——哈佛大学的 Emmons 教授早在 1985 年举办的第 1 届国际火灾安全科学大会(1st IAFSS)上便提出了“玻璃破裂是火灾研究中重要的结构问题”。在此之后，众多欧美学者通过实验、理论及数值模拟的方法来探究玻璃在火灾中的破裂机理和预测模型。研究表明，玻璃破裂的主要原因是温度差形成的内部热应力。但是由于玻璃在制作和加工过程中，其内部热应力以及表面张力变化所产生的微小裂纹(瑕疵)随机分布在玻璃内部，导致裂纹起裂具有很强的随机性。相关研究表明，裂纹的扩展速度往往大于 2000m/s，很难通过实验测得。除此之外，玻璃的火灾响应机制和破裂行为同时受较多因素的影响，如热振效应、约束条件、玻璃种类、烟气分布及火焰参数等，这些因素都使玻璃破裂的微观机制十分复杂。2002 年第 7 届国际火灾安全科学大会(7th IAFSS)上，国际火灾安全科学协会主席

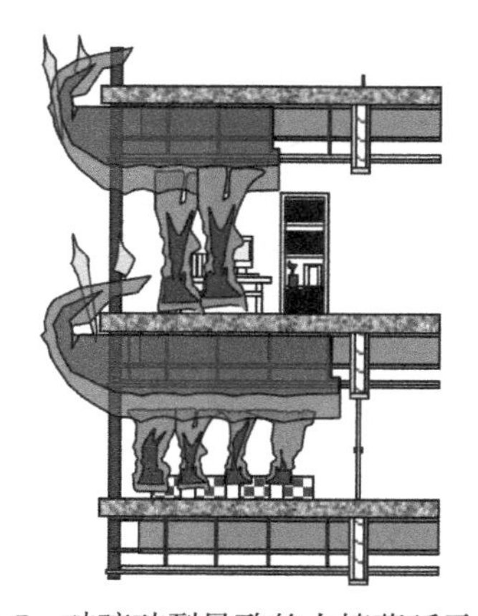

图 1.7　玻璃破裂导致的火情蔓延示意图

Pagni 教授便强调，火灾下玻璃破裂和脱落研究仍将是火灾安全领域的重要课题，也是火灾安全领域尚未得到完全解决的问题之一。

玻璃具备高透明度、高强度、高耐久性等性能，并且 500m 以上建筑只能选择使用玻璃幕墙，因而在工程应用方面玻璃成为一种无可替代的幕墙材料，并在世界各地得到广泛使用[19]。近年来，不仅玻璃幕墙数量快速增长、安装方式各异，而且具有不同性能的玻璃幕墙已经成为当今城市建筑的显著特征，如框式玻璃幕墙、点支承玻璃幕墙及全玻璃幕墙等。与此同时，幕墙所采用的玻璃种类也日渐丰富，如中空玻璃、夹胶玻璃、镀膜玻璃和钢化玻璃等。不同种类和不同安装方式的玻璃幕墙虽然提高了建筑的观赏性及实用性，但也在不同程度上降低了其自身的防火性能，给高层建筑的防火带来了巨大的挑战。为了应对这一局面，人们试图通过制定相关消防法规来进一步规范玻璃的使用并解决该问题，然而，世界各国关于玻璃幕墙防火性能评估的法规却十分缺乏，我国虽然早在 1996 年就发布了《玻璃幕墙工程技术规范》，但是迄今仍然没有玻璃幕墙火灾安全方面的国家级法规。此外，在面对超出现行国家消防技术标准使用范围的建筑时，通常需要对建筑进行消防性能评估。火灾动力学模拟(FDS)软件作为目前进行消防性能评估的重要工具，直接将玻璃窗口设定为建筑墙体或者开口，并没有考虑实际情况下玻璃的破裂脱落行为，因此其分析结果并不完全符合现实火场的发展规律，并给评估的准确性带来较大的影响。欧盟在 2007 年实施的第六框架国际项目，专门资助火灾条件下玻璃破裂行为研究[20]。因此，玻璃幕墙的火灾安全性的提高以及安全标准的建立，对于建筑消防工程具有重大意义。

从火灾科学及安全工程应用的角度来看，针对火灾条件下玻璃幕墙的破裂行为研究是十分必要的。为了揭示高层建筑立体火蔓延行为规律，预测高层建筑的火灾发展和蔓延态势，并有效防控火灾的蔓延和扩大，必须充分认识火灾条件下玻璃幕墙的热响应规律，加深对玻璃破裂机理及行为的理解，并提出有针对性的关于玻璃幕墙的建筑物防火优化设计方法，为消防灭火和人员疏散提供一定的参考。随着社会城市化进程加快，玻璃作为建筑外墙主体材料被各类城市建筑广泛采用，火灾条件下玻璃幕墙的破裂机制和防控方法研究显得更加迫切[21, 22]。

1.5 国内外研究现状

1986 年 Emmons 提出研究火灾中窗玻璃破裂的重要性以来[23]，由于玻璃在各式建筑上的广泛应用，其自身的耐火性能也引起了越来越多的关注。火灾条件下玻璃的破裂一方面会使玻璃的完整性丧失；另一方面，玻璃的脱落可能会形成一个影响火灾发展的通风口。国内外对火灾条件下玻璃破裂行为的研究目前主要集中在实验、理论模型及数值模拟等方面。

1.5.1　实验研究

在过去几十年，研究人员做了大量的实验来研究火灾中玻璃的破裂行为[6, 12, 24-54]，大部分文献给出并讨论了窗玻璃的首次破裂时间、裂纹起裂位置、裂纹样式，甚至脱落(如果存在)行为。影响火灾中玻璃破裂行为的参数有很多，如玻璃类型[6, 12, 26, 27, 32, 50]、边界约束[32]、火源功率及位置[27, 32, 34-36]、玻璃厚度[26, 33, 40, 42, 44]、遮蔽宽度[33, 46]、玻璃安装方式[27]等。

在室内火灾对玻璃破裂的影响研究方面，Skelly 等[24]设计了具有典型建筑火灾分层特征的实验场景，将玻璃分为两组，其中一组玻璃受边框遮蔽，另一组没有边框遮蔽，结果显示对于边框遮蔽的玻璃，破裂是由中心受热区域与遮蔽区域的临界温度差(近似 90℃)引起的；对于没有边框遮蔽的玻璃，其破裂的临界温度差高达 197℃，产生的裂纹比边框遮蔽的情形明显减少，也没有裂纹贯穿玻璃，更没有形成裂纹“孤岛”而脱落。Shields 等[26, 28, 29, 34-36]也在受限的火灾场景中研究了玻璃的破裂行为，他们的研究对象包括单层玻璃和双层玻璃，火源放置在房间角落和中心位置。此外，Klassen 等[37]通过一系列小尺度和大尺度实验研究了多层玻璃的破裂行为。Manzello 等[38]在真实的火灾场景中研究了单层和双层钢化玻璃的破裂行为。张庆文[12]也利用 ISO 9705-1993 全尺寸实验台研究了浮法玻璃(4mm 和 6mm)和钢化玻璃(6mm 和 10mm)的破裂行为。结果表明，对于浮法玻璃，开口概率与玻璃尺寸、厚度相关，且玻璃厚度越小、平面尺寸越大，玻璃的开口概率越大。Xie 等[40]在 ISO 9705 全尺寸实验台研究了不同厚度钢化玻璃的裂纹和脱落行为。Ni 等[45]研究了双层玻璃幕墙的断裂行为。作者课题组[50]利用自制的实验台研究在不同火灾阶段开启水幕对钢化玻璃、非钢化 Low-E 玻璃、浮法玻璃破裂脱落行为的影响。白音等[53]研究了点式支承钢化玻璃的火灾破裂行为。

在外部火灾对建筑玻璃破裂的影响研究方面，Mowrer[27]实施了大量的辐射热通量为 2～18kW/m^2 的小尺度和大尺度实验，来研究不同的安装方式(具有木质框架、塑料框架、包塑框架的单层玻璃和双层玻璃)、玻璃种类(平板玻璃、钢化玻璃、热强化陶瓷玻璃和抗风夹层玻璃)和潜在的保护设施(窗纱、塑料薄膜遮蔽、铝箔和反光油漆)对玻璃破裂的影响。结果表明，具有铝箔遮蔽的玻璃在抵抗外界火方面最有效；钢化玻璃和热强化陶瓷玻璃在施加的热辐射强度下没有破裂，可以用在抵抗外界火的窗户上；即使用耐火性能较好的玻璃，也不适合采用塑料框架的玻璃框来抵抗外界火。此外，Cuzzillo 等[30]研究了双层玻璃的破裂行为。作者课题组[51]研究了不同安装方式和不同夹层厚度下中空玻璃的热响应和破裂行为、点支承玻璃的破裂行为等[52]。

在热辐射对玻璃破裂的影响研究方面，Harada 等[32]通过改变施加的热辐射密度和横向约束来研究浮法玻璃和夹丝玻璃的首次破裂时间和脱落行为。结果表明，玻璃孤岛脱落面积受施加的热通量影响较大，受约束影响较小，剧烈加热(热辐射强度大于 9kW/m^2)，玻璃大块脱落；中等强度加热，玻璃只破裂不脱落。此外，Wong[42]研究了热辐射下单层玻璃的脱落行为。张毅[6]采用自制的实验台对浮法玻璃和 Low-E 玻璃进行了破裂行为研究，分别考虑了玻璃厚度、边缘平整度、辐射源的升温速率、表面遮蔽宽度等因素的影响。Li 等[44]也在热辐射环境下分别研究了浮法玻璃和钢化玻璃的破裂行为。

1.5.2 理论模型研究

火灾条件下，玻璃和火焰以及热烟气相互作用过程可以分为两部分：传热过程和玻璃破裂过程。因此，理论模型研究主要集中在热辐射作用下玻璃热传导模型的发展[30, 54-57]、热荷载作用下热应力的计算[54-56, 58-61]和玻璃破裂模型或准则建立[20, 23, 30, 32, 54, 57, 62-64]这三个方面。

在热传导模型方面，Keski-Rahkonen[54, 55]建立了矩形和圆形玻璃板辐射加热的传热方程，对模型进行了以下假设：玻璃较薄，厚度方向无温度梯度；玻璃遮蔽区域保持初始温度不变；玻璃表面的辐射冷却是线性的。Pagni 等[13, 56, 57]考虑了玻璃在厚度方向对辐射波长的吸收作用，建立了玻璃一维、二维和三维传热方程。在玻璃边上采用非线性边界条件，为了求解一维和二维情形下的热扩散方程，首先将控制方程变成无量纲形式，然后通过拉普拉斯在时间上的变换得到无量纲温度场的表达式，再利用牛顿-拉弗森法得到非线性方程的根，最终得到无量纲的温度场。Cuzzillo 等在一维模型的基础上建立了双层玻璃传热模型，他们列举了几种单层玻璃的传热模型，包括考虑线性边界情形的集中质量模型，考虑线性边界条件和非线性边界条件的分布质量模型[30]。

在热应力计算方面，在求解热应力之前，首先需要知道所求区域的温度场分布，正如 Keski-Rahkonen[54, 55]和 Pagni 等[56]所描述的，通过求解热传导方程得到求解区域的温度场，然后根据热弹性方程的本构关系[54]或者简化的约束边界以及力的平衡关系[56]得到玻璃的应力场分布。也可以通过实验测得的温度值进行拟合得到温度场，如 Chow 等[58, 61]采取的方法，然后通过力的平衡关系，得到简单边界约束下的应力场公式。Tofilo 等[59]首先根据假设玻璃边无外力，温度分布是竖向坐标的函数得到长条玻璃热应力的近似解，然后根据叠加原理得到复杂构型玻璃的近似解。作者课题组[65]根据热弹性本构关系和动态平衡方程建立了动态热应力模型。

在玻璃破裂模型方面，Emmons[23]指出，在玻璃边缘遮蔽区域没有受热而中心受热的情况下，边缘遮蔽区域受拉，裂纹从遮蔽区域产生。Keski-Rahkonen[54]和 Joshi 等[57]同样认为由于边框遮蔽的存在，遮蔽区域升温较慢，中心区域升温较快，遮蔽区域受拉中心区域受压，玻璃破裂是由不均匀的温度场引起的热应力大于玻璃临界破裂应力导致的，他们提出了一个简化的玻璃破裂预测模型。为了考虑遮蔽效应对玻璃破裂的影响，Pagni 等[56]又在模型中引入了几何因子。此外，Harada 等[32]提出了一个简单的公式来预测辐射加热条件下的玻璃首次破裂时间。Pope 等[63]建立了一个高斯玻璃破裂模型，将其应用到现有的 FDS 软件上。Kang[64]也提出了一个预测窗玻璃破裂和脱落的模型，数值结果与室内火的实验值吻合得较好。作者课题组[20]提出了基于确定性和概率性准则的玻璃破裂模型。

1.5.3　数值模拟研究

Pagni 等[56]在玻璃传热模型基础上，通过耦合玻璃破裂准则，编写了一个玻璃破裂程序——BREAK1[66]，来计算玻璃表面的温度场和预测玻璃首次破裂时间。Cuzzillo 等[30]在 BREAK1 和双层玻璃传热模型的基础上编写了基于 Mathcad 的程序 McBreak。Hietaniemi[67]利用蒙特卡罗(Monte Carlo)模拟和 BREAK1 开展了火灾条件下玻璃破裂和脱落的概率模拟研究。此外，其他的研究主要集中在火灾条件下温度场和应力场的计算[54-56, 58, 59, 61, 65, 68-71]。作者课题组[71-74]使用 Fortran 语言编写了计算动态裂纹扩展的有限元程序，研究了不同边界约束方式及热冲击作用下玻璃裂纹扩展过程，但是程序没有耦合玻璃传热分析，只能在模拟前指定玻璃的温度，这大大限制了程序在火灾条件下的应用。荣刚[75]利用相场模型初步研究了火灾条件下玻璃静态裂纹扩展过程。

1.6　本章小结

本章主要介绍了建筑火灾的相关基本概念，按照使用性质和层数高度对建筑物进行分类并阐述了研究建筑火灾问题的重要性；对建筑火灾的发展蔓延的初起阶段、成长阶段、全面发展阶段和衰减阶段进行了介绍；对玻璃的分类以及玻璃在建筑上的应用进行了介绍，并分析了在建筑火灾中玻璃破裂对火灾蔓延的影响，由此提出了研究火灾条件下玻璃破裂行为的重要性；在本章末总结了 1986 年 Emmons 提出研究火灾中窗玻璃破裂的重要性以来国内外学者在相关方面做出的研究，并按照研究方法的不同归纳为实验研究、理论模型研究和数值模拟研究三类。

参考文献

[1] 刘艳. 公共建筑火灾风险评估及安全管理方法研究. 智能建筑与智慧城市, 2018, (9): 25-26.
[2] 张庆亮. 关于建筑防火设计问题的研究. 建材与装饰, 2018, (46): 79-80.
[3] 网易. 2018 中国各地高楼疯起！中国建筑到底怎么了? (2019-1-11)[2020-10-20]. http://dy.163.

com/v2/ article/detail/E590JQS- 405490THW.html.
[4] 新华网. 公安部发布高层建筑消防安全十大提示. (2017-07-10)[2017-07-10]. http://www.xinhuanet.com/politics/2017-07/10/c_129651686.htm.
[5] 李娜. 浅析现代社会高层建筑火灾特点及处置对策. 智能城市, 2018, 4(6): 15-16.
[6] 张毅. 热荷载作用下浮法玻璃和低辐射镀膜玻璃破裂行为研究. 合肥: 中国科学技术大学, 2011.
[7] 李铭臻, 石云兴, 冯乃谦. 新编建筑工程材料. 北京: 中国建材工业出版社, 1998.
[8] 顾真安. 绿色建材——支撑节约型建筑业. 中国建设信息, 2008, (6): 15-17.
[9] 刘志海, 庞世红. 节能玻璃与环保玻璃. 北京: 化学工业出版社, 2009.
[10] 宋介平. 点式玻璃幕墙玻璃面材性能研究与工程应用. 重庆: 重庆大学, 2006.
[11] Pagni P J. Thermal glass breakage//Fire Safety Science—Proceedings of the Seventh International Symposium, Worcester, 2002:3-22.
[12] 张庆文. 受限空间火灾环境下玻璃破裂行为研究. 合肥: 中国科学技术大学, 2006.
[13] Pagni P J, Joshi A A. Glass breaking in fires//Fire Safety Science—Proceedings of the Third International Symposium. London: Elsevier, 1991: 791-802.
[14] 百度. 11 · 15 上海静安区高层住宅大火. (2010-11-18)[2020-10-20]. http://baike.baidu.com/link?url=Bjq1YPO5cqetdGdMOp1Z-VwhByQlTZmRgqNcnBer9y7kcoYm63uBw0m3Tayvgx2OBRSKK2nJPhSE7eF3LB9dBhK.
[15] 百度. 2 · 3 沈阳皇朝万鑫酒店大火. (2011-2-5)[2020-10-20]. http://baike.baidu.com/link?url=84U0_9GFMSNCV1mhO3P4G-7JUqpZxwCdBOTqsOVrmOIYVHKxjhWntRfAAw99tc5ZNWO3sJd8WWXUxKJJoJgtzlq.
[16] 网易. 沈阳万鑫酒店除夕大火, 燃放烟花不慎造成. (2011-2-5)[2020-10-20]. http://news.163.com/photonew/00AN0001/12982.html.
[17] Xie Q Y, Zhang H P, Wan Y T, et al. Full-scale experimental study on crack and fallout of toughened glass with different thicknesses. Fire and Materials, 2008, 32(5): 293-306.
[18] Thomas P H, Bullen M L, Quintiere J G, et al. Flashover and instabilities in fire behavior. Combustion and Flame, 1980, 38(2): 159-171.
[19] O'Connor D J. Building façade or fire safety façade? CTBUH Journal, 2008, (2): 30-39.
[20] Wang Q S, Chen H D, Wang Y, et al. Development of a dynamic model for crack propagation in glazing system under thermal loading. Fire Safety Journal, 2014, 63: 113-124.
[21] 陈昊东. 热荷载作用下玻璃破裂特性及裂纹扩展模拟研究. 合肥: 中国科学技术大学, 2016.
[22] 赵寒. 风荷载和热荷载耦合作用下浮法玻璃的破裂行为研究. 合肥: 中国科学技术大学, 2016.
[23] Emmons H. The needed fire science//Fire Safety Science—Proceedings of the First International Symposium, Gaithersburg, 1986: 33-53.
[24] Skelly M J, Roby R J, Beyler C L. An experimental investigation of glass breakage in compartment fires. Journal of Fire Protection Engineering, 1991, 3(1): 25-34.
[25] Joshi A A, Pagni P J. Fire-induced thermal fields in window glass. II—Experiments. Fire Safety Journal, 1994, 22(1): 45-65.
[26] Hassani S K S, Shields T J, Silcock G W. An experimental investigation into the behaviour of glazing in enclosure fire. Journal of Applied Fire Science, 1997, 4(4): 303-323.

[27] Mowrer F W. Window breakage induced by exterior fires//The Second International Conference on Fire Research and Engineering. The Society of Fire Protection Engineers, Gaithersburg, 1997: 404-415.
[28] Shields T J, Silcock G W H, Hassani S K S. The behavior of double glazing in an enclosure fire. Journal of Applied Fire Science, 1998, 7(3): 267-286.
[29] Shields T J, Silcock G W H, Hassani S K S. The behavior of single glazing in an enclosure fire. Journal of Applied Fire Science, 1998, 7(2): 145-163.
[30] Cuzzillo B R, Pagni P J. Thermal breakage of double-pane glazing by fire. Journal of Fire Protection Engineering, 1998, 9(1): 1-11.
[31] 李建华, 黄郑华. 普通窗玻璃热破裂行为研究. 火灾科学, 1999, (3): 23-30.
[32] Harada K, Enomoto A, Uede K, et al. An experimental study on glass cracking and fallout by radiant heat exposure. Fire Safety Science, 2000, (6): 1063-1074.
[33] Khanina I, Vergara C, He Y P. Window glass breakage in fires//Proceedings of the 7th Australian Heat and Mass Transfer Conference, Townsille, 2000: 187-193.
[34] Shields T J, Silcock G W H, Flood M F. Performance of a single glazing assembly exposed to enclosure corner fires of increasing severity. Fire and Materials, 2001, 25(4): 123-152.
[35] Shields T J, Silcock G W H, Flood M. Performance of a single glazing assembly exposed to a fire in the centre of an enclosure. Fire and Materials, 2002, 26(2): 51-75.
[36] Shields J, Silcock G W H, Flood F. Behaviour of double glazing in corner fires. Fire Technology, 2005,41(1): 37-65.
[37] Klassen M S, Sutula J A, Holton M M, et al. Transmission through and breakage of multi-pane glazing due to radiant exposure. Fire Technology, 2006, 42(2): 79-107.
[38] Manzello S L, Gann R G, Kukuck S R, et al. An experimental determination of a real fire performance of a non-load bearing glass wall assembly. Fire Technology, 2007, 43(1): 77-89.
[39] Chow W K, Hung W Y, Gao Y, et al. Experimental study on smoke movement leading to glass damages in double-skinned façade. Construction and Building Materials, 2005, 21(3): 556-566.
[40] Xie Q Y, Zhang H P, Wan Y T, et al. Full-scale experimental study on crack and fallout of toughened glass with different thicknesses. Fire and Materials: An International Journal, 2008, 32(5): 293-306.
[41] Klassen M S, Sutula J A, Holton M M, et al. Transmission through and breakage of single and multi-pane glazing due to radiant exposure: State of research. Fire Technology, 2010, 46(4): 821-832.
[42] Wong D L W. The fallout of single glazing under radiant heat exposure. Canterbury: University of Canterbury, 2011.
[43] Zhang Y, Wang Q S, Zhu X B, et al. Experimental study on crack of float glass with different thicknesses exposed to radiant heating. Procedia Engineering, 2011, (11): 710-718.
[44] Li L M, Xie Q Y, Cheng X D, et al. Cracking behavior of glazings with different thicknesses by radiant exposure. Fire and Materials, 2012, 36(4): 264-276.
[45] Ni Z P, Lu S C, Peng L. Experimental study on fire performance of double-skin glass facades. Journal of fire Sciences, 2012, 30(5): 457-472.
[46] Wang Q S, Chen H D, Wang Y, et al. The shading width influence on glass crack behavior under

thermal radiation effect//13th International Conference on Fracture, Beijing, 2013.
[47] Shao G Z, Wang Q S, Zhao H, et al. Maximum temperature to withstand water film for tempered glass exposed to fire. Construction and Building Materials, 2014, 57: 15-23.
[48] Wang Q S, Wang Y, Zhang Y, et al. A stochastic analysis of glass crack initiation under thermal loading. Applied Thermal Engineering, 2014, 67(1-2): 447-457.
[49] Wang Y, Wang Q S, Shao G Z, et al. Fracture behavior of a four-point fixed glass curtain wall under fire conditions. Fire Safety Journal, 2014, 67: 24-34.
[50] 邵光正. 火灾场景中水幕对玻璃破裂行为影响的实验研究. 合肥: 中国科学技术大学, 2015.
[51] 苏燕飞. 中空玻璃在火灾环境下的破裂行为规律研究. 合肥: 中国科学技术大学, 2015.
[52] 王禹, 王青松, 黄柯, 等. 点式安装玻璃幕墙在火灾中的破裂行为. 燃烧科学与技术, 2015, 21(3): 241-247.
[53] 白音, 杨璐, 张有振, 等. 点支式钢化玻璃火灾下受力性能试验研究. 建筑结构学报, 2016, 37(1): 150-155.
[54] Keski-Rahkonen O. Breaking of window glass close to fire. Fire and Materials, 1988, 12(2): 61-69.
[55] Keski-Rahkonen O. Breaking of window glass close to fire, II: Circular panes. Fire and Materials, 1991, 15(1): 11-16.
[56] Pagni P J, Joshi A A. Glass breaking in fires. Fire Safety Science, 1991, 3: 791-802.
[57] Joshi A A, Pagni P J. Fire-induced thermal fields in window glass. I—Theory. Fire Safety Journal, 1994, 22(1): 25-43.
[58] Chow W K, Gao Y. Thermal stresses on window glasses upon heating. Construction and Building Materials, 2008, 22(11): 2157-2164.
[59] Tofilo P, Delichatsios M. Thermally induced stresses in glazing systems. Journal of Fire Protection Engineering, 2010, 20(2): 101-116.
[60] 杨春英. 侧开口限制空间内高温热气流振荡及冲击玻璃平板的研究. 哈尔滨: 哈尔滨工程大学, 2012.
[61] Chow W K, Gao Y. Mechanical behaviour of a rectangular glass panel in a fire. Glass Technology-European Journal of Glass Science and Technology Part A, 2015, 56(1): 1-13.
[62] Sincaglia P E, Barnett J R. Development of a glass window fracture model for zone-type computer fire codes. Journal of Fire Protection Engineering, 1996, 8(3): 101-117.
[63] Pope N D, Bailey C G. Development of a Gaussian glass breakage model within a fire field model. Fire Safety Journal, 2007, 42(5): 366-376.
[64] Kang K. Assessment of a model development for window glass breakage due to fire exposure in a field model. Fire Safety Journal, 2009, 44(3): 415-424.
[65] Wang Q S, Zhang Y, Wang Y, et al. Dynamic three-dimensional stress prediction of window glass under thermal loading. International Journal of Thermal Sciences, 2012, (59): 152-160.
[66] Joshi A A, Pagni P J. Users' Guide to BREAK1, the Berkeley Algorithm for Breaking Window Glass in a Compartment Fire. Gaithersburg: National Institute of Standards and Technology, 1991.
[67] Hietaniemi J. Probabilistic Simulation of Glass Fracture and Fallout in Fire. Espoo: VTT Building and Transport, 2005.

[68] Virgone J, Depecker P, Krauss G. Computer simulation of glass temperatures in fire conditions. Building and Environment, 1997, 32(1): 13-23.

[69] Dembele S, Rosario R A F, Wen J X. Investigation of glazing behavior in a fire environment using a spectral discrete ordinates method for radiative heat transfer. Numerical Heat Transfer, Part B: Fundamentals, 2007, 52(6): 489-506.

[70] Dembele S, Rosario R A F, Wang Q S, et al. Thermal and stress analysis of glazing in fires and glass fracture modeling with a probabilistic approach. Numerical Heat Transfer, Part B: Fundamentals, 2010, 58(6): 419-439.

[71] Wang Q S, Zhang Y, Sun J H, et al. Temperature and thermal stress simulation of window glass exposed to fire. Procedia Engineering, 2011, 11: 452-460.

[72] Wang Q S, Chen H D, Wang Y, et al. Thermal shock effect on the glass thermal stress response and crack propagation. Procedia Engineering, 2013, 62: 717-724.

[73] Wang Q S, Wang Y, Chen H D, et al. Frame constraint effect on the window glass crack behavior exposed to a fire. Engineering Fracture Mechanics, 2013, (108): 109-119.

[74] Wang Y, Wu Y, Wang Q S, et al. Numerical study on fire response of glass facades in different installation forms. Construction and Building Materials, 2014, 61: 172-180.

[75] 荣刚. 玻璃幕墙在火灾环境下的破裂行为研究. 合肥: 中国科学技术大学, 2014.

第2章 玻璃热破裂的基础

2.1 玻璃的基本属性

玻璃是混合物，其化学成分主要有氧化钠(Na_2O)、氧化钙(CaO)、二氧化硅(SiO_2)。此外，玻璃是一种非晶态固体，无长程有序的分子结构，具有时变的玻璃相变行为，没有固定的熔点[1]。玻璃是一种典型的脆性材料，在断裂之前无塑性行为发生，表现出脆性断裂行为[1]。玻璃具有抗压不抗拉的特点，抗压强度是抗拉强度的十几倍，因此玻璃经常在拉应力作用下发生脆断。由于玻璃表面微裂纹的存在，玻璃的实际强度远小于理论强度，玻璃表面裂纹产生的可能原因是：在生产过程中引入，与比玻璃硬的东西接触，化学腐蚀作用等[1]。建筑上常用的浮法玻璃是由浮法工艺生产的钠钙硅玻璃，其性质根据组成成分比例的不同而不同，浮法玻璃的力学及热学性质如表2.1所示[2, 3]。

表2.1 浮法玻璃力学及热学性质

力学性质	数值，单位	热学性质	数值，单位
弹性模量	70～74GPa	导热系数(25℃)	0.937W/(m·℃)
断裂韧度	0.72～0.82MPa·$m^{1/2}$	比热容(25℃)	880J/(kg·℃)
表面能	0.4～1J/m^2	线膨胀系数(25～275℃)	8.3×10^{-6}℃$^{-1}$
剪切模量	30GPa	软化点(ASTM C 338①)	715℃
体积模量	43GPa	退火点(ASTM C 336)	548℃
泊松比	0.23	应变点(ASTM C 336)	511℃
密度	2500kg/m^3	热应力系数	0.62MPa/℃
莫氏硬度	5～6	最大推荐操作温度	250℃(钢化)

① 美国材料与试验协会标准。

在火灾环境中，由于玻璃温度发生变化，其力学参数也会发生相应变化。在低于玻璃相变温度下，弹性模量会随着温度增加而缓慢下降[4]，玻璃发生破裂之前弹性模量变化很小，可以用室温测得的值代替。玻璃的线膨胀系数随着温度的升高而增加[5]。由于玻璃对热辐射是半透明的固体，在火灾条件下，对于入射的热通量具有一定的反射、透射作用，其吸收的热辐射也在厚度方向衰减。当火焰和热烟气层的温度小于 600K 时，没有透射产生，当达到典型的火焰温度约 1250K 时，25%的入射辐射被透射，65%的入射辐射被吸收，10%的入射辐射被反射[6]。玻璃对光谱的吸收率、反射率和透射率三者之和为 1。对于浮法玻璃，典型的光谱透射率为[6]

$$\begin{aligned} &\tau_\lambda \approx 0, \quad \lambda < 0.3\mu\text{m} \quad 或 \quad \lambda > 2.4\mu\text{m} \\ &\tau_\lambda \approx 0.9, \quad 0.3\mu\text{m} \leqslant \lambda \leqslant 2.4\mu\text{m} \end{aligned} \tag{2.1}$$

式中，λ为波长。

2.2　玻璃的传热方程

如图 2.1 所示，对于框架支承的玻璃，长度为 L，宽度为 W，厚度为 H，遮蔽宽度为 s，$z=0$ 为向火面，$z=H$ 为背火面。三维情形下，玻璃的传热方程为[6]

$$\rho c\frac{\partial T}{\partial t}=k\left(\frac{\partial^2 T}{\partial x^2}+\frac{\partial^2 T}{\partial y^2}+\frac{\partial^2 T}{\partial z^2}\right)+\frac{I(x,y,t)\mathrm{e}^{-z/l}}{l}\Phi(x,y) \tag{2.2}$$

式中，ρ 为密度；c 为比热容；T 为温度；t 为时间；k 为导热系数；$I(x,y,t)$为玻璃吸收的入射热通量；l 为衰减长度；$\Phi(x,y)$为赫维赛德(Heaviside)函数。当 x、y 在暴露区时，$\Phi(x,y)=1$；当 x，y 在遮蔽区时，$\Phi(x,y)=0$。当 $t=0$ 时，初始值 $T=T_0$，T_0 为环境温度。

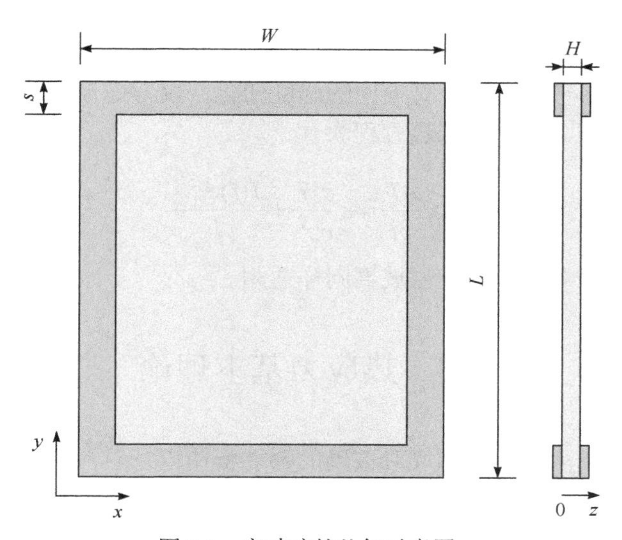

图 2.1　窗玻璃的几何示意图

边界条件如下。

1) 四个侧面

绝热，即在 $x=0$ 、$x=W$ 、$y=0$ 、$y=L\,(0\leqslant z\leqslant H)$时，热通量为 0。

2) 向火面和背火面遮蔽区

绝热，即在 $0\leqslant x\leqslant s$ 和 $s\leqslant x\leqslant W-s$ 、$0\leqslant y\leqslant s$ 和 $s\leqslant y\leqslant L-s$ ($z=0$ 或 $z=H$)时，热通量为 0。

3) 向火面和背火面暴露区

$$-k\frac{\partial T}{\partial z}=\begin{cases}h_0(t)[T_{0\infty}(t)-T(0,t)]+\varepsilon_{0\infty}(t)\sigma T_{0\infty}^4(t)-\varepsilon\sigma T^4(0,t), & z=0\\ h_1(t)[T(H,t)-T_{1\infty}]+\varepsilon\sigma T^4(H,t)-\varepsilon_{1\infty}(t)\sigma T_{1\infty}^4, & z=H\end{cases}\tag{2.3}$$

式中，h_0 和 h_1 分别为玻璃向火面和背火面与环境的对流换热系数；$T_{0\infty}$和 $T_{1\infty}$分别为向火面和背火面环境的温度；$T(0,t)$和 $T(H,t)$分别为向火面和背火面玻璃表面的温度；$\varepsilon_{0\infty}$和 $\varepsilon_{1\infty}$分别为向火面和背火面环境对玻璃的发射率；ε 为玻璃对环境的发射率；σ 为斯特藩(Stefan)常量($\sigma=5.67\times10^{-8}\ \mathrm{W/(m^2\cdot K^4)}$)。

如果不考虑玻璃厚度方向上的温度变化，二维情形下，玻璃的传热方程为

$$\rho c\frac{\partial T}{\partial t}=k\left(\frac{\partial^2 T}{\partial x^2}+\frac{\partial^2 T}{\partial y^2}\right)+\frac{I(x,y,t)}{l}\varPhi(x,y)\tag{2.4}$$

如果不考虑玻璃水平方向上的温度变化，二维情形下，玻璃的传热方程为

$$\rho c\frac{\partial T}{\partial t}=k\left(\frac{\partial^2 T}{\partial y^2}+\frac{\partial^2 T}{\partial z^2}\right)+\frac{I(y,t)\mathrm{e}^{-z/l}}{l}\varPhi(y)\tag{2.5}$$

如果不考虑水平方向和竖直方向的温度变化，仅考虑玻璃厚度方向上的温度变化，一维情形下，玻璃的传热方程为

$$\rho c\frac{\partial T}{\partial t}=k\frac{\partial^2 T}{\partial z^2}+\frac{I(t)\mathrm{e}^{-z/l}}{l}\tag{2.6}$$

上述传热方程对无边框的窗玻璃同样适用。

2.3　热应力基本理论

火灾条件下，火焰与热烟气对玻璃的辐射作用以及对流换热使玻璃表面的温度场随时间动态变化，这种由温度变化引起的玻璃内部应力变化，称为热应力。由于玻璃的热膨胀只产生线应变，不产生切应变，且玻璃在热破裂之前属于线弹性材料，所以玻璃的热应力可以表示为存在初始应变的弹性关系式[7]：

$$\boldsymbol{\sigma} = \boldsymbol{D}(\boldsymbol{\varepsilon} - \boldsymbol{\varepsilon}_0) \tag{2.7}$$

式中，$\boldsymbol{\sigma}$ 为应力向量；$\boldsymbol{D}$ 为弹性矩阵；$\boldsymbol{\varepsilon}$ 为应变向量，$\boldsymbol{\varepsilon}_0$ 为初始应变向量。对于二维平面应力和平面应变问题，上式各参数可以统一表述成以下形式：

$$\boldsymbol{\sigma} = \begin{bmatrix} \sigma_x \\ \sigma_y \\ \tau_{xy} \end{bmatrix}, \boldsymbol{D} = \frac{E^*}{1-\nu^2}\begin{bmatrix} 1 & \nu & 0 \\ \nu & 1 & 0 \\ 0 & 0 & (1-\nu)/2 \end{bmatrix}, \boldsymbol{\varepsilon} = \begin{bmatrix} \varepsilon_x \\ \varepsilon_y \\ \gamma_{xy} \end{bmatrix}, \boldsymbol{\varepsilon}_0 = \alpha\Delta T\begin{bmatrix} 1 \\ 1 \\ 0 \end{bmatrix} \tag{2.8}$$

$$E^* = \begin{cases} E \\ E/(1-\nu^2) \end{cases}, \quad \nu = \begin{cases} \nu \\ \nu/(1-\nu) \end{cases}, \quad \alpha = \begin{cases} \alpha, & \text{平面应力} \\ \alpha(1+\nu), & \text{平面应变} \end{cases} \tag{2.9}$$

其中，E 为玻璃的弹性模量；ν 为玻璃的泊松比；α 为玻璃的线膨胀系数；ΔT 为玻璃的温度变化量。

2.4 裂纹萌生及扩展基础

火灾条件下，由于玻璃框的遮蔽作用，容易在遮蔽边缘形成较大的温度梯度，从而产生较大的热应力，当热应力大于其自身的临界破裂应力时，玻璃开始破裂，裂纹开始扩展。

如图 2.2 所示，存在三种最基本的裂纹类型，可以参考关于断裂力学方面的教材[8-10]。

(1) 张开型(I 型)：外力与裂纹面垂直，裂纹扩展方向与外力作用方向垂直。

(2) 滑开型(II 型)：外力与裂纹面平行，裂纹扩展方向与外力方向平行。

(3) 撕开型(III 型)：外力与裂纹面平行，裂纹扩展方向与外力方向垂直。

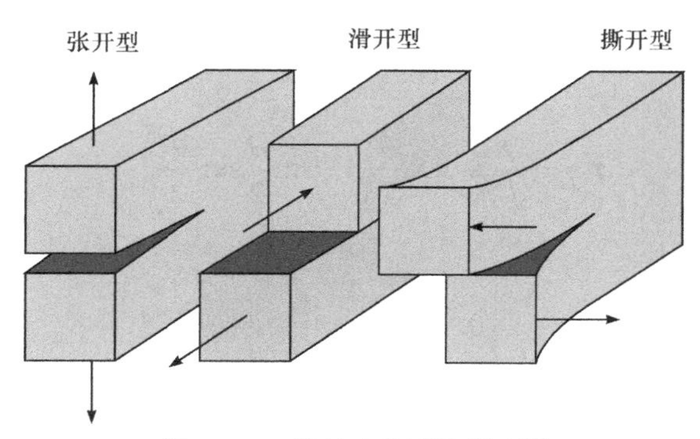

图 2.2　三种基本的裂纹类型[9]

裂纹前缘的直角和极坐标系如图 2.3 所示，用直角坐标系表示的 I 型裂纹和

II 型裂纹的应力场如下[9-11]。

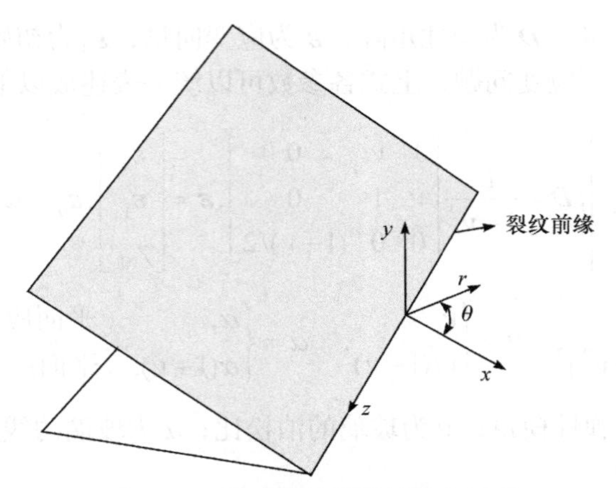

图 2.3　三维裂纹前缘的局部坐标系

I 型：

$$
\begin{aligned}
\sigma_{xx} &= \frac{K_{\mathrm{I}}}{\sqrt{2\pi r}}\cos\frac{\theta}{2}\left(1-\sin\frac{\theta}{2}\sin\frac{3\theta}{2}\right)\\
\sigma_{yy} &= \frac{K_{\mathrm{I}}}{\sqrt{2\pi r}}\cos\frac{\theta}{2}\left(1+\sin\frac{\theta}{2}\sin\frac{3\theta}{2}\right)\\
\tau_{xy} &= \frac{K_{\mathrm{I}}}{\sqrt{2\pi r}}\cos\frac{\theta}{2}\sin\frac{\theta}{2}\cos\frac{3\theta}{2}
\end{aligned}
\tag{2.10}
$$

II 型：

$$
\begin{aligned}
\sigma_{xx} &= -\frac{K_{\mathrm{II}}}{\sqrt{2\pi r}}\sin\frac{\theta}{2}\left(2+\cos\frac{\theta}{2}\cos\frac{3\theta}{2}\right)\\
\sigma_{yy} &= \frac{K_{\mathrm{II}}}{\sqrt{2\pi r}}\cos\frac{\theta}{2}\sin\frac{\theta}{2}\cos\frac{3\theta}{2}\\
\tau_{xy} &= \frac{K_{\mathrm{II}}}{\sqrt{2\pi r}}\cos\frac{\theta}{2}\left(1-\sin\frac{\theta}{2}\sin\frac{3\theta}{2}\right)
\end{aligned}
\tag{2.11}
$$

其他应力分量为

$$
\begin{aligned}
\sigma_{zz} &= \begin{cases} 0, & \text{平面应力} \\ \nu(\sigma_{xx}+\sigma_{yy}), & \text{平面应变} \end{cases}\\
\tau_{xz} &= \tau_{yz} = 0
\end{aligned}
\tag{2.12}
$$

I 型裂纹和 II 型裂纹的位移场如下[9-11]。

I 型：

$$u_x = \frac{K_{\mathrm{I}}}{2\mu}\sqrt{\frac{r}{2\pi}}\cos\frac{\theta}{2}\left(\kappa - 1 + 2\sin^2\frac{\theta}{2}\right)$$
$$u_y = \frac{K_{\mathrm{I}}}{2\mu}\sqrt{\frac{r}{2\pi}}\sin\frac{\theta}{2}\left(\kappa + 1 - 2\cos^2\frac{\theta}{2}\right) \tag{2.13}$$

II 型：

$$u_x = \frac{K_{\mathrm{II}}}{2\mu}\sqrt{\frac{r}{2\pi}}\sin\frac{\theta}{2}\left(\kappa + 1 + 2\cos^2\frac{\theta}{2}\right)$$
$$u_y = -\frac{K_{\mathrm{II}}}{2\mu}\sqrt{\frac{r}{2\pi}}\cos\frac{\theta}{2}\left(\kappa - 1 - 2\sin^2\frac{\theta}{2}\right) \tag{2.14}$$

式中，

$$\kappa = \begin{cases} (3-\nu)/(1+\nu), & \text{平面应力} \\ 3-4\nu, & \text{平面应变} \end{cases} \tag{2.15}$$

III 型裂纹的应力场和位移场如下[9, 10]：

$$\tau_{xz} = -\frac{K_{\mathrm{III}}}{\sqrt{2\pi r}}\sin\frac{\theta}{2}$$
$$\tau_{yz} = \frac{K_{\mathrm{III}}}{\sqrt{2\pi r}}\cos\frac{\theta}{2} \tag{2.16}$$
$$u_z = \frac{2K_{\mathrm{III}}}{\mu}\sqrt{\frac{r}{2\pi}}\sin\frac{\theta}{2}$$

式中，K_{I}、K_{II}、K_{III} 分别为 I 型裂纹、II 型裂纹、III 型裂纹的应力强度因子，它决定了裂纹尖端应力场的大小，被称为应力强度因子或应力场强度因子。

裂纹萌生根据莫尔-库仑准则判定，当最大和最小主应力满足下式时，玻璃破裂发生：

$$\frac{\sigma_1}{S_{\mathrm{ut}}} - \frac{\sigma_3}{S_{\mathrm{uc}}} \geqslant 1 \tag{2.17}$$

式中，σ_1 和 σ_3 分别为第一(最大)主应力和第三(最小)主应力；S_{ut} 和 S_{uc} 分别为玻璃的极限抗拉强度和极限抗压强度。

对于裂纹扩展，主要的判据有最大周向应力理论、最小应变能密度因子理论、最大能量释放率理论等。

最大周向应力理论认为当周向应力($\sigma_{\theta\theta}$)的最大值大于某一临界值时，裂纹开始扩展，同时裂纹扩展方向满足以下条件：

$$\frac{\partial \sigma_{\theta\theta}}{\partial \theta} = 0, \quad \frac{\partial^2 \sigma_{\theta\theta}}{\partial \theta^2} < 0 \tag{2.18}$$

对于平面内的复合型裂纹，裂纹沿着最大周向应力所对应的扩展角度 θ_{c} 进行扩展，如下式所示[12, 13]：

$$\theta_{\mathrm{c}} = 2a\tan\frac{K_{\mathrm{I}} - \sqrt{K_{\mathrm{I}}^2 + 8K_{\mathrm{II}}^2}}{4K_{\mathrm{II}}} \tag{2.19}$$

最小应变能密度因子理论认为当应变能密度因子(S)的最小值小于某一临界值时，裂纹开始扩展，同时裂纹扩展方向满足以下条件：

$$\frac{\partial S}{\partial \theta} = 0, \quad \frac{\partial^2 S}{\partial \theta^2} > 0 \tag{2.20}$$

最大能量释放率理论认为当能量释放率(G)的最大值大于某一临界值时，裂纹开始扩展，同时裂纹扩展方向满足以下条件：

$$\frac{\partial G}{\partial \theta} = 0, \quad \frac{\partial^2 G}{\partial \theta^2} < 0 \tag{2.21}$$

此外，还有其他判据判断裂纹扩展与否，基于应力强度因子复合判据作为裂纹扩展的判断标准[14]，采用如下方程。

假定裂纹只扩展一次，应力强度因子需要满足

$$\left(\frac{K_{\mathrm{I}}}{K_{\mathrm{IC}}}\right)^{\alpha} + \left(\frac{K_{\mathrm{II}}}{K_{\mathrm{IIC}}}\right)^{\beta} + \left(\frac{K_{\mathrm{III}}}{K_{\mathrm{IIIC}}}\right)^{\gamma} = 1 \tag{2.22}$$

式中，K_{IC}、K_{IIC}和K_{IIIC}分别表示三种破裂模式下的断裂强度参数；α、β和γ为常量，由实验确定并由用户自己定义。Wu[14]建议采用如下方程：$\left(\frac{K_{\mathrm{I}}}{K_{\mathrm{IC}}}\right)^2 + \left(\frac{K_{\mathrm{II}}}{K_{\mathrm{IIC}}}\right)^2 = 1$。

2.5 数值方法

火灾条件下，火焰与热烟气对玻璃的辐射加热以及对流加热使玻璃表面的温度场随时间动态变化，由于玻璃框的遮蔽作用，容易在遮蔽边缘形成较大的温度梯度，从而产生较大的热应力，当热应力大于其自身的临界破裂应力时，玻璃开始破裂，裂纹扩展。由此可见，玻璃的温度场和热应力场的求解是计算玻璃裂纹扩展的前提。对于复杂几何形状和边界情形，通常得不到温度场和应力场的解析解，在这种情况下，往往借助数值方法来得到问题的近似解，下面给出有限元法的求解过程。

2.5.1 温度场的求解

式(2.2)的有限元方程形式为[7]

$$\boldsymbol{C}\frac{\partial \boldsymbol{T}}{\partial t} + \boldsymbol{K}\cdot\boldsymbol{T} = \boldsymbol{f} \tag{2.23}$$

其中，

$$
\begin{aligned}
&\boldsymbol{C}=\int_V \rho c \boldsymbol{N}^{\mathrm{T}} \boldsymbol{N} \mathrm{d} V \\
&\boldsymbol{K}=\int_V \boldsymbol{B}^{\mathrm{T}} \boldsymbol{c} \boldsymbol{B} \mathrm{d} V+\int_\Gamma h \boldsymbol{N}^{\mathrm{T}} \boldsymbol{N} \mathrm{d} \Gamma \\
&\boldsymbol{f}=\int_\Gamma h T_{\infty} \boldsymbol{N}^{\mathrm{T}} \mathrm{d} \Gamma+\int_{\Gamma_R} \sigma \varepsilon \boldsymbol{N}^{\mathrm{T}}\left[T_{\infty}^4-(\boldsymbol{N} \boldsymbol{T})^4\right] \mathrm{d} \Gamma_R+\int_V \boldsymbol{I}^* \boldsymbol{N}^{\mathrm{T}} \mathrm{d} V
\end{aligned} \tag{2.24}
$$

式中，$\boldsymbol{B}$ 为导数矩阵；$\boldsymbol{C}$ 为热容矩阵；$\boldsymbol{K}$ 为热刚度矩阵；$\boldsymbol{N}$ 为形函数矩阵；$\boldsymbol{c}$ 为热刚度系数矩阵；$\boldsymbol{T}$ 为温度矩阵；$\boldsymbol{I}^*=I(x,y,t)\mathrm{e}^{-z/l}\Phi(x,y)/l$ 。

以二维三角形单元情形为例，简述有限元求解温度场的过程[7, 15]。由于温度是标量，三角形单元温度场有三个自由度，单元内任意一点温度可以表述为

$$
\boldsymbol{T}=N_i T_i+N_j T_j+N_k T_k=\left[\begin{array}{lll}N_i & N_j & N_k\end{array}\right]\left[\begin{array}{c}T_i \\ T_j \\ T_k\end{array}\right]=\boldsymbol{N}\boldsymbol{T} \tag{2.25}
$$

式中，N_i 为节点 i 的形函数；T_i 为节点 i 的温度。对于三角形单元，形函数可以写为

$$
N_i=\frac{(a_i+b_i x+c_i y)}{2A} \quad (i, j, k) \tag{2.26}
$$

其中，

$$
\begin{aligned}
&a_i=x_j y_m-x_m y_j \\
&b_i=y_j-y_m \qquad (i,j,k) \\
&c_i=-x_j+x_m
\end{aligned} \tag{2.27}
$$

式中，A 为三角形单元的面积；单元的温度梯度 $\boldsymbol{g}$ 可以表示为

$$
\boldsymbol{g}=\left[\begin{array}{c}\dfrac{\partial T}{\partial x} \\ \dfrac{\partial T}{\partial y}\end{array}\right]=\frac{1}{2A}\left[\begin{array}{lll}b_i & b_j & b_k \\ c_i & c_j & c_k\end{array}\right]\left[\begin{array}{c}T_i \\ T_j \\ T_k\end{array}\right]=\boldsymbol{B}\boldsymbol{T} \tag{2.28}
$$

因此，可以得到单元的刚度矩阵，然后再组装成整体刚度矩阵，便可得到与节点个数相同的代数方程。由于在温度场求解过程中考虑了辐射项，此项是非线性项，需要迭代求解，在本书中，采取牛顿-拉弗森法进行方程的迭代求解。为了使求解的瞬态温度场不产生振荡现象，采取集总热容矩阵形式，即将热容矩阵每行对角线元素之外的值加和到每行的对角线元素上。此外，为了得到系统的温度场，还要引入至少一个节点温度或者与其等效形式的边界条件。

对于瞬时项，采取有限差分形式进行离散，式(2.23)可以写成[7, 15]

$$(\boldsymbol{C}+\theta\Delta t\boldsymbol{K})\boldsymbol{T}^{n+1}=[\boldsymbol{C}-(1-\theta)\Delta t\boldsymbol{K}]\boldsymbol{T}^{n}+\Delta t[\theta\boldsymbol{f}^{n+1}+(1-\theta)\boldsymbol{f}^{n}] \tag{2.29}$$

式中，n 和 n+1 表示在第 n 个和 n+1 个时间步。当 θ=0 时，这种时间离散方法为向前差分法，完全显式格式，且有条件收敛；当 θ=1 时，这种时间离散方法为向后差分法，完全隐式格式，且无条件收敛；当 θ=0.5 时，这种时间离散方法为克兰克-尼科尔森(Crank-Nicolson)方法，半隐式格式，在大时间步下会出现振荡行为，为亚稳定格式。在时间域离散上，本书采取无条件收敛的向后差分格式。

2.5.2　应力场的求解

有限元求解方程如下：

$$\boldsymbol{KU}=\boldsymbol{F}_b+\boldsymbol{F}_t+\boldsymbol{F}_T \tag{2.30}$$

式中，

$$\begin{aligned}&\boldsymbol{K}=\int_{\Omega}\boldsymbol{B}^{\mathrm{T}}\boldsymbol{DB}\mathrm{d}\Omega;\quad \boldsymbol{F}_b=\int_{\Omega}\boldsymbol{N}_i^{\mathrm{T}}f_b\mathrm{d}\Omega;\\&\boldsymbol{F}_t=\int_{\Gamma}\boldsymbol{N}_i^{\mathrm{T}}t^{*}\mathrm{d}\Gamma;\quad \boldsymbol{F}_T=\int_{\Omega}\boldsymbol{B}^{\mathrm{T}}\boldsymbol{D}\varepsilon_0\mathrm{d}\Omega\end{aligned} \tag{2.31}$$

其中，$\boldsymbol{K}$ 为刚度矩阵；$\boldsymbol{U}$ 为节点位移场；$\boldsymbol{D}$ 为弹性矩阵；$\boldsymbol{F}_t$ 为表面力引起的节点力矢量；$\boldsymbol{F}_b$ 为体积力引起的节点力矢量；$\boldsymbol{F}_T$ 为温度荷载引起的节点力矢量。分析热应力相关问题时，增加了一项温度荷载引起的节点力矢量，除此之外，与无热应力分析相比完全相同。得到节点位移场之后，可以进一步求得节点应变矩阵，根据式(2.7)进一步求得节点的热应力。

2.6　本 章 小 结

本章首先对玻璃的基本性质及力学、热学性质进行了介绍，对玻璃在火灾条件下的力学参数变化进行了说明。针对框支承的玻璃，提出了三维传热偏微分方程，对玻璃传热的侧面、向火面及背火面边界条件进行了定义，并且分别对忽略玻璃厚度方向和水平方向上温度变化的二维传热模型、仅考虑厚度方向上温度变化的一维模型进行了介绍。在考虑火灾场景下火焰及热烟气对玻璃辐射作用和对流换热的影响时，利用存在初始应变的弹性关系式将玻璃内部热应力进行了表述。此外，还对热应力下玻璃裂纹的产生及扩展规律进行了详细的理论分析，并且给出了相应的有限元法求解过程。

参 考 文 献

[1] Shelby J E. Introduction to Glass Science and Technology. London: Royal Society of Chemistry, 2005.

[2] Bourhis E L. Glass: Mechanics and Technology. New York: John Wiley & Sons, 2008.
[3] NSG Group. Properties of soda-lime silica float glass. (2013-1-14)[2023-3-3]. https://www.pilkington.com/-/media/pilkington/site-content/usa/window-manufacturers/technical-bulletins/ats129propertiesofglass20130114.pdf.
[4] McGraw D. A method for determining Young's modulus of glass at elevated temperatures. Journal of the American Ceramic Society, 1952, 35(1): 22-27.
[5] Fluegel A. Thermal expansion calculation for silicate glasses at 210℃ based on a systematic analysis of global databases. Glass Technology—European Journal of Glass Science and Technology Part A, 2010, 51(5): 191-201.
[6] Pagni P J. Thermal glass breakage//Fire Safety Science—Proceedings of the 7th International Symposium, Worcester, 1986: 3-22.
[7] 王勖成. 有限单元法. 北京: 清华大学出版社, 2003.
[8] Lawn B. Fracture of Brittle Solids. Cambridge: Cambridge University Press, 1993.
[9] Anderson T L, Anderson T. Fracture Mechanics: Fundamentals and Applications. Boca Raton: CRC Press, 2005.
[10] 李世愚, 和泰名, 尹祥础. 岩石断裂力学导论. 合肥: 中国科学技术大学出版社, 2010.
[11] Williams M L. On the stress distribution at the base of a stationary crack. Journal of Applied Mechanics, 1956, 24(1): 109-114.
[12] Erdogan F, Sih G C. On the crack extension in plates under plane loading and transverse shear. Journal of Basic Engineering, 1963, 85(4): 519-525.
[13] Nguyen-Xuan H, Liu G R, Nourbakhshnia N, et al. A novel singular ES-FEM for crack growth simulation. Engineering Fracture Mechanics, 2012, (84): 41-66.
[14] Wu E M. Application of fracture mechanics to anisotropic plates. Journal of Applied Mechanics, 1967, 34(4): 967-974.
[15] Lewis R W, Nithiarasu P, Seetharamu K N. Fundamentals of the Finite Element Method for Heat and Fluid Flow. Chichester: John Wiley & Sons, 2004.

第 3 章　玻璃热破裂的随机性规律

3.1　玻璃破裂的随机性

玻璃作为一种脆性材料，在加工过程中，其表面和内部有可能产生微裂纹和缺陷，而这些缺陷的产生在现有的技术条件下是不可避免的，这就使得热荷载作用下玻璃破裂带有很大的随机性[1, 2]。同时玻璃在日常使用过程中，面对各种复杂的环境，玻璃的破裂也同样会带有一定的随机性[2, 3]。为了研究热荷载作用下玻璃的破裂，不仅需要对玻璃破裂的主要因素进行研究，同时也要从统计学上对玻璃破裂的时间、温度、温度差等重要参数进行分析，选用合适的分布函数，预测玻璃首次破裂的时间、温度、温度差、应力等重要表征参数，也为开展玻璃在热荷载作用下的破裂研究提供参考。

本章从最弱链理论出发，从材料的生存概率函数开始推导，介绍 Weibull 统计分布及其关键参数的计算方法。因为函数计算过程较为复杂，且三参数的 Weibull 统计比较难以求解[4, 5]，所以本章运用商业化的 Weibull++7 软件(试用版)对浮法玻璃和 Low-E 玻璃大量工况下的实验结果进行了统计分析，对影响玻璃破裂的关键参数(首次破裂时间、首次破裂时向火面中心点温度、首次破裂时向火面中心点同破裂位置处背火面遮蔽点之间的平均温度差平均值、首次破裂位置处热应力)进行了 Weibull 统计分析，并比较了两种玻璃关键参数的 Weibull 分布规律。由于采用了大量的统计数据，本章的研究结果具有一定的代表性，可以为热荷载作用下玻璃破裂的科学研究提供参考[6]。

3.2　最弱链理论

在断裂力学中，对于脆性材料的强度(或寿命)可以用最弱链理论来解释。这个理论是由 Pierre 在 1926 年首先提出的，该理论认为：一个结构是由按串联排列的若干独立单元所组成的；当其中一个单元失效时，整个结构部件也将失效。这样结构整体的强度(或寿命)取决于最薄弱单元的强度(或寿命)[7-9]。每个链应力从 0 到失效的概率用分布函数 $F(\sigma)$来表示，那么这个单元的生存概率函数 $S(\sigma)$为

$$S(\sigma) = 1 - F(\sigma) \tag{3.1}$$

假定各单元强度(或寿命)相互独立，分布相同，那么系统内 n 个单元的生存概率函数为

$$S_n(\sigma)=[1-F(\sigma)]^n \tag{3.2}$$

一条含有 n 个单元的链失效概率为

$$F_n(\sigma)=1-[1-F(\sigma)]^n \tag{3.3}$$

式中，函数 $F(\sigma)$ 为

$$F(\sigma)=1-\exp[-\varphi(\sigma)] \tag{3.4}$$

方程(3.3)就是最弱链理论的基本表达式。瑞典工程师 Weibull 在 20 世纪 30 年代开始研究轴承寿命，后来又研究结构强度和疲劳等问题。他在 1939 年提出了一个重要的结论：具有极小概率的极小强度的尾分布(tail distribution)不能用现有的任何分布描述，他根据最弱链理论给出了下面这样一个模型，这种模型后来在统计学上称为 Weibull 分布：

$$\varphi(\sigma)=\left[\frac{\sigma-\sigma_{\mathrm{u}}}{\sigma_0}\right]^m \tag{3.5}$$

式中，σ_{u} 为破裂不会发生的临界应力；σ_0 和 m 分别为尺度参数(scale parameter)和形状参数(shape parameter)。这个式子是三参数的 Weibull 分布。当不受到应力作用时，材料不会发生破坏，因此，临界应力 σ_{u} 一般可以取为 0，这样就得到二参数 Weibull 分布。那么含有 n 个单元的链失效概率表达式变为

$$F_n(\sigma)=1-\exp\left[-n\left(\frac{\sigma}{\sigma_0}\right)^m\right] \tag{3.6}$$

将材料内每个小单元体积看作链，推导出失效概率为

$$F_V(\sigma)=1-\exp\left[-\int\left(\frac{\sigma}{\sigma_0}\right)^m \mathrm{d}V\right] \tag{3.7}$$

假定材料内应力分布均匀，可以把上式简化为

$$F_V(\sigma)=1-\exp\left[-V\left(\frac{\sigma}{\sigma_0}\right)^m\right] \tag{3.8}$$

式中，$F_V(\sigma)$ 具有如下性质：

$$0\leqslant F_V(\sigma)\leqslant 1 \tag{3.9}$$

$$\frac{\partial F_V(\sigma)}{\partial\sigma}\geqslant 0 \tag{3.10}$$

$$\lim_{V\to\infty} F_V(\sigma)=1 \tag{3.11}$$

$$\lim_{V\to 0} F_V(\sigma)=0 \tag{3.12}$$

式(3.9)表示损伤概率只能为 0～1，式(3.10)表示损伤概率将随着应力增加而变大，式(3.11)表示当试件的体积趋向于无穷大时，在试件的内部，总会有一个足以使得试件破坏的缺陷存在，而式(3.12)则表示当试件体积趋向于零时，就不会再存在能够使试件损坏的缺陷。

对式(3.8)两边求对数，得出：

$$\ln\left[\ln\left(\frac{1}{1-F_V(\sigma)}\right)\right]=m\ln\sigma-m\ln\sigma_0+\ln V \tag{3.13}$$

对于式(3.13)，由于材料体积确定，所以 $\ln V$ 已知，式中还存在 $F_V(\sigma)$、m、σ_0 三个未知量。如果能估算出 $F_V(\sigma)$的值，那么可以由实验得到的 $\ln\sigma$ 和推出的 $F_V(\sigma)$ 得到一个简单的线性关系式：$y=mx+b$，其中，y 为 $\ln(\ln\{1/[1-F_V(\sigma)]\})$；$b$ 为 $-m\ln\sigma_0+\ln V$。通过实验结果计算出的 y 和 x，在数轴上对其作图，可以得出一条直线，m 是直线的斜率，b 是直线与 y 轴的交点。这是计算二参数 Weibull 分布 m 和 σ_0 的一种常见方法，称为线性最小二乘拟合法。

对于 $F_V(\sigma)$的估值，文献中有很多种近似方法。本章介绍其中一种，Weibull 在 1939 年给出了一个 $F_V(\sigma)$的近似计算方法：对体积 V 已知的某种实验材料开展 N 次实验，对得到的 N 个实验数据按照升序进行排列，那么第 i 个数据的 $F_V(\sigma)$为

$$F_V(\sigma)=\frac{i}{N+1} \tag{3.14}$$

这样对应于每一个实验数据都有一个 $F_V(\sigma)$，采用线性最小二乘拟合法，在直角坐标系上作出 $\ln(\ln\{1/[1-F_V(\sigma)]\})$和 $\ln\sigma$ 的对应点，即可求出二参数 Weibull 分布中的尺度参数 σ_0 和形状参数 m。三参数的 Weibull 分布参数确定比较复杂，而且有时临界应力值 σ_u 容易出现负值，所以一般工程上二参数 Weibull 分布的应用更为广泛。

目前，二参数的 Weibull 分布主要用于材料的寿命实验以及高应力水平下的材料疲劳实验，三参数的 Weibull 分布用于低应力水平的材料及某些零件的寿命实验。因为 Weibull 分布是根据最弱链理论得到的，能充分反映材料缺陷和应力集中源对材料疲劳寿命的影响，而且具有递增的失效率，所以将它作为材料或零件的寿命分布模型或给定寿命下的疲劳强度模型是合适的。为简便起见，将采用 Weibull++7 软件进行 Weibull 统计分析。Weibull++7 软件是一款专业分析 Weibull 分布的商业软件，它提供了一系列标准的寿命数据分析、绘图和报表工具，能够

非常简便地开展本章数据的可靠性分析。

3.3　玻璃首次破裂主要参数的随机性分析

为了更深入地研究热荷载作用下浮法玻璃和 Low-E 玻璃首次破裂的一些关键表征参数，本节对 6mm 厚、平面大小为 600mm×600mm 的浮法玻璃和 Low-E 玻璃的大量实验结果进行统计分析，分别对首次破裂时间、首次破裂时向火面中心点温度、首次破裂时向火面中心点同破裂位置处背火面遮蔽点之间的平均温度差、首次破裂位置处热应力四个表征热荷载作用下玻璃破裂的关键参数进行了 Weibull 统计分析，为热荷载作用下研究玻璃破裂提供了参考数据。

表 3.1 列出了尺寸为 600mm×600mm×6mm 的两种玻璃在首次破裂时的一些实验结果。其中，时间表示首次破裂时间；T_c 表示首次破裂时向火面中心点温度；$\Delta\overline{T}$ 表示首次破裂时向火面中心点同破裂位置处背火面遮蔽点之间的平均温度差(首次破裂位置处平均温度差)；σ表示首次破裂位置处热应力，根据公式 $\sigma = E\beta\Delta\overline{T}$ 进行计算，E 是弹性模量，浮法玻璃的 E 为 7.3×10^{10}Pa，Low-E 玻璃的 E 为 7.2×10^{10}Pa，β 是线膨胀系数，浮法玻璃的 β 为 7.33×10^{-6}℃$^{-1}$，Low-E 玻璃的 β 为 9.0×10^{-6}℃$^{-1}$。

表 3.1　600mm×600mm×6mm 浮法玻璃和 Low-E 玻璃实验结果

序号	浮法玻璃				Low-E 玻璃			
	时间/s	T_c/℃	$\Delta\overline{T}$/℃	σ/MPa	时间/s	T_c/℃	$\Delta\overline{T}$/℃	σ/MPa
1	555	161.2	100.6	53.83	1550	138.1	93.1	88.19
2	590	182.5	116.2	62.18	2315	226.3	140.2	88.58
3	1397	169.4	98.1	52.49	1370	140.6	76.5	89.04
4	1076	145.6	85	45.48	1118	188.8	147.5	90.85
5	613	142.5	94.4	50.51	1077	191.9	123.7	93.64
6	679	171.9	110.6	59.18	656	173.8	137.4	95.58
7	448	183.1	125	66.89	862	243.8	191.5	96.94
8	542	192.5	130.6	69.88	828	250.6	199.8	98.82
9	372	183.1	137.5	73.57	699	218.8	180.2	99.14
10	546	188.8	131.3	70.26	705	183.1	153	101.87
11	687	188.1	125	66.89	565	178.8	152.5	103.23
12	600	176.3	118.2	63.25	517	191.3	162.6	104.46
13	512	171.3	116.9	62.55	817	215	136.7	105.36
14	648	163.1	110.6	59.18	988	221.9	149.6	107.5
15	693	175	116.2	62.18	852	245	165.9	107.89

续表

序号	浮法玻璃				Low-E 玻璃			
	时间/s	T_c/℃	$\Delta\bar{T}$/℃	σ/MPa	时间/s	T_c/℃	$\Delta\bar{T}$/℃	σ/MPa
16	507	172.5	113.7	60.84	664	182.5	157.2	116.77
17	728	181.3	121.3	64.91	719	166.9	136.1	124.09
18	613	171.3	113.2	60.57	628	173.1	144.5	129.47
19	429	160.6	103.7	55.49	752	196.9	166.5	88.19
20	469	158.8	108.8	58.22	835	207.5	159.3	88.58
21					712	211.3	161.2	89.04

3.3.1 玻璃首次破裂时间统计分析

玻璃首次破裂时间是表征热荷载作用下玻璃破裂的一项重要参数。随着玻璃的首次破裂，玻璃表面会产生裂纹，这样就会影响玻璃表面应力分布及玻璃整体完整性，因此开展玻璃首次破裂时间的分析具有十分重要的意义。

假定热荷载作用下玻璃首次破裂时间满足 Weibull 分布，其函数为

$$\varphi(t)=\left(\frac{t-t_{\mathrm{u}}}{t_0}\right)^m \tag{3.15}$$

式中，t_{u} 为临界时间；t_0 为尺度参数；m 为形状参数。

根据线性最小二乘拟合法原理，运用 Weibull++7 软件，画出两种玻璃首次破裂时间二参数 Weibull 分布概率图，如图 3.1 所示。从图中直线的斜率和截距可以求出 Weibull 分布的形状参数 m 和尺度参数 t_0，在这里得到的浮法玻璃的 m 为 4.39，t_0 为 685.39s；Low-E 玻璃的 m 为 3.78，t_0 为 987.49s，如表 3.2 所示。因此，浮法玻璃和 Low-E 玻璃首次破裂时间的二参数 Weibull 分布函数分别如下。

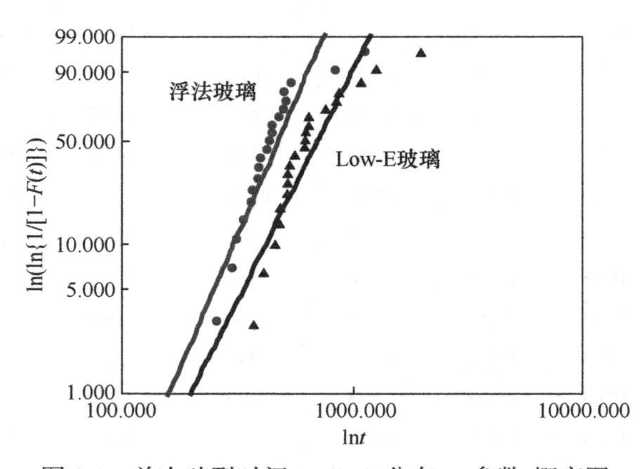

图 3.1　首次破裂时间 Weibull 分布(二参数)概率图

浮法玻璃：

$$\varphi(t)=\left(\frac{t}{685.39}\right)^{4.39} \tag{3.16}$$

Low-E 玻璃：

$$\varphi(t)=\left(\frac{t}{987.49}\right)^{3.78} \tag{3.17}$$

根据两种玻璃首次破裂时间的二参数 Weibull 分布，可以求出生存概率函数(survial probability function)$S(t)$、故障概率函数(failure probability function)$F(t)$和概率密度函数(probability density function，PDF) $f(t)$。

浮法玻璃：

$$F(t)=1-\exp\left[-\left(\frac{t}{685.39}\right)^{4.39}\right] \tag{3.18}$$

$$S(t)=1-F(t)=\exp\left[-\left(\frac{t}{685.39}\right)^{4.39}\right] \tag{3.19}$$

$$f(t)=\frac{4.39}{685.39}\left(\frac{t}{685.39}\right)^{3.39}\exp\left[-\left(\frac{t}{685.39}\right)^{4.39}\right] \tag{3.20}$$

Low-E 玻璃：

$$F(t)=1-\exp\left[-\left(\frac{t}{987.49}\right)^{3.78}\right] \tag{3.21}$$

$$S(t)=1-F(t)=\exp\left[-\left(\frac{t}{987.49}\right)^{3.78}\right] \tag{3.22}$$

$$f(t)=\frac{3.78}{987.49}\left(\frac{t}{987.49}\right)^{2.78}\exp\left[-\left(\frac{t}{987.49}\right)^{3.78}\right] \tag{3.23}$$

图 3.2～图 3.4 分别是故障概率-首次破裂时间的关系图、生存概率-首次破裂时间的关系图和概率密度函数 $f(t)$的示意图。图中，各个独立的点是实际测量得出的数值，曲线是由方程模拟出来的。从图 3.2～图 3.4 中可以看出，Weibull 分布拟合的曲线能够较好地吻合玻璃首次破裂时间的实验数据，表明 Weibull 分布可以合理地描述玻璃首次破裂时间的分布规律。

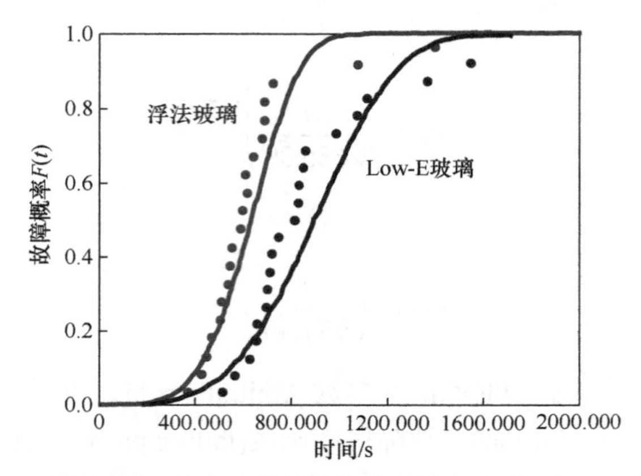

图 3.2　故障概率-首次破裂时间的关系图(二参数 Weibull 分布)

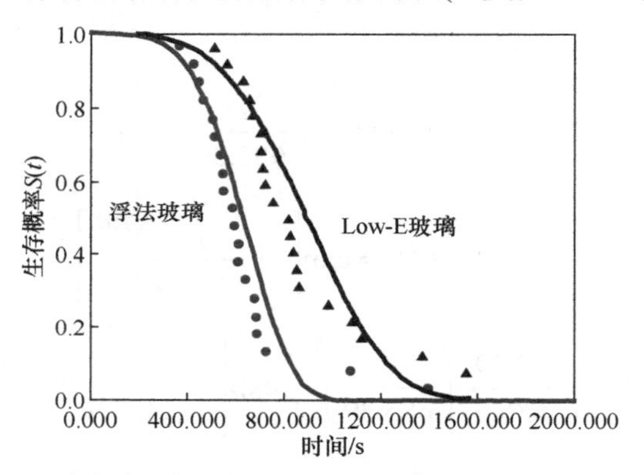

图 3.3　生存概率-首次破裂时间的关系图(二参数 Weibull 分布)

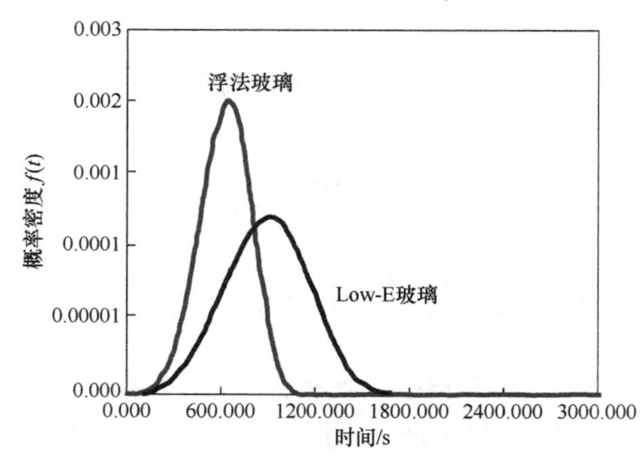

图 3.4　概率密度函数 $f(t)$示意图(二参数 Weibull 分布)

从图 3.2 和图 3.3 中可以看出，随着时间的延长，玻璃材料的生存概率(可靠性)在某一时刻右侧附近急剧下降，而相应的故障概率(不可靠性)在某一时刻右侧附近急剧升高。因此，设置一个合理的故障概率和生存概率，就可以求出该概率下的首次破裂时间参考值。如图 3.2 和图 3.3 所示，生存概率为 0.90、故障概率为 0.10 时，生存概率的降低和故障概率的升高已经处于一个加速过程了，因此设定生存概率(可靠性)为 0.90、故障概率(不可靠性)为 0.10，此时按照计算出的生存概率方程或故障概率方程均可以得到：浮法玻璃的首次破裂时间为 410.49s，Low-E 玻璃的首次破裂时间为 544.32s。定义 t_z 为生存概率为 0.90、故障概率为 0.10 时的玻璃首次破裂时间，把实验结果列入表 3.2 中。

表 3.2　玻璃首次破裂时间 Weibull 分布参数统计表

玻璃种类	Weibull 方程	m	t_0/s	t_u/s	t_z/s
浮法玻璃	二参数	4.39	685.39	—	410.49
	三参数	1.67	345.13	326.50	416.13
Low-E 玻璃	二参数	3.78	987.49	—	544.32
	三参数	1.32	466.64	481.81	566.64

从图 3.2 和图 3.3 中还可以看出，在同一时刻处浮法玻璃的故障概率要明显高于 Low-E 玻璃，而 Low-E 玻璃的生存概率要大于浮法玻璃，因此可以看出，相同故障概率条件下与浮法玻璃相比，Low-E 玻璃的首次破裂时间更长，说明 Low-E 玻璃在热荷载下保持整体完整性的时间更长。

通过 Weibull++7 软件，也计算出了三参数的 Weibull 分布的参数，如表 3.2 所示。浮法玻璃的 m 为 1.67、t_0 为 345.13s、t_u 为 326.50s；Low-E 玻璃的 m 为 1.32、t_0 为 466.64s、t_u 为 481.81s。得到的三参数 Weibull 方程如下。

浮法玻璃：

$$\varphi(t)=\left(\frac{t-326.50}{345.13}\right)^{1.67} \tag{3.24}$$

Low-E 玻璃：

$$\varphi(t)=\left(\frac{t-481.81}{466.64}\right)^{1.32} \tag{3.25}$$

同理，也可以得出故障概率函数 $F(t)$、生存概率函数 $S(t)$和概率密度函数 $f(t)$。

浮法玻璃：

$$F(t)=1-\exp\left[-\left(\frac{t-326.50}{345.13}\right)^{1.67}\right] \tag{3.26}$$

$$S(t)=1-F(t)=\exp\left[-\left(\frac{t-362.50}{345.13}\right)^{1.67}\right] \tag{3.27}$$

$$f(t)=\frac{1.67}{345.13}\left(\frac{t-326.50}{345.13}\right)^{0.67}\exp\left[-\left(\frac{t-326.50}{345.13}\right)^{1.67}\right] \tag{3.28}$$

Low-E 玻璃：

$$F(t)=1-\exp\left[-\left(\frac{t-481.81}{466.64}\right)^{1.32}\right] \tag{3.29}$$

$$S(t)=1-F(t)=\exp\left[-\left(\frac{t-481.81}{466.64}\right)^{1.32}\right] \tag{3.30}$$

$$f(t)=\frac{1.32}{466.64}\left(\frac{t-481.81}{466.64}\right)^{0.32}\exp\left[-\left(\frac{t-481.81}{466.64}\right)^{1.32}\right] \tag{3.31}$$

从图 3.5 和图 3.6 中基于三参数 Weibull 分布的故障概率-首次破裂时间的关系图和生存概率-首次破裂时间的关系图中可以看出，随着时间的延长，玻璃材料的生存概率(可靠性)在某一时刻右侧附近也会急剧下降，而相应的故障概率(不可靠性)在某一时刻右侧附近急剧升高。因此，同样设定玻璃生存概率(可靠性)为 0.90、故障概率(不可靠性)为 0.10。按照上述得出的两种玻璃基于三参数 Weibull 分布的生存概率方程或故障概率方程，均可以得到：浮法玻璃的首次破裂时间为 416.13s，Low-E 玻璃的首次破裂时间为 566.64s，与采用二参数 Weibull 分布函数计算得出的两种玻璃首次破裂时间 410.49s 和 544.32s 非常接近，见表 3.2。需要指出的是，本节设定的生存概率(0.90)和故障概率(0.10)是一个相对保守的值，计算得到的两种玻璃首次破裂时间的数值可以比较安全地应用于工程实践。从图 3.5 和图 3.6 中还可以得出，与浮法玻璃相比，相同故障概率条件下 Low-E 玻璃的首次破裂时间更长，说明 Low-E 玻璃在热荷载下保持整体完整性的时间更长。

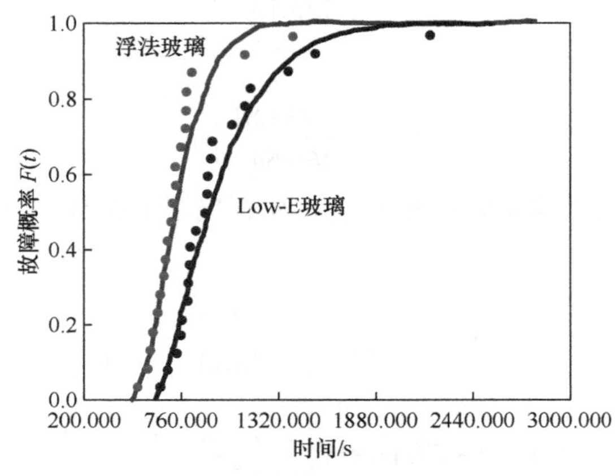

图 3.5　故障概率-首次破裂时间的关系图(三参数 Weibull 分布)

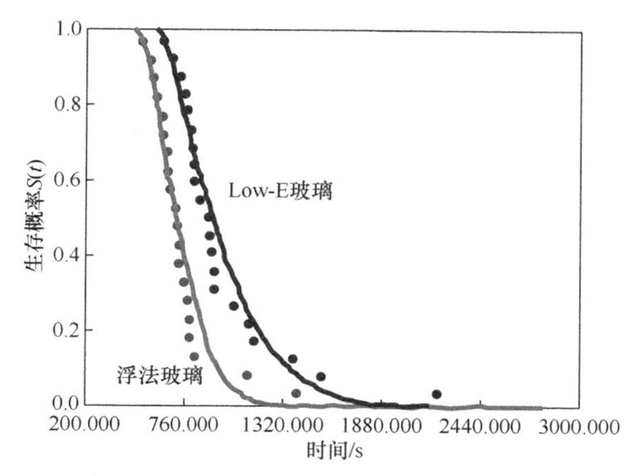

图 3.6　生存概率-首次破裂时间的关系图(三参数 Weibull 分布)

3.3.2　玻璃向火面中心点温度的统计分析

玻璃向火面中心点是热荷载作用下玻璃破裂研究中需要测量的重要参数之一，它是本实验装置中玻璃向火面温度理论上的最高点。开展玻璃向火面中心点温度统计分析，能够对研究热荷载作用下玻璃破裂提供一定的参考。

假定玻璃表面首次破裂时向火面中心点温度(T_c)满足 Weibull 分布，其函数为

$$\varphi(T_c)=\left(\frac{T_c-T_{cu}}{T_{c0}}\right)^m \tag{3.32}$$

式中，T_{cu}为临界破断温度；T_{c0}为尺度参数；m为形状参数。

根据线性最小二乘拟合法原理，运用 Weibull++7 软件，画出两种玻璃首次破裂时向火面中心点温度二参数 Weibull 分布概率图，如图 3.7 所示，从图中直线

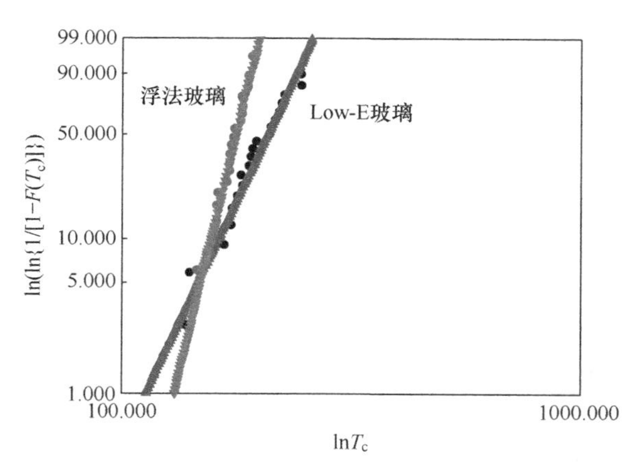

图 3.7　首次破裂时向火面中心点温度(T_c)二参数 Weibull 分布概率图

的斜率和截距可以求出 Weibull 分布的形状参数 m 和尺度参数 T_{c0}。从图 3.7 中求出浮法玻璃的 m 为 14.61、T_{c0} 为 177.94℃；Low-E 玻璃的 m 为 7.34、T_{c0} 为 210.08℃。因此，浮法玻璃和 Low-E 玻璃首次破裂时间的二参数 Weibull 分布函数分别如下。

浮法玻璃：

$$\varphi(T_c)=\left(\frac{T_c}{177.94}\right)^{14.61} \tag{3.33}$$

Low-E 玻璃：

$$\varphi(T_c)=\left(\frac{T_c}{210.08}\right)^{7.34} \tag{3.34}$$

根据两种玻璃首次破裂时间的二参数 Weibull 分布，可以求出故障概率函数 $F(T_c)$、生存概率函数 $S(T_c)$和概率密度函数 $f(T_c)$。

浮法玻璃：

$$F(T_c)=1-\exp\left[-\left(\frac{T_c}{177.94}\right)^{14.61}\right] \tag{3.35}$$

$$S(T_c)=1-F(T_c)=\exp\left[-\left(\frac{T_c}{177.94}\right)^{14.61}\right] \tag{3.36}$$

$$f(T_c)=\frac{14.61}{177.94}\left(\frac{T_c}{177.94}\right)^{13.61}\exp\left[-\left(\frac{T_c}{177.94}\right)^{14.61}\right] \tag{3.37}$$

Low-E 玻璃：

$$F(T_c)=1-\exp\left[-\left(\frac{T_c}{210.08}\right)^{7.34}\right] \tag{3.38}$$

$$S(T_c)=1-F(T_c)=\exp\left[-\left(\frac{T_c}{210.08}\right)^{7.34}\right] \tag{3.39}$$

$$f(T_c)=\frac{7.34}{210.08}\left(\frac{T_c}{210.08}\right)^{6.34}\exp\left[-\left(\frac{T_c}{210.08}\right)^{7.34}\right] \tag{3.40}$$

图 3.8～图 3.10 分别是生存概率-首次破裂时向火面中心点温度关系图、故障概率-首次破裂时向火面中心点温度和概率密度函数 $f(T_c)$示意图。图中，各个独立的点是实际测量得出的数值，曲线是由方程模拟出来的。从图 3.8～图 3.10 可以看出，Weibull 分布拟合的曲线能够较好地吻合玻璃首次破裂时向火面中心点温度的实验数据，表明 Weibull 分布可以合理地描述玻璃首次破裂时向火面中心点温度的分布规律。

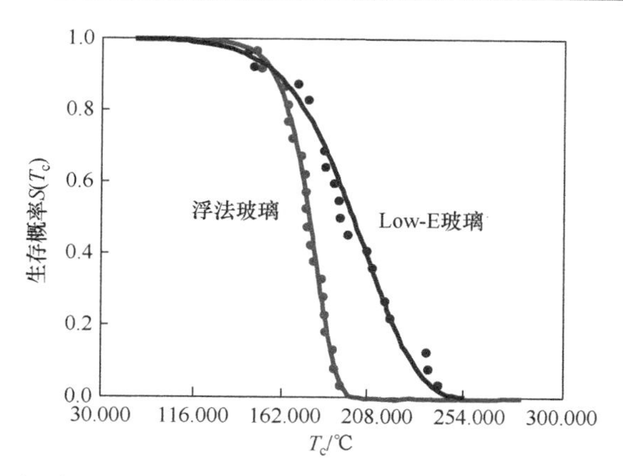

图 3.8　生存概率-首次破裂时向火面中心点温度(T_c)的关系图(二参数 Weibull 分布)

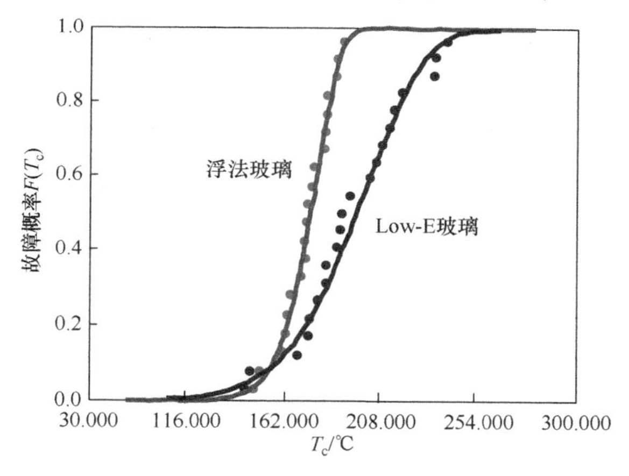

图 3.9　故障概率-首次破裂时向火面中心点温度(T_c)的关系图(二参数 Weibull 分布)

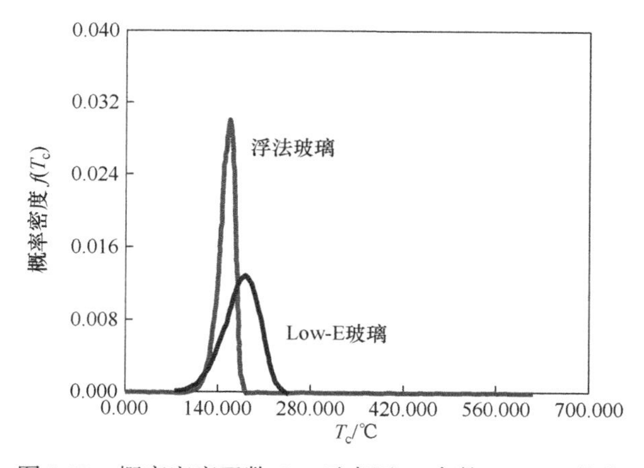

图 3.10　概率密度函数 $f(T_c)$示意图(二参数 Weibull 分布)

从图 3.8 和图 3.9 可以看出，随着温度的升高，玻璃材料的生存概率(可靠性)在某一温度右侧附近急剧下降，而相应的故障概率(不可靠性)在某一温度右侧附近急剧升高。因此，根据 3.3.1 节的分析，设定玻璃生存概率(可靠性)为 0.90、故障概率(不可靠性)为 0.10，此时按照计算出的生存概率方程或故障概率方程均可以得到：浮法玻璃首次破裂时向火面中心点温度为 152.54℃，Low-E 玻璃首次破裂时向火面中心点温度为 154.61℃。定义 T_{cz} 为生存概率为 0.90、故障概率为 0.10 的玻璃首次破裂时向火面中心点温度，把实验结果列入表 3.3。

表 3.3　玻璃首次破裂向火面中心点温度 Weibull 分布参数统计表

玻璃种类	Weibull 方程	m	T_{c0}/℃	T_{cu}/℃	T_{cz}/℃
浮法玻璃	二参数	14.61	177.94	—	152.54
	三参数	50.63	601.90	–423.65	152.08
Low-E 玻璃	二参数	7.34	210.08	—	154.61
	三参数	4.81	150.29	59.69	153.82

从图 3.8 和图 3.9 中还可以看出，在同一时刻，浮法玻璃的故障概率要明显高于 Low-E 玻璃，而 Low-E 玻璃的生存概率要高于浮法玻璃。因此，可以得出相同故障概率条件下与浮法玻璃相比，Low-E 玻璃首次破裂时向火面中心点温度更高，也就是说 Low-E 玻璃更能耐受高温。

通过 Weibull++7 软件，也计算出了三参数的 Weibull 分布的参数，浮法玻璃 m 为 50.63、T_{c0} 为 601.90℃、T_{cu} 为–423.65℃；Low-E 玻璃 m 为 4.81、T_{c0} 为 150.29℃、T_{cu} 为 59.69℃。把实验结果列于表 3.3 中。通过计算出的三参数，可以得到三参数 Weibull 分布函数 $\varphi(T_c)$、故障概率函数 $F(T_c)$、生存概率函数 $S(T_c)$ 和概率密度函数 $f(T_c)$。

浮法玻璃：

$$\varphi(T_c)=\left(\frac{T_c+423.65}{601.90}\right)^{50.63} \tag{3.41}$$

$$F(T_c)=1-\exp\left[-\left(\frac{T_c+423.65}{601.90}\right)^{50.63}\right] \tag{3.42}$$

$$S(T_c)=1-F(T_c)=\exp\left[-\left(\frac{T_c+423.65}{601.90}\right)^{50.63}\right] \tag{3.43}$$

$$f(T_c)=\frac{50.63}{601.90}\left(\frac{T_c+423.65}{601.90}\right)^{49.63}\exp\left[-\left(\frac{T_c+423.65}{601.90}\right)^{50.63}\right] \tag{3.44}$$

Low-E 玻璃：

$$\varphi(T_c)=\left(\frac{T_c-59.69}{150.29}\right)^{4.81} \tag{3.45}$$

$$F(T_c)=1-\exp\left[-\left(\frac{T_c-59.69}{150.29}\right)^{4.81}\right] \tag{3.46}$$

$$S(T_c)=1-F(T_c)=\exp\left[-\left(\frac{T_c-59.69}{150.29}\right)^{4.81}\right] \tag{3.47}$$

$$f(T_c)=\frac{4.81}{150.29}\left(\frac{T_c-59.69}{150.29}\right)^{3.81}\exp\left[-\left(\frac{T_c-59.69}{150.29}\right)^{4.81}\right] \tag{3.48}$$

从图 3.11 和图 3.12 基于三参数 Weibull 分布的故障概率-首次破裂时向火面中心点温度的关系图和生存概率-首次破裂时向火面中心点温度的关系图可以看出，随着温度的提高，玻璃材料的生存概率(可靠性)在某一温度右侧附近会急剧下降，而相应的故障概率(不可靠性)在某一温度右侧附近急剧升高。根据 3.3.1 节分析，设定玻璃生存概率(可靠性)为 0.90、故障概率(不可靠性)为 0.10。按照上述得出的两种玻璃基于三参数 Weibull 分布的生存概率方程或故障概率方程，均可以得到：浮法玻璃首次破裂时向火面中心点温度为 152.08℃，Low-E 玻璃首次破裂时向火面中心点温度为 153.82℃。这与采用二参数 Weibull 分布函数计算得出的两种玻璃首次破裂时向火面中心点温度 152.54℃和 154.61℃非常接近，见表 3.3。需要指出，本节设定的生存概率(0.90)和故障概率(0.10)是一个相对保守的值，计算得到两种玻璃首次破裂时向火面中心点温度的数值可以较安全地应用于工程实践中。从图 3.11 和图 3.12 中还可以得出，相同故障概率条件下 Low-E 玻璃比浮法玻璃首次破裂时向火面中心点温度更高，也就是说 Low-E 玻璃更能耐受高温。

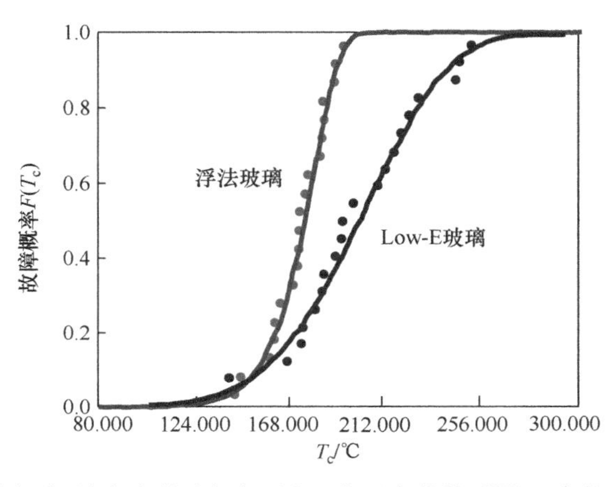

图 3.11　故障概率-首次破裂时向火面中心点温度的关系图(三参数 Weibull 分布)

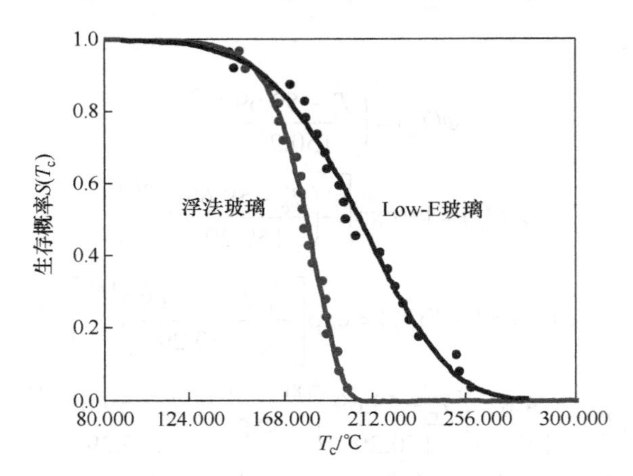

图 3.12 生存概率-首次破裂时向火面中心点温度的关系图(三参数 Weibull 分布)

3.3.3 玻璃破裂位置处平均温度差的统计分析

在实验中，观测到玻璃首次破裂有时候是位于某一个点，有时候首次破裂发生在几个位置处。为了更合理地得到首次破裂时向火面中心点同首次破裂位置点的温度差，取首次破裂的几个(或某一个)位置处的温度差平均值作为玻璃首次破裂的温度差。开展首次破裂时向火面中心点同破裂位置处背火面遮蔽点之间的平均温度差的研究对于热荷载下玻璃破裂研究具有十分重要的意义。

假定玻璃首次破裂时向火面中心点同破裂位置处背火面遮蔽点之间的平均温度差$\Delta\bar{T}$满足 Weibull 分布，其函数为

$$\varphi(\Delta\bar{T})=\left(\frac{\Delta\bar{T}-\Delta\bar{T}_{\mathrm{u}}}{\Delta\bar{T}_0}\right)^m \tag{3.49}$$

式中，$\Delta\bar{T}_{\mathrm{u}}$为临界平均温度差；$\Delta\bar{T}_0$为尺度参数；$m$为形状参数。

根据线性最小二乘拟合法原理，运用 Weibull++7 软件，画出两种玻璃首次破裂时向火面中心点同破裂位置处背火面遮蔽点之间的平均温度差的二参数 Weibull 分布概率图，如图 3.13 所示，从图中直线的斜率和截距可以求出 Weibull 分布的形状参数 m 和尺度参数$\Delta\bar{T}_0$。从图 3.13 中求出，浮法玻璃的 m 为 9.11、$\Delta\bar{T}_0$为 141.04℃；Low-E 玻璃的 m 为 5.64、$\Delta\bar{T}_0$为 161.65℃。因此，浮法玻璃和 Low-E 玻璃首次破裂时间的二参数 Weibull 分布函数分别如下。

浮法玻璃：

$$\varphi(\Delta\bar{T})=\left(\frac{\Delta\bar{T}}{141.04}\right)^{9.11} \tag{3.50}$$

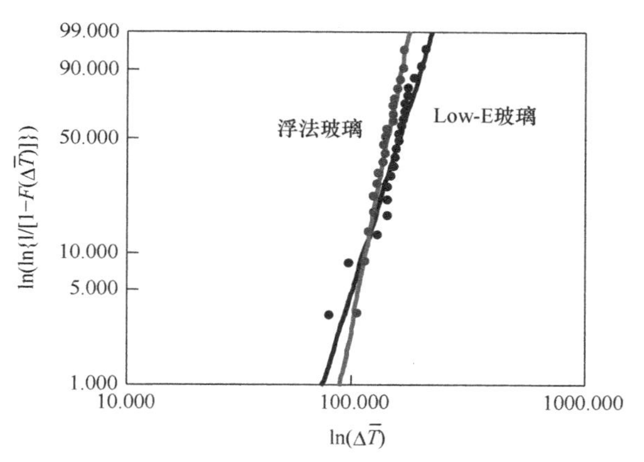

图 3.13　$\Delta\bar{T}$ 二参数 Weibull 分布概率图

Low-E 玻璃：

$$\varphi(\Delta\bar{T})=\left(\frac{\Delta\bar{T}}{161.65}\right)^{5.64} \tag{3.51}$$

根据两种玻璃首次破裂时向火面中心点同破裂位置处背火面遮蔽点之间的平均温度差的二参数 Weibull 分布，可以求出故障概率函数 $F(\Delta\bar{T})$ 、生存概率函数 $S(\Delta\bar{T})$ 和概率密度函数 $f(\Delta\bar{T})$ 。

浮法玻璃：

$$F(\Delta\bar{T})=1-\exp\left[-\left(\frac{\Delta\bar{T}}{141.04}\right)^{9.11}\right] \tag{3.52}$$

$$S(\Delta\bar{T})=1-F(\Delta\bar{T})=\exp\left[-\left(\frac{\Delta\bar{T}}{141.04}\right)^{9.11}\right] \tag{3.53}$$

$$f(\Delta\bar{T})=\frac{9.11}{141.04}\left(\frac{\Delta\bar{T}}{141.04}\right)^{8.11}\exp\left[-\left(\frac{\Delta\bar{T}}{141.04}\right)^{9.11}\right] \tag{3.54}$$

Low-E 玻璃：

$$F(\Delta\bar{T})=1-\exp\left[-\left(\frac{\Delta\bar{T}}{161.65}\right)^{5.64}\right] \tag{5.55}$$

$$S(\Delta\bar{T})=1-F(\Delta\bar{T})=\exp\left[-\left(\frac{\Delta\bar{T}}{161.65}\right)^{5.64}\right] \tag{3.56}$$

$$f(\Delta\bar{T})=\frac{5.64}{161.65}\left(\frac{\Delta\bar{T}}{161.65}\right)^{4.64}\exp\left[-\left(\frac{\Delta\bar{T}}{161.65}\right)^{5.64}\right] \tag{3.57}$$

图 3.14～图 3.16 分别是生存概率-首次破裂时向火面中心点同破裂位置处背火面遮蔽点之间的平均温度差关系图、故障概率-首次破裂时向火面中心点同破裂位置处背火面遮蔽点之间的平均温度差和概率密度函数 $f(\Delta\bar{T})$ 示意图。图中，各个独立的点是实际测量得出的数值,曲线是由方程模拟出来的。从图 3.14～图 3.16 可以看出，Weibull 分布拟合的曲线能够较好地吻合玻璃首次破裂时向火面中心点同破裂位置处背火面遮蔽点之间平均温度差的实验数据，表明 Weibull 分布可以合理地描述玻璃首次破裂时向火面中心点同破裂位置处背火面遮蔽点之间平均温度差的分布规律。

从图 3.14 和图 3.15 中可以看出，随着温度差的增加，玻璃材料的生存概率(可靠性)在某一温度差右侧附近急剧地下降，而相应的故障概率(不可靠性)在某一温度差右侧附近急剧升高。因此根据 3.3.1 节的分析，设定玻璃生存概率(可靠性)为 0.90、故障概率(不可靠性)为 0.10，此时按照生存概率方程或故障概率方程均

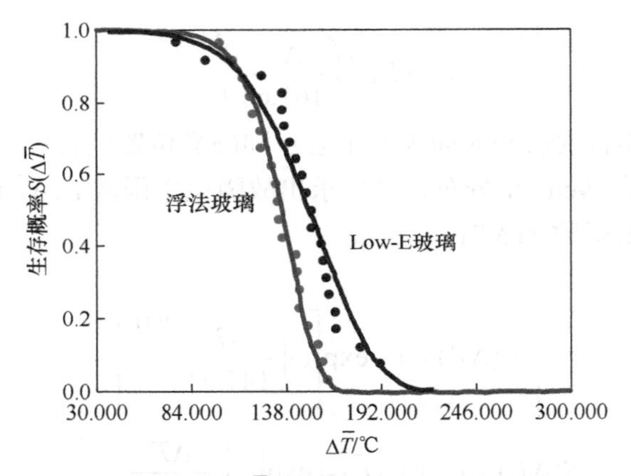

图 3.14 生存概率- $\Delta\bar{T}$ 的关系图(二参数 Weibull 分布)

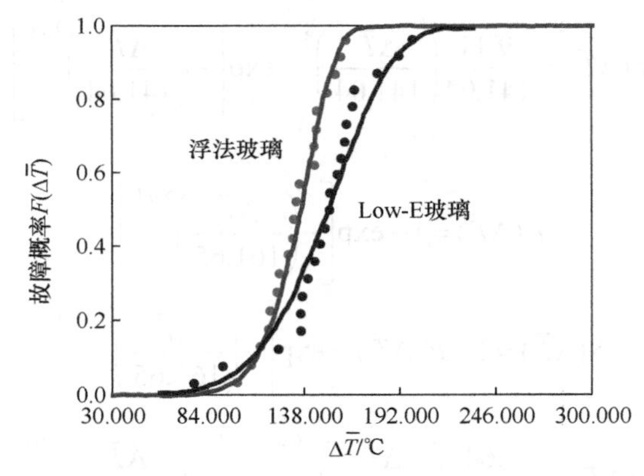

图 3.15 故障概率- $\Delta\bar{T}$ 的关系图(二参数 Weibull 分布)

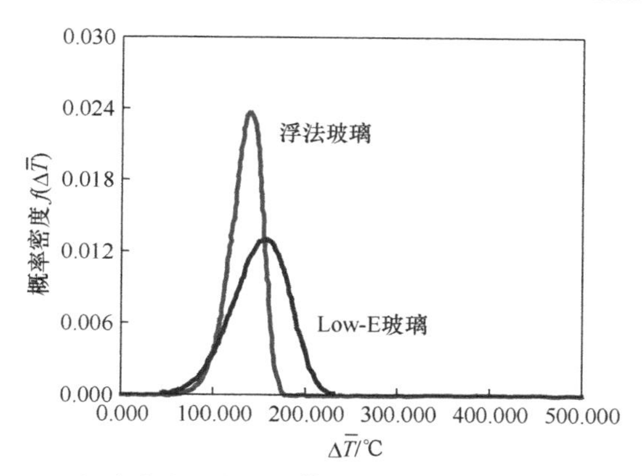

图 3.16　概率密度函数 $f(\Delta\bar{T})$ 示意图(二参数 Weibull 分布)

可以得到：浮法玻璃首次破裂时向火面中心点同破裂位置处背火面遮蔽点之间的平均温度差为 110.18℃，Low-E 玻璃首次破裂时向火面中心点同破裂位置处背火面遮蔽点之间的平均温度差为 108.13℃。定义 $\Delta\bar{T}_z$ 为生存概率为 0.90、故障概率为 0.10 时的玻璃首次破裂时向火面中心点同破裂位置处背火面遮蔽点之间的平均温度差。将实验结果列入表 3.4 中。

表 3.4　玻璃首次破裂时向火面中心点同破裂位置处背火面遮蔽点之间的平均温度差 Weibull 分布参数统计表

玻璃种类	Weibull 方程	m	$\Delta\bar{T}_0$/℃	$\Delta\bar{T}_u$/℃	$\Delta\bar{T}_z$/℃
浮法玻璃	二参数	9.11	141.04	—	110.18
	三参数	4.05	70.90	69.60	110.27
Low-E 玻璃	二参数	5.64	161.65	—	108.13
	三参数	657.08	16223.00	–0.0002	106.52

从图 3.14 和图 3.15 中还可以看出，在同一时刻浮法玻璃的故障概率要明显高于 Low-E 玻璃，而 Low-E 玻璃的生存概率要大于浮法玻璃，因此可以看出，相同故障概率条件下 Low-E 玻璃比浮法玻璃首次破裂时向火面中心点同破裂位置处背火面遮蔽点之间的平均温度差更大，也就是说 Low-E 玻璃能够耐受更高的局部温度差。

通过 Weibull++7 软件，计算出了三参数的 Weibull 分布的参数，浮法玻璃的 $\Delta\bar{T}_u$ 为 69.60℃、$\Delta\bar{T}_0$ 为 70.90℃、m 为 4.05；Low-E 玻璃的 $\Delta\bar{T}_u$ 为–0.0002℃、$\Delta\bar{T}_0$ 为 16223.00℃、m 为 657.08。通过计算出的三参数，可以得到三参数的 Weibull 分布函数 $\varphi(\Delta\bar{T})$、故障概率函数 $F(\Delta\bar{T})$、生存概率函数 $S(\Delta\bar{T})$ 和概率密度函数 $f(\Delta\bar{T})$。

浮法玻璃：

$$\varphi(\Delta\bar{T})=\left(\frac{\Delta\bar{T}-69.60}{70.90}\right)^{4.05} \tag{3.58}$$

$$F(\Delta\bar{T})=1-\exp\left[-\left(\frac{\Delta\bar{T}-69.60}{70.90}\right)^{4.05}\right] \tag{3.59}$$

$$S(\Delta\bar{T})=1-F(\Delta\bar{T})=\exp\left[-\left(\frac{\Delta\bar{T}-69.60}{70.90}\right)^{4.05}\right] \tag{3.60}$$

$$f(\Delta\bar{T})=\frac{4.05}{70.90}\left(\frac{\Delta\bar{T}-69.60}{70.90}\right)^{3.05}\exp\left[-\left(\frac{\Delta\bar{T}-69.60}{70.90}\right)^{4.05}\right] \tag{3.61}$$

Low-E 玻璃：

$$\varphi(\Delta\bar{T})=\left(\frac{\Delta\bar{T}+0.0002}{16223.00}\right)^{657.08} \tag{3.62}$$

$$F(\Delta\bar{T})=1-\exp\left[-\left(\frac{\Delta\bar{T}+0.0002}{16223.00}\right)^{657.08}\right] \tag{3.63}$$

$$S(\Delta\bar{T})=1-F(\Delta\bar{T})=\exp\left[-\left(\frac{\Delta\bar{T}+0.0002}{16223.00}\right)^{657.08}\right] \tag{3.64}$$

$$f(\Delta\bar{T})=\frac{657.08}{16223.00}\left(\frac{\Delta\bar{T}+0.0002}{16223.00}\right)^{656.08}\exp\left[-\left(\frac{\Delta\bar{T}+0.0002}{16223.00}\right)^{657.08}\right] \tag{3.65}$$

图 3.17 和图 3.18 为三参数 Weibull 分布的故障概率-首次破裂时向火面中心点同破裂位置处背火面遮蔽点之间的平均温度差的关系图和生存概率-首次破裂时向火面中心点同破裂位置处背火面遮蔽点之间的平均温度差的关系图。可以看出，随着温度差的增加，玻璃材料的生存概率(可靠性)在某一温度差右侧附近会急剧下降，而相应的故障概率(不可靠性)在某一温度差右侧附近急剧升高。设定玻璃生存概率(可靠性)为 0.90、故障概率(不可靠性)为 0.10，按照上述得出的两种玻璃基于三参数 Weibull 分布的生存概率方程或故障概率方程，均可以得到：浮法玻璃首次破裂时向火面中心点同破裂位置处背火面遮蔽点之间的平均温度差为 110.27℃，Low-E 玻璃首次破裂时向火面中心点同破裂位置处背火面遮蔽点之间的平均温度差为 106.52℃。该结果与采用二参数 Weibull 分布函数计算得出的两种玻璃首次破裂时向火面中心点同破裂位置处背火面遮蔽点之间的平均温度差 110.18℃和 108.13℃接近，见表 3.4。需要指出的是，本节设定的生存概率(0.90)和故障概率(0.10)是一个相对保守的值，计算得到的两种玻璃首次

破裂时向火面中心点同破裂位置处背火面遮蔽点之间的平均温度差的数值可以较安全地应用于工程实践。从图 3.17 和图 3.18 中还可以得出，相同故障概率条件下 Low-E 玻璃比浮法玻璃首次破裂时向火面中心点同破裂位置处背火面遮蔽点之间的平均温度差更大，也就是说 Low-E 玻璃能够耐受更高的局部温度差。

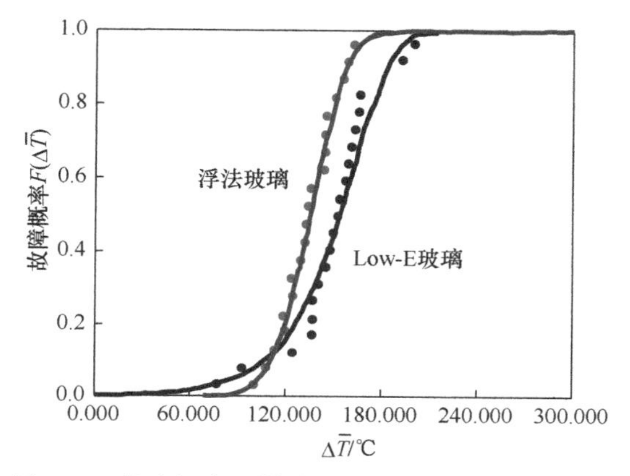

图 3.17　故障概率-$\Delta\bar{T}$ 关系图(三参数 Weibull 分布)

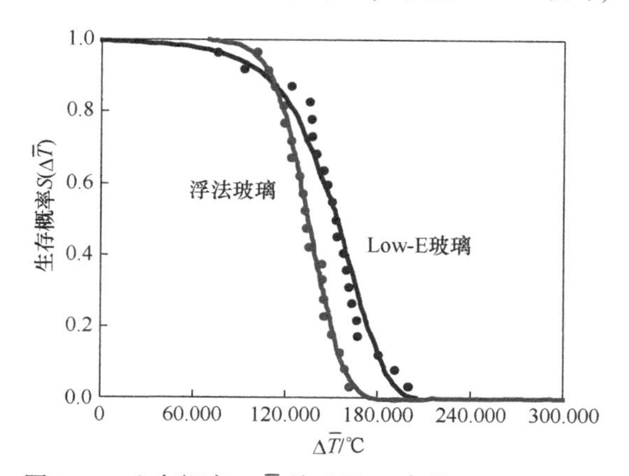

图 3.18　生存概率-$\Delta\bar{T}$ 关系图(三参数 Weibull 分布)

3.3.4　玻璃破裂位置处热应力的统计分析

热荷载作用下玻璃由于遮蔽表面宽度和玻璃厚度的影响存在温度梯度，产生了玻璃表面的热应力。随温度梯度的增大，玻璃表面的热应力超过玻璃表面所能承受的最大应力时，玻璃表面就会发生破裂。统计玻璃破裂位置处热应力的分布规律对于研究热荷载作用下玻璃破裂具有十分重要的意义。

假定首次破裂位置处热应力满足 Weibull 分布，其函数为

$$\varphi(\sigma)=\left(\frac{\sigma-\sigma_{\mathrm{u}}}{\sigma_0}\right)^m \tag{3.66}$$

式中，σ_{u} 为临界破裂应力；σ_0 为尺度参数；m 为形状参数。

根据线性最小二乘拟合法原理，运用 Weibull++7 软件，得出两种玻璃首次破裂位置处热应力的二参数 Weibull 分布概率图，如图 3.19 所示，从图中直线的斜率和截距可以求出 Weibull 分布的形状参数 m 和尺度参数 σ_0 。从图 3.19 中求出，浮法玻璃的 m 为 9.93、σ_0 为 63.94MPa；Low-E 玻璃的 m 为 5.64、σ_0 为 104.43MPa。因此，浮法玻璃和 Low-E 玻璃首次破裂位置处热应力的二参数 Weibull 分布函数分别如下。

浮法玻璃：

$$\varphi(\sigma)=\left(\frac{\sigma}{63.94}\right)^{9.93} \tag{3.67}$$

Low-E 玻璃：

$$\varphi(\sigma)=\left(\frac{\sigma}{104.43}\right)^{5.64} \tag{3.68}$$

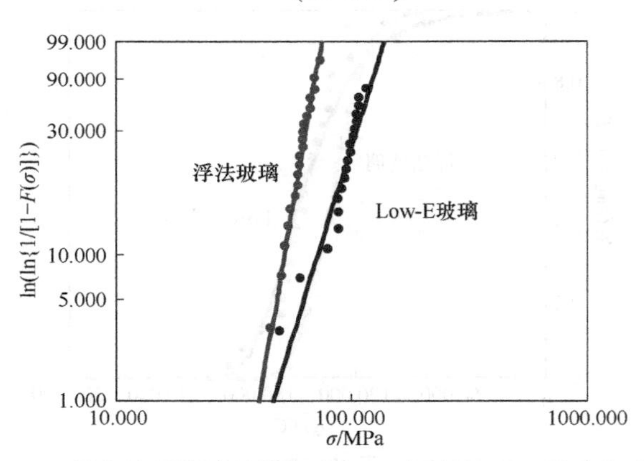

图 3.19　首次破裂位置处热应力(σ)二参数 Weibull 分布概率图

根据两种玻璃首次破裂位置处热应力的二参数 Weibull 分布，可以求出故障概率函数 $F(\sigma)$、生存概率函数 $S(\sigma)$和概率密度函数 $f(\sigma)$。

浮法玻璃：

$$F(\sigma)=1-\exp\left[-\left(\frac{\sigma}{63.94}\right)^{9.93}\right] \tag{3.69}$$

$$S(\sigma)=1-F(\sigma)=\exp\left[-\left(\frac{\sigma}{63.94}\right)^{9.93}\right] \tag{3.70}$$

$$f(\sigma)=\frac{9.93}{63.94}\left(\frac{\sigma}{63.94}\right)^{8.93}\exp\left[-\left(\frac{\sigma}{63.94}\right)^{9.93}\right] \tag{3.71}$$

Low-E 玻璃：

$$F(\sigma)=1-\exp\left[-\left(\frac{\sigma}{104.43}\right)^{5.64}\right] \tag{3.72}$$

$$S(\sigma)=1-F(\sigma)=\exp\left[-\left(\frac{\sigma}{104.43}\right)^{5.64}\right] \tag{3.73}$$

$$f(\sigma)=\frac{5.64}{104.43}\left(\frac{\sigma}{104.43}\right)^{4.64}\exp\left[-\left(\frac{\sigma}{104.43}\right)^{5.64}\right] \tag{3.74}$$

图 3.20～图 3.22 分别是生存概率-首次破裂位置处热应力的关系图、故障概

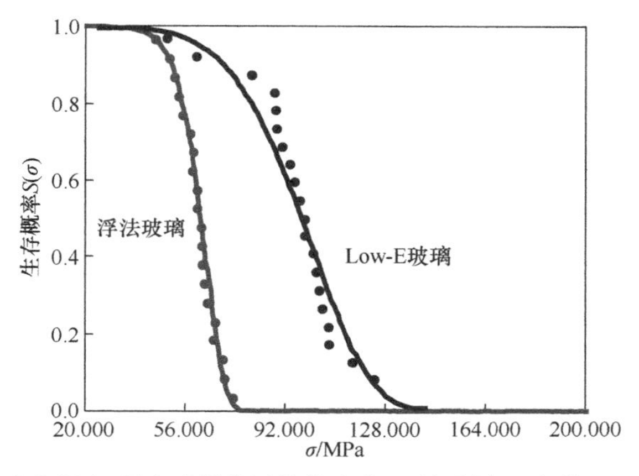

图 3.20　生存概率-首次破裂位置处热应力(σ)关系图(二参数 Weibull 分布)

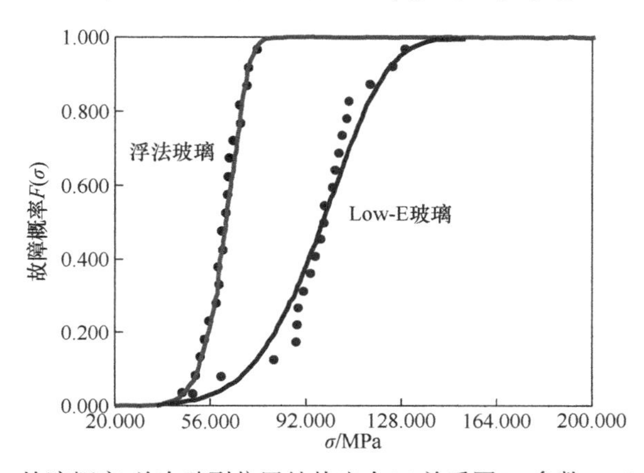

图 3.21　故障概率-首次破裂位置处热应力(σ)关系图(二参数 Weibull 分布)

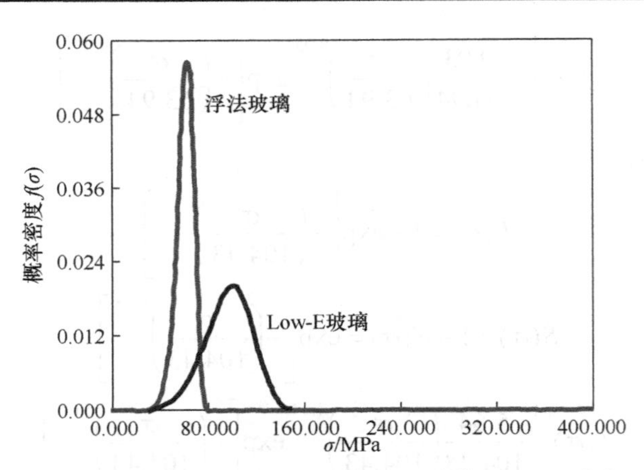

图 3.22　概率密度函数$f(\sigma)$示意图(二参数 Weibull 分布)

率-首次破裂位置处热应力的关系图和概率密度函数$f(\sigma)$示意图。图中，各个独立的点是实际测量得出的数值，曲线是由方程模拟出来的。从图中可以看出，Weibull 分布拟合的曲线能够较好地吻合玻璃首次破裂位置处热应力的实验数据，表明 Weibull 分布可以合理地描述玻璃首次破裂位置处热应力的分布规律。

从图 3.20 和图 3.21 可以看出，随着应力的增加，玻璃材料的生存概率(可靠性)在某一应力右侧附近急剧下降，而相应的故障概率(不可靠性)在某一应力右侧附近急剧升高。因此，设置一个合理的故障概率和生存概率，就可以求出这个概率下首次破裂位置处热应力的参考值。根据 3.3.1 节的分析，设定玻璃生存概率(可靠性)为 0.90、故障概率(不可靠性)为 0.10，此时按照计算出的生存概率方程或故障概率方程，均可以得到：浮法玻璃的首次破裂位置处热应力为 50.97MPa，Low-E 玻璃的首次破裂位置处热应力为 70.07MPa。定义σ_z为生存概率为 0.90、故障概率为 0.10 时的玻璃首次破裂位置处热应力，把实验结果列入表 3.5 中。

表 3.5　玻璃首次破裂位置处热应力 Weibull 分布参数统计表

玻璃种类	Weibull 方程	m	σ_0 /MPa	σ_u /MPa	σ_z /MPa
浮法玻璃	二参数	9.93	63.94	—	50.97
	三参数	7.91	52.57	11.36	50.90
Low-E 玻璃	二参数	5.64	104.43	—	70.07
	三参数	657.06	10512.00	−10407.00	69.03

从图 3.20 和图 3.21 中还可以看出，在同一时刻处浮法玻璃的故障概率要明显高于 Low-E 玻璃，而 Low-E 玻璃的生存概率要大于浮法玻璃，因此可以看出，相同故障概率条件下 Low-E 玻璃比浮法玻璃首次破裂位置处热应力更大，也就是

Low-E 玻璃可承受的表面热应力强度更高。

通过 Weibull++7 软件，本节计算出了三参数的 Weibull 分布的参数，浮法玻璃 σ_u 为 11.36MPa、σ_0 为 52.57MPa、m 为 7.91；Low-E 玻璃 σ_u 为−10407.00MPa、σ_0 为 10512.00MPa、m 为 657.06。通过计算出的三参数，可以得到三参数的 Weibull 分布函数 $\varphi(\sigma)$、故障概率函数 $F(\sigma)$、生存概率函数 $S(\sigma)$ 和概率密度函数 $f(\sigma)$。

浮法玻璃：

$$\varphi(\sigma)=\left(\frac{\sigma-11.36}{52.57}\right)^{7.91} \tag{3.75}$$

$$F(\sigma)=1-\exp\left[-\left(\frac{\sigma-11.36}{52.57}\right)^{7.91}\right] \tag{3.76}$$

$$S(\sigma)=1-F(\sigma)=\exp\left[-\left(\frac{\sigma-11.36}{52.57}\right)^{7.91}\right] \tag{3.77}$$

$$f(\sigma)=\frac{7.91}{52.57}\left(\frac{\sigma-11.36}{52.57}\right)^{6.91}\exp\left[-\left(\frac{\sigma-11.36}{52.57}\right)^{7.91}\right] \tag{3.78}$$

Low-E 玻璃：

$$\varphi(\sigma)=\left(\frac{\sigma+10407.00}{10512.00}\right)^{657.06} \tag{3.79}$$

$$F(\sigma)=1-\exp\left[-\left(\frac{\sigma+10407.00}{10512.00}\right)^{657.06}\right] \tag{3.80}$$

$$S(\sigma)=1-F(\sigma)=\exp\left[-\left(\frac{\sigma+10407.00}{10512.00}\right)^{657.06}\right] \tag{3.81}$$

$$f(\sigma)=\frac{657.06}{10512.00}\left(\frac{\sigma+10407.00}{10512.00}\right)^{656.06}\exp\left[-\left(\frac{\sigma+10407.00}{10512.00}\right)^{657.06}\right] \tag{3.82}$$

图 3.23 和图 3.24 为基于三参数 Weibull 分布的故障概率-首次破裂位置处热应力的关系图和生存概率-首次破裂位置处热应力的关系图。可以看出，随着热应力的增加，玻璃材料的生存概率(可靠性)在某一热应力右侧附近急剧下降，而相应的故障概率(不可靠性)在某一热应力右侧附近急剧升高。设定玻璃生存概率(可靠性)为 0.90、故障概率(不可靠性)为 0.10。按照上述得出的两种玻璃基于三参数 Weibull 分布的生存概率方程或故障概率方程，均可以得到：浮法玻璃的首次破裂位置处热应力为 50.90MPa，Low-E 玻璃的首次破裂位置处热应力为 69.03MPa。

采用二参数 Weibull 分布函数计算得出的两种玻璃首次破裂位置处热应力分别为 50.97MPa 和 70.07MPa，见表 3.5。从图 3.23 和图 3.24 中还可以得出，相同故障概率条件下 Low-E 玻璃比浮法玻璃首次破裂位置处热应力更大，即 Low-E 玻璃可承受的表面热应力强度更高。

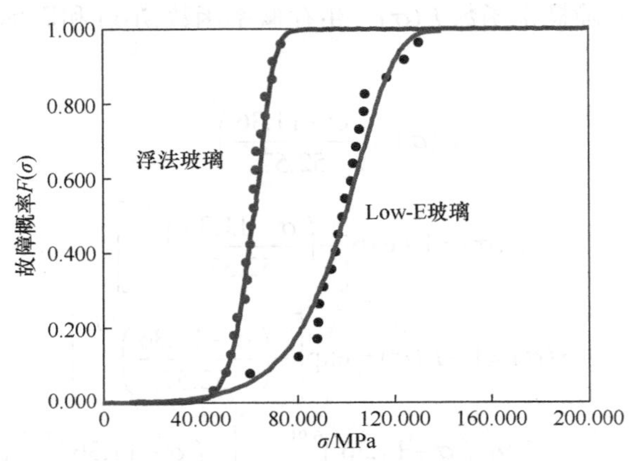

图 3.23 故障概率-首次破裂位置处热应力(σ)关系图(三参数 Weibull 分布)

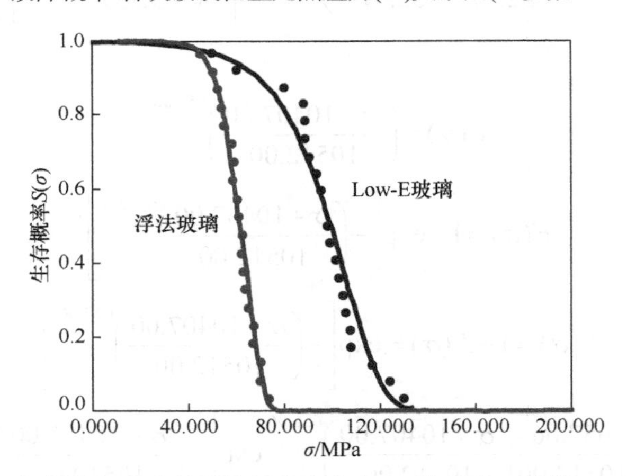

图 3.24 生存概率-首次破裂位置处热应力(σ)关系图(三参数 Weibull 分布)

3.4 本章小结

本章运用最弱链理论，通过 Weibull 分布对尺寸为 600mm×600mm×6mm 的浮法玻璃和 Low-E 玻璃的大量实验数据进行了统计分析，得出以下结论。

(1) 通过对四个表征玻璃首次破裂的参数首次破裂时间、首次破裂时向火面中心点温度、首次破裂时向火面中心点同破裂位置处背火面遮蔽点之间的平均温度差和首次破裂位置处热应力的统计分析，发现实验数据均能较好地吻合 Weibull 分布拟合曲线，表明 Weibull 分布可以合理地描述表征玻璃首次破裂的四个关键参数的分布规律。

(2) 通过对大量实验数据进行分析，本章给出了二参数 Weibull 分布和三参数 Weibull 分布的具体表达式，同时还给出了二参数 Weibull 分布和三参数 Weibull 分布的生存概率函数、故障概率函数和概率密度函数表达式，通过表达式可以求出生存概率(可靠性)、故障概率(不可靠性)的具体数值。

(3) 通过对生存概率函数和故障概率函数曲线的分析，发现在一定的数值附近，曲线所表达的概率会有一个迅速增加或迅速下降的阶段。为了合理地表达玻璃破裂的概率，求出了玻璃生存概率(可靠性)为 0.90、故障概率(不可靠性)为 0.10 时，四个表征玻璃破裂参数的具体数值，得到的数值比较保守，可以为工程应用提供一定的参考。

(4) 通过浮法玻璃和 Low-E 玻璃的四个关键参数的统计对比发现：在相同故障概率的情况下，浮法玻璃的首次破裂时间要短于 Low-E 玻璃；浮法玻璃的首次破裂时向火面中心点温度要低于 Low-E 玻璃；浮法玻璃的首次破裂时向火面中心点同破裂位置处背火面遮蔽点之间平均温度差要低于 Low-E 玻璃；浮法玻璃首次破裂位置处热应力低于 Low-E 玻璃。由此看来，Low-E 玻璃比浮法玻璃更能耐受高温。

参 考 文 献

[1] Dembele S, Rosario R A F, Wen J X. Thermal breakage of window glass in room fires conditions—Analysis of some important parameters. Building and Environment, 2012, 54: 61-70.

[2] Wang Q S, Wang Y, Zhang Y, et al. A stochastic analysis of glass crack initiation under thermal loading. Applied Thermal Engineering, 2014, 67(1-2): 447-457.

[3] 苏燕飞, 王青松, 赵寒, 等. 中空玻璃受热破裂行为规律研究. 火灾科学, 2015, 24(1): 1-8.

[4] Joshi A A, Pagni P J. Fire-induced thermal fields in window glass. 2. Experiments. Fire Safety Journal, 1994, 22(1): 45-65.

[5] Bermejo R, Kraleva I, Antoni M, et al. Influence of internal architectures on the fracture response of LTCC components. Key Engineering Materials, 2009, 409: 275-278.

[6] 张毅. 热荷载作用下浮法玻璃和低辐射镀膜玻璃破裂行为研究. 合肥: 中国科学技术大学, 2011.

[7] Nikiforidis G, Bezerianos A, Dimarogonas A, et al. Monitoring of fracture healing by lateral and axial vibration analysis. Journal of Biomechanics, 1990, 23(4): 323-330.

[8] Sutherland L S, Guedes S C. Review of probabilistic models of the strength of composite materials. Reliability Engineering & System Safety, 1997, 56(3): 183-196.

[9] Sutherland L S, Shenoi R A, Lewis S M. Size and scale effects in composites: I. Literature review. Composites Science and Technology, 1999, 59(2): 209-220.

第 4 章　玻璃热破裂的确定性规律

4.1　玻璃热破裂的确定性及其判据

在火灾条件下，玻璃的破裂呈现出确定性和随机性双重规律。确定性规律指的是当玻璃内部的热应力大于自身的临界破裂应力时，玻璃一定发生破裂，因此玻璃的破裂是确定性的。随机性规律指的是玻璃首次破裂时间、破裂位置以及裂纹扩展具有随机性，这种随机性归因于玻璃边缘或内部存在缺陷或微裂纹，通常在生产制造、运输、安装等过程中产生。

关于火灾条件下玻璃破裂的判据，主要有以下几类。

1) 临界温度差判据

对于带有边框安装形式的玻璃，Keski-Rahkonen[1]及 Joshi 等[2]认为由于边框遮蔽的存在，遮蔽区域升温较慢，中心区域升温较快，从而导致遮蔽区域受拉、中心区域受压。因此，玻璃破裂是由于玻璃内部温度场的不均匀分布引起的热应力大于玻璃的临界破裂应力，他们提出了一个计算玻璃破裂的简化公式[1, 2]：

$$\Delta T_{\mathrm{b}} = \sigma_{\mathrm{b}} / (E\beta) \tag{4.1}$$

式中，β 为玻璃的线膨胀系数；ΔT_{b} 为玻璃边缘与中心区域的温度差；σ_{b} 为临界破裂应力；E 为玻璃的弹性模量。为了考虑遮蔽效应对玻璃破裂的影响，Pagni 等[3]又对式(4.1)进行了修正，增加了与遮蔽宽度相关的几何因子 g，如下式所示：

$$\Delta T_{\mathrm{b}} = g\sigma_{\mathrm{b}} / (E\beta) = (1 + s/H)\sigma_{\mathrm{b}} / (E\beta) \tag{4.2}$$

其中，s 为遮蔽宽度；H 为玻璃未遮蔽区半高度。此式只在遮蔽宽度比较大($s/L \geqslant 2$，L 是玻璃厚度)、升温比较快的情形下满足($\alpha t_{\mathrm{b}}/s^2 \leqslant 1$，$\alpha$ 为热扩散系数，t_{b} 为临界破裂时间)。式(4.2)的预测结果与实验结果吻合较好，此判据已广泛应用在玻璃破裂计算程序中，例如，BREAK1 预测单层玻璃的温度场和首次破裂时间[4]，McBreak 预测双层玻璃的温度场和首次破裂时间[5]。

2) 临界热通量判据

对于无边框遮蔽的玻璃，Harada 等[6]进行了大量的热辐射加热玻璃实验，假定施加的热辐射通量与时间无关，通过对集总的传热方程进行积分，得到玻璃首次破裂时间的计算公式：

$$t_{\mathrm{crack}} = \left(\frac{c\rho d}{2h}\right) \Big/ \ln \frac{q}{q - q_{\mathrm{crit}}} \tag{4.3}$$

其中，c 为玻璃的比热容；ρ 为玻璃的密度；d 为玻璃的厚度；h 为玻璃的对流换热系数；q 为施加的辐射热通量；$q_{\text{crit}}=2h(T_{\text{G}}-T_0)$ 为临界热通量，T_{G} 为玻璃表面的温度，T_0 为环境的温度。该式与其热辐射实验结果吻合较好。

3) 基于应力方面的判据

Wang 等[7]采用经典的材料力学和断裂力学理论，在计算玻璃内部应力的基础上，提出了基于应力的玻璃首次破裂时间判据。

(1) 最大拉应力准则。

当玻璃内部的最大拉应力(σ_{t})大于等于玻璃的极限拉伸强度(S_{ut})时，玻璃发生破裂，判别公式如下：

$$\sigma_{\text{t}} \geqslant S_{\text{ut}} \tag{4.4}$$

(2) 莫尔-库仑准则。

当玻璃内部的最大主应力(σ_1)和最小主应力(σ_3)满足下面条件时，玻璃发生破裂：

$$\frac{\sigma_1}{S_{\text{ut}}}-\frac{\sigma_3}{S_{\text{uc}}} \geqslant 1 \tag{4.5}$$

式中，S_{uc} 为玻璃的极限压缩强度。

(3) 最大法向应力准则。

当玻璃内部的最大法向应力(σ_x、σ_y、σ_z)大于等于玻璃的极限拉伸强度(S_{ut})时，玻璃发生破裂，判别公式如下：

$$\max(\sigma_x,\sigma_y,\sigma_z) \geqslant S_{\text{ut}} \tag{4.6}$$

4.2　玻璃的温度场

从第 2 章火灾下玻璃的传热方程可以看出，此方程的解析解很难求得。本节采用有限元法对玻璃的温度场进行分析。对于一维和二维情形，本节采用精度更高的基于边的平滑有限元法[8]进行分析。基于边的平滑有限元法的性质主要有高精度、超收敛、时空稳定性等[8]，通常采用与标准有限元相同的网格，二维问题往往采用线性三角形单元。对于基于边的平滑有限元法以及其他平滑有限元法的性质及应用可以参考文献[8]。除非特别指明，本书中的数值分析采用的玻璃类型均为非钢化玻璃。

4.2.1　一维温度场

考虑两种典型的玻璃受热场景，热辐射场景和室内火灾场景，分析一些参数对玻璃温度场的影响，其中热辐射场景以 Harada 等[6]的热辐射数据(玻璃表面入射热通量为 6.69kW/m^2)为输入参数，玻璃的几何尺寸为 0.5m×0.5m×0.003m；室内火灾场景以张庆文[9]的热烟气层温度数据为输入参数，玻璃的几何尺寸为

0.87m×0.87m×0.006m。两者均为浮法玻璃，弹性模量为 72GPa，遮蔽宽度为 0.015m，厚度方向单元数为 10。当研究一个参数对玻璃温度场的影响时，其他参数保持不变。其他没有指明的参数按照 4.4.1 节设置。

在热辐射场景下，玻璃厚度与温度场的变化关系如图 4.1 所示。可以看出，当玻璃很薄时，受热面和环境面的温度相差很小。随着玻璃厚度增加，受热面和环境面的温度差在逐渐增大,受热面和环境面的温度也低于厚度小的玻璃的温度。因此，从温度场也可以看出，玻璃厚度越大，玻璃越难破裂。热辐射场景下，不同时刻厚度为 12mm 玻璃的温度场如图 4.2 所示，这里厚度方向上采用了 20 个单元。可以看出，随着时间延长，受热面升温比环境面快，受热面和环境面之间的温度差在逐渐增大。

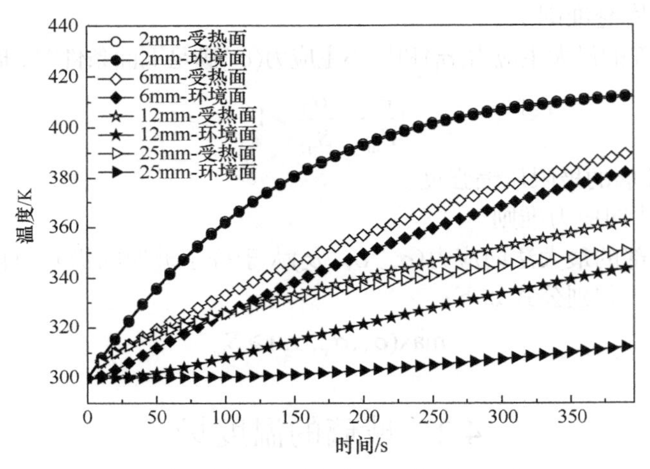

图 4.1　不同厚度对玻璃温度场的影响(热辐射场景)

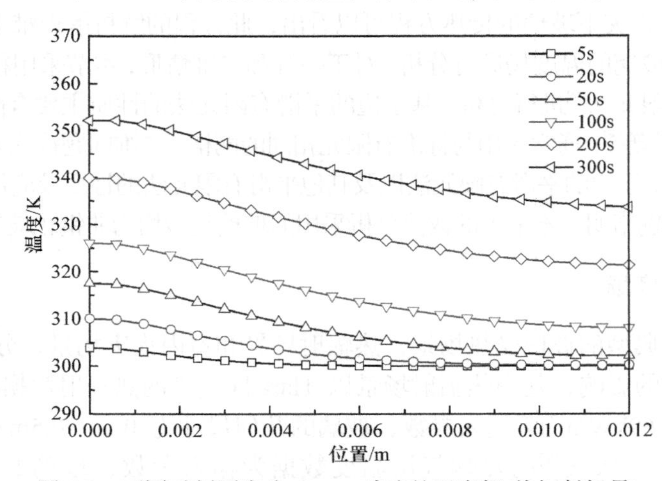

图 4.2　不同时刻厚度为 12mm 玻璃的温度场(热辐射场景)

在室内火灾场景下，玻璃厚度与温度场的变化关系如图 4.3 所示。可以看出，当玻璃很薄时，受热面和环境面的温度相差很小。随着玻璃厚度增加，受热面的温度在逐渐靠近，而环境面的温度差在逐渐增大，当玻璃厚度为 25mm 时，环境面的温度只增加了几开尔文。同样，温度场数据表明，玻璃厚度越大，玻璃越难破裂。室内火灾场景下，不同时刻厚度为 12mm 玻璃的温度场如图 4.4 所示(厚度方向 20 个单元)。可以看出，前 50s，玻璃升温很缓慢，受热面和环境面之间的温度差很小，随着时间延长，受热面和环境面之间的温度差也在逐渐增加。与图 4.1 相比，两者在厚度方向的温度变化规律不相同，这与玻璃的受热方式有关。

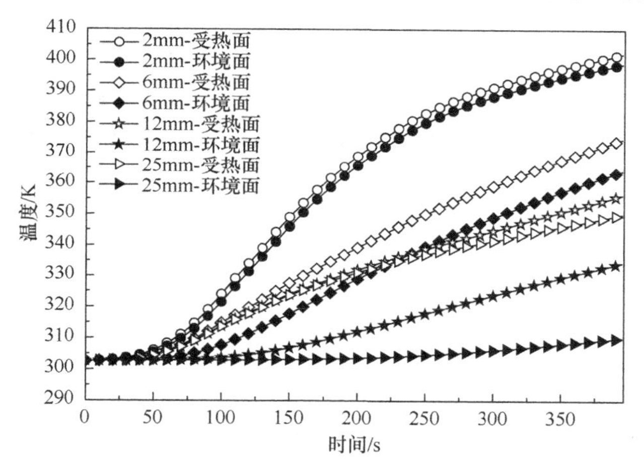

图 4.3 不同厚度对玻璃温度场的影响(室内火灾场景)

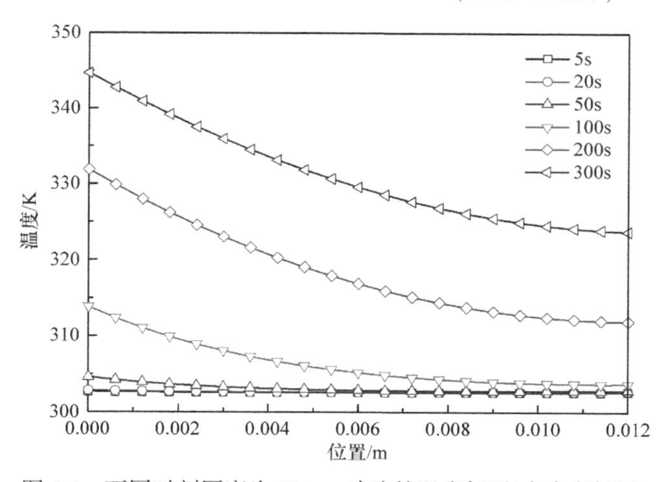

图 4.4 不同时刻厚度为 12mm 玻璃的温度场(室内火灾场景)

玻璃表面入射热通量对温度场的影响如图 4.5 所示，当入射热通量不大于 $5kW/m^2$ 时，玻璃受热面和环境面温度差很小，随着玻璃表面入射热通量增加，受热面和环境面温度差增大。玻璃表面入射热通量越大，玻璃受热面和环境面温度上升越快，玻璃也越容易破裂。

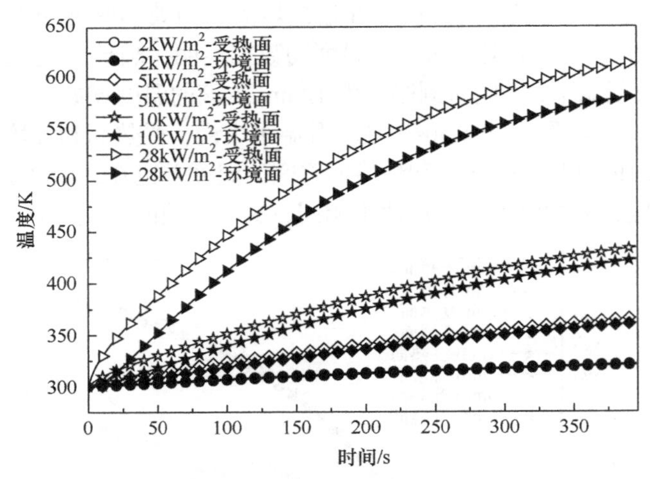

图 4.5　玻璃表面入射热通量对温度场的影响(玻璃厚度为 6mm)

4.2.2　二维温度场

假设温度场在水平方向的变化可以忽略，只考虑温度场在竖直方向和遮蔽区域的温度分布情形。对于热辐射场景，假定玻璃表面的入射热通量为 6.69kW/m^2，玻璃的几何尺寸为 0.5m×0.5m×0.006m，遮蔽宽度为 0.015m，弹性模量为 72GPa。厚度方向单元数为 6。当研究一个参数对玻璃温度场的影响时，其他参数保持不变。其他没有指明的参数按照 4.2.1 节设置[10]。

如图 4.6 所示，受热面暴露区的温度高于环境面暴露区的温度，玻璃受热面和环境面暴露区的温度明显高于遮蔽区，且温度在暴露区几乎为常数，从暴露区到遮蔽区具有较大的温度梯度，在两端处玻璃温度上升最慢，这是由于玻璃在遮蔽区只能接受暴露区玻璃的热传导。如图 4.7 所示，受热面和环境面在遮蔽区和暴露区的温度差几乎不随时间变化，在距端点位置较近处，受热面和环境面的温度几乎重合，越靠近遮蔽区和暴露区交界处，两者的温度差才开始显现出来。如图 4.8 所示，厚度越小，玻璃端点处的温度上升越快，端点处受热面和环境面的温度差越小；厚度越大，玻璃端点处的温度上升越慢，端点处受热面和环境面的温度差越大。图 4.9 给出了不同遮蔽宽度下受热面玻璃遮蔽区域中心处温度随时间的变化关系，随着遮蔽宽度的增加，遮蔽区域中心处温度上升变慢，这是由于暴露区的玻璃向遮蔽区域中心传热时间增加。在 $t = 50\text{s}$ 时刻，不同玻璃表面入射热通量下受热面玻璃温度场如图 4.10 所示，随着入射热通量增加，暴露区的温度迅速增加，而端点处温度变化不大，温度轮廓线在暴露区域被拉长。

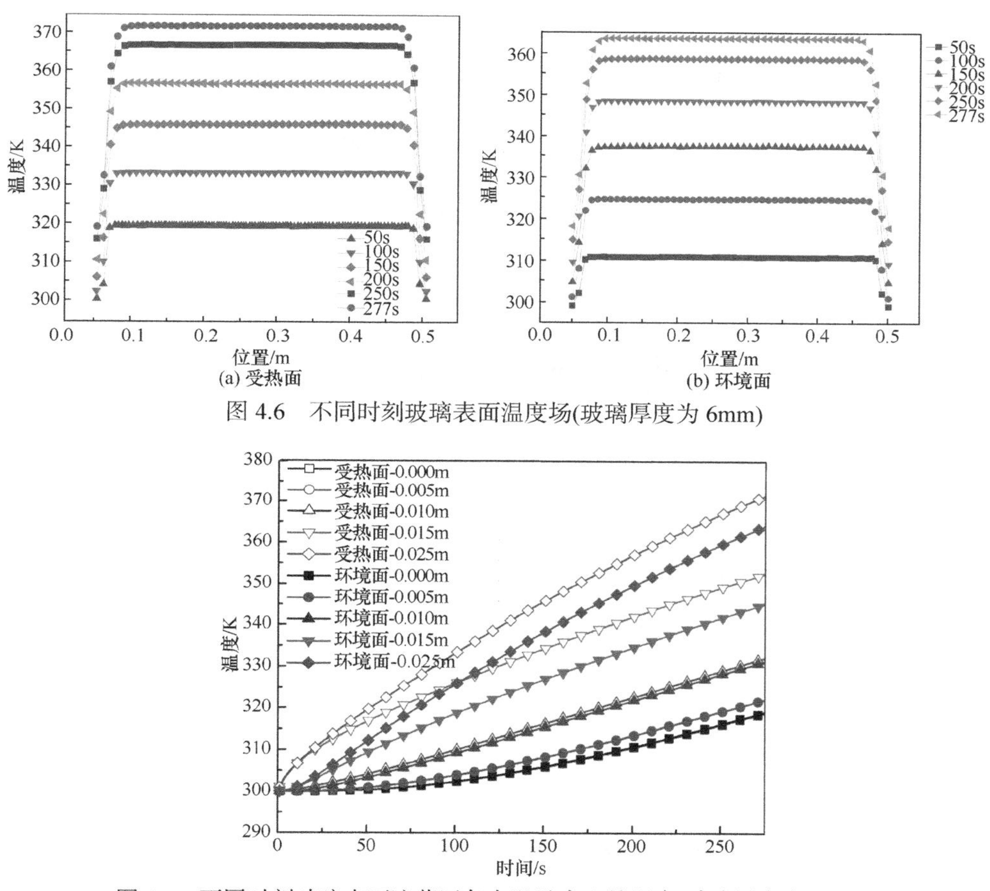

图 4.6　不同时刻玻璃表面温度场(玻璃厚度为 6mm)

图 4.7　不同时刻玻璃表面遮蔽区各点以及中心处温度(玻璃厚度为 6mm)

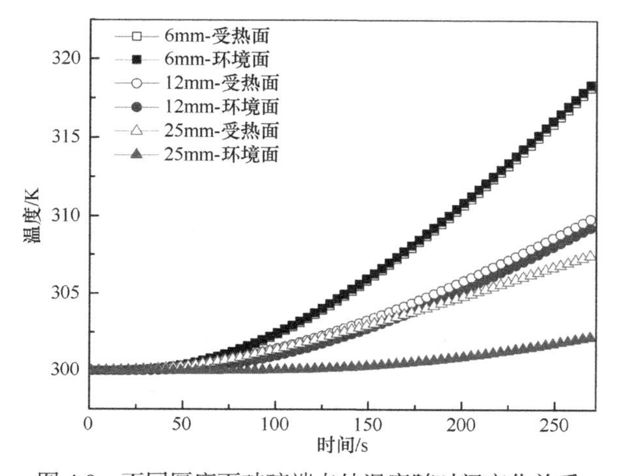

图 4.8　不同厚度下玻璃端点处温度随时间变化关系

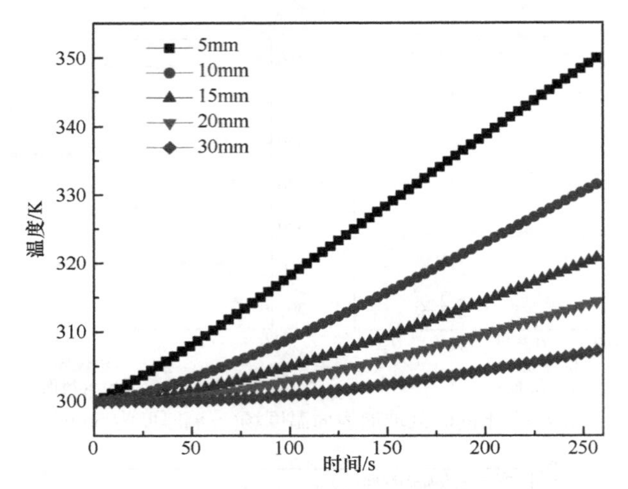

图 4.9　不同遮蔽宽度下受热面玻璃遮蔽区域中心处温度随时间变化关系

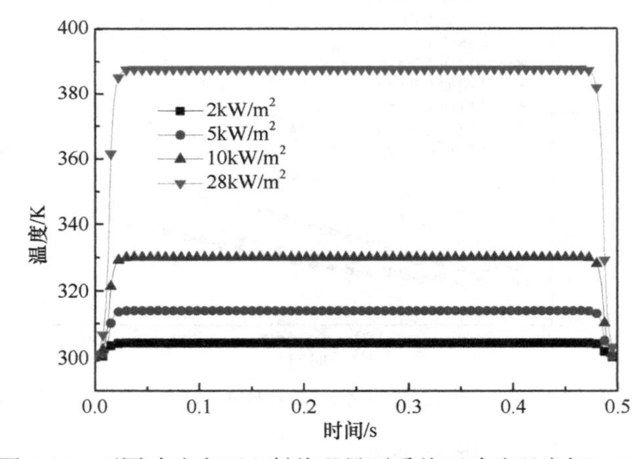

图 4.10　不同玻璃表面入射热通量下受热面玻璃温度场(t=50s)

4.3　玻璃的应力场

对于边框支承形式的窗玻璃，玻璃与边框之间会有一定间隙(通常为几毫米)，根据胡克定律，对于 1m 长的玻璃，间隙大于玻璃破裂的最大膨胀量(小于 1mm)[1]。因此，可以认为玻璃在边框内处于自由膨胀状态。

从以上温度场的分析可以看出，对于比较薄的玻璃，温度场在受热面和环境面的差值很小。如图 4.1 所示，在热辐射场景下，厚度为 2mm 的玻璃受热面和环境面的温度几乎重合。对于无约束状态下的玻璃，假定弹性模量为 73GPa，线膨胀系数为 $8.75\times10^{-6}℃^{-1}$，泊松比为 0.23，初始温度为 20℃，遮蔽宽度为 20mm，厚度为 3mm，厚度方向的温度梯度忽略不计，在某一时刻 t，受热面暴露区温度为 90℃，受热面遮蔽区温度为 25℃。下面分别分析平面尺寸为 500mm×500mm、1000mm×500mm 的玻璃应力分布，按平面应力情形考虑。为了避免在有限元求解过程中出现刚体位移，需要在玻璃底边两个端点处添加简支约束。

首先，对于方形玻璃板，采用结构化的线性三角形网格，分别用有限元法(finite element method, FEM)和基于边的平滑有限元法(edge-based smoothed finite element method, ES-FEM)进行求解。ES-FEM(网格数目为 100×100)典型的应力分布如图 4.11 所示，可以看出，在上下遮蔽区受到 x 方向的拉力作用(图 4.11(a))；在左右遮蔽区受到 y 方向的拉力作用(图 4.11(b))；在与遮蔽区相连的暴露区受到压力作用(图 4.11(a)和(b))；在左上角和右上角分别受到相反的剪应力作用(图 4.11(c))，四条遮蔽边上米泽斯(Mises)应力(σ_{vm})较大，暴露区部分较小(图 4.11(d))。

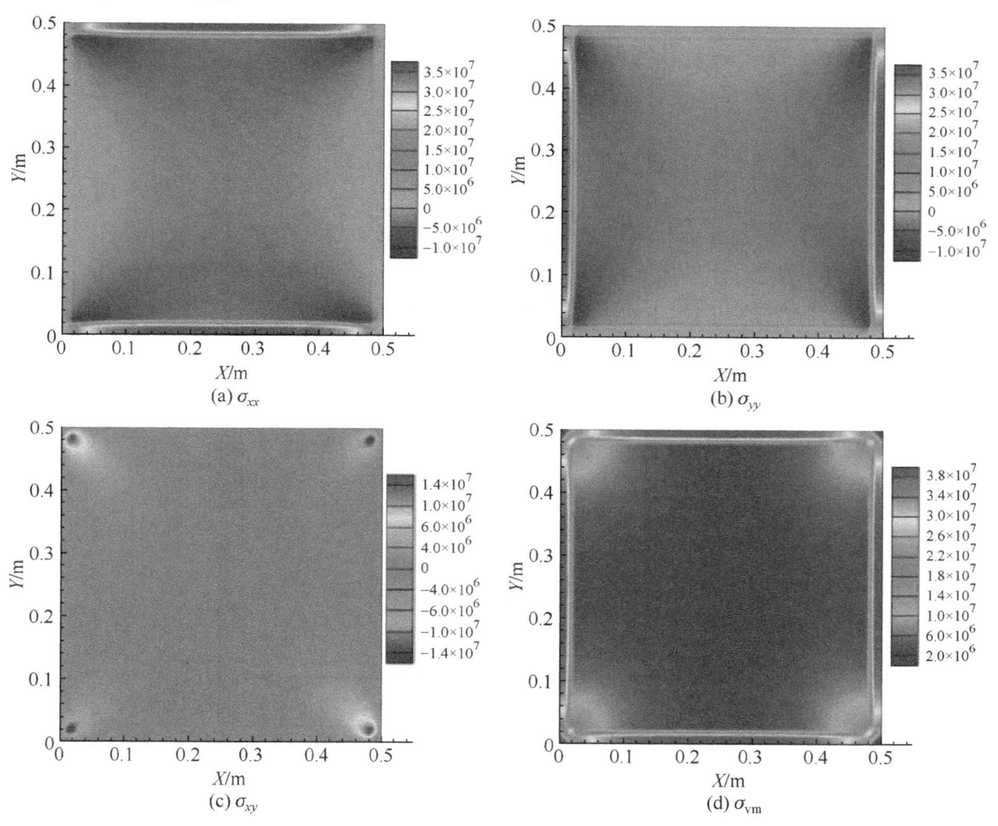

图 4.11　ES-FEM 求解的应力分布(单位：Pa)

对于不考虑厚度方向温度梯度变化的玻璃板，可以按照平面应力情形进行分析。t 时刻，玻璃平面温度分布为 $T(x, y, t)$，初始温度为 T_0，任一时刻与初始温度的差值记为 ΔT，对于不受约束作用的玻璃板，根据圣维南原理，在距离玻璃板边缘较远处，x 方向的应力可以写成以下形式[11]：

$$\sigma_x = -E\beta\Delta T + \frac{1}{2(H+s)}\int_{-(H+s)}^{H+s} E\beta\Delta T\mathrm{d}y + \frac{3y}{2(H+s)^3}\int_{-(H+s)}^{H+s} E\beta\Delta Ty\mathrm{d}y \tag{4.7}$$

假设 t 时刻，暴露区温度为 T_2，遮蔽区的温度为 T_1，代入式(4.7)可得

$$\sigma_x = E\beta\left[T_2 - T - (T_2 - T_1)\frac{s}{H+s}\right] \tag{4.8}$$

在遮蔽区域，T=T_1，代入式(4.8)有

$$\sigma_x = E\beta\left[(T_2 - T_1)\frac{H}{H+s}\right] > 0 \tag{4.9}$$

可见，在遮蔽区域受到 x 方向的拉力。

在暴露区域，T=T_2，代入式(4.9)有

$$\sigma_x = E\beta\left[(T_2 - T_1)\frac{H}{H+s}\right] < 0 \tag{4.10}$$

可见，在暴露区域受到 x 方向的压力。

由图 4.12 可以看出，在距离玻璃板边缘远端，近似解与数值解吻合得很好，对于拉应力，近似解与 ES-FEM 最大值的误差为 2.12%。

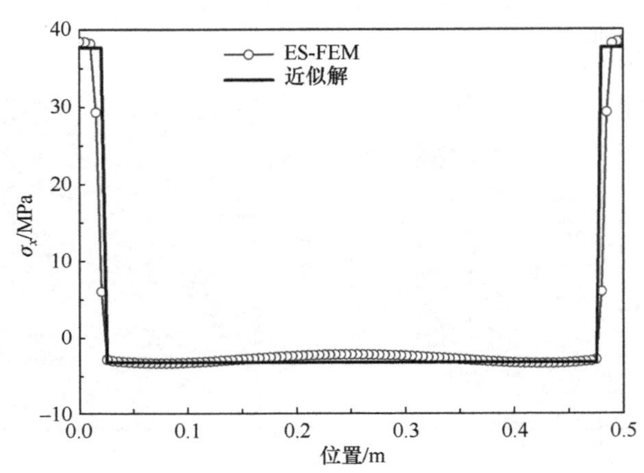

图 4.12　平面尺寸为 500mm×500mm 的玻璃板在 x=0.25m 处，x 方向的应力分布

在真实火灾场景下，由于暴露区向遮蔽区传热，遮蔽区的温度会随时间增加。为了考虑遮蔽区温度变化的影响，在实际计算遮蔽区拉应力的过程中，可以

将式(4.9)进一步修改为

$$\sigma_x = E\beta\left[(\bar{T}_{\text{exposed-center}} - \bar{T}_{\text{shaded-center}})\frac{H}{H+s}\right] \tag{4.11}$$

式中，$\bar{T}_{\text{exposed-center}}$ 为受热面暴露区域中心线上的平均温度；$\bar{T}_{\text{shaded-center}}$ 为受热面遮蔽区域中心线上的平均温度。

对于随时间变化的温度场，考虑暴露区向遮蔽区传热，玻璃大小仍为 500mm×500mm，网格大小为 50×50，热通量为 6.7kW/m^2，初始温度为 20℃。在 111s 时刻，玻璃的温度场、x 方向的应力场如图 4.13 所示。

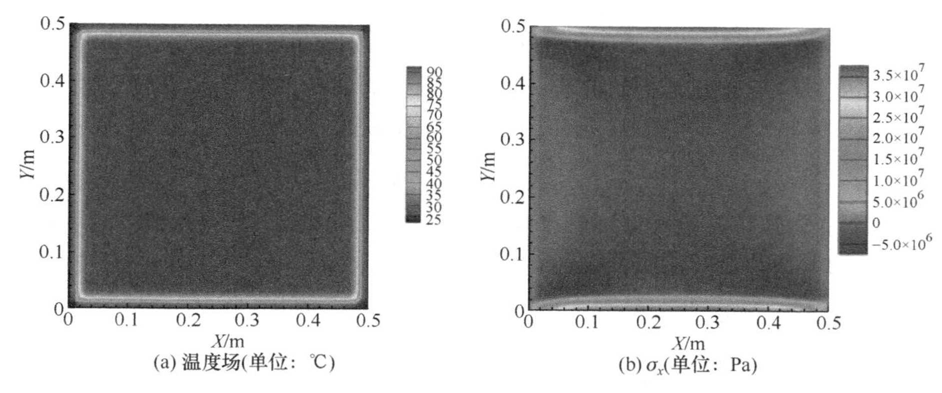

(a) 温度场(单位：℃)　　(b) σ_x(单位：Pa)

图 4.13　ES-FEM 求解的瞬时温度场和 x 方向的应力场

平面尺寸为 500mm×500mm 的玻璃板在时间 t=111s 时，x=0.25m 处的应力分布如图 4.14 所示，对于拉应力，近似解与 ES-FEM 最大值的误差为 4.15%。因此，可以用式(4.11)来估算玻璃的最大热应力。

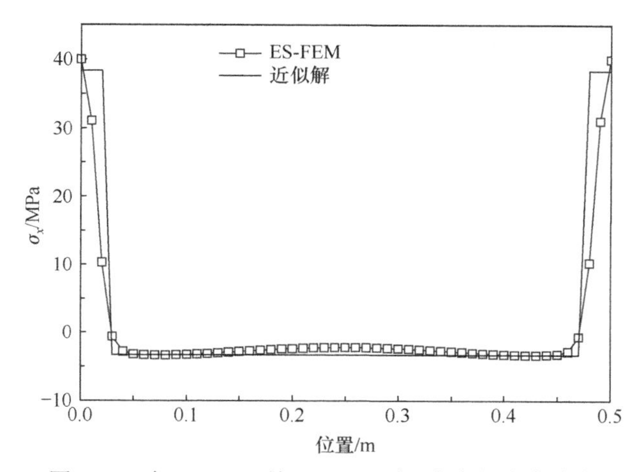

图 4.14　在 x=0.25m 处，t=111s 时 x 方向的应力分布

4.4　玻璃首次破裂时间

玻璃首次破裂时间是玻璃破裂最重要的参数之一，Pagni 等[3]提出的玻璃首次破裂时间预测模型被广泛应用。关于这个模型的使用条件以及公式已在 4.1 节中有过叙述。荣刚[12]对 Pagni 等提出的温度差准则模型的适用范围在应力角度上进行了比较，发现对于方形玻璃板，Pagni 等的温度差准则判据得到的最大热应力要小于模拟结果。鉴于 Pagni 等[3]求解玻璃传热方程的复杂性，有必要采用较为便捷的数值方法，重新求解玻璃的热传导方程。本节采用了对几何边界适应性强的 FEM 和 ES-FEM 编写了玻璃热传导程序。用 FEM 计算时，采取与 BREAK1 一致的一维温度场计算公式，即式(2.6)；在计算首次破裂时间时，采用了与 BREAK1 一致的温度差准则，即 Pagni 等推导的临界温度差公式[3]：

$$\Delta T_{\mathrm{b}} = \bar{T}(t_{\mathrm{b}}) - T_{\mathrm{i}} \tag{4.12}$$

式中，$\bar{T}(t_{\mathrm{b}})$ 为破裂时刻暴露区的平均温度，在 FEM 计算中，取受热面和环境面的温度平均值；T_{i} 为初始温度。

4.4.1　验证算例分析

为了验证数值方法的准确性，首先与 BREAK1[4]的算例做了对比分析，算例采用文献[13]附录上的例子，模型输入参数见表 4.1。

表 4.1　模型输入参数表

参数	数值
玻璃几何参数	
厚度 L/m	0.003
遮蔽宽度 s/m	0.015
暴露区半高度 H/m	0.235
玻璃物理和力学性质参数	
导热系数 k/(W/(m · K))	0.95
热扩散系数 α/(m^2/s)	4.6×10^{-7}
吸收(衰减)长度 l/m	0.001
极限破裂应力 σ_{b}/MPa	40
弹性模量 E/GPa	73
线膨胀系数 β/K^{-1}	8.75×10^{-6}

续表

参数	数值
其他相关参数	
受热面与环境的对流换热系数 $h_0(t)$/(W/(m^2 · K))	5
环境面与环境的对流换热系数 h_1/(W/(m^2 · K))	5
受热面环境的温度 $T_{0\infty}(t)$/K	300
环境面环境的温度 $T_{1\infty}$/K	300
受热面环境对玻璃的发射率 $\varepsilon_{0\infty}$	0.0
环境面环境对玻璃的发射率 $\varepsilon_{1\infty}$	1.0
玻璃对环境的发射率 ε	0.9
玻璃吸收的入射热通量 $I(t)$/(W/m^2)	4350

由表可以看出，$s/L=5\geqslant 2$，首次破裂时间 $t_b\leqslant s^2/\alpha=489\text{s}$ 才满足模型使用条件。数值计算中，采用两节点线性单元，时间步长为 1s。FEM 计算结果与 BREAK1 的结果见表 4.2，当单元个数大于 1 时，FEM 计算结果与 BREAK1 结果一致。当单元个数为 1 时，即认为玻璃的受热面和环境面温度呈线性变化，这与实际明显不符，当单元个数增加时，玻璃厚度方向温度变化采用了多段线性方式拟合，可以反映温度在厚度方向上的变化规律。FEM 得到温度场与 BREAK1 计算的温度场对比如图 4.15 所示。可以看出，BREAK1 得到的温度值与 FEM 计算的结果吻合很好。由于在这个算例中 BREAK1 输出温度场的时间间隔较长，所以对比的数据点有限。

表 4.2　有限元法与 BREAK1 首次破裂时间对比

FEM 单元个数	1	2	5	10	50	BREAK1
玻璃首次破裂时间/s	147	144	144	144	144	144

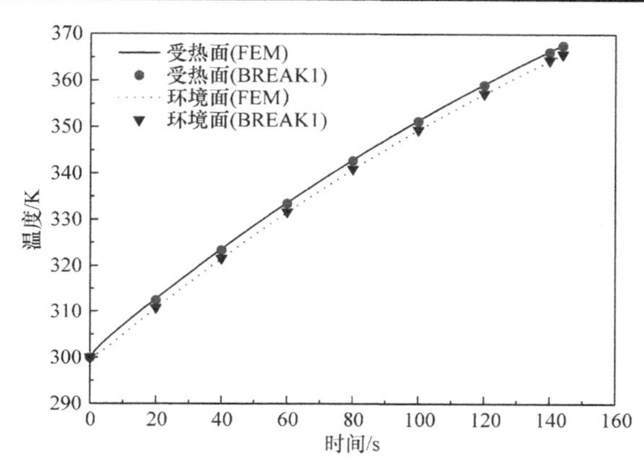

图 4.15　FEM 与 BREAK1 温度场对比

4.4.2 对比分析

下面分别对三种代表性的火灾场景下玻璃破裂实验进行分析，分别为热辐射玻璃破裂、外部火灾玻璃破裂及 ISO 9705 全尺寸实验玻璃破裂。

热辐射玻璃破裂以 Harada 等[6]的实验为代表，他们用辐射板进行玻璃加热，通过调节辐射板与玻璃之间的距离来改变玻璃接收的热通量强度，测得的辐射热通量在 2.7～9.7kW/m^2 变化。考虑到玻璃对辐射波长的反射和透射作用，只有部分辐射能量被玻璃吸收，这里假定大约 65%的热通量被玻璃吸收[13]。在实验中用了两种不同的玻璃：浮法玻璃，厚 3mm，破裂应力 40MPa；夹丝玻璃，厚 6.8mm，破裂应力 12MPa。玻璃平面尺寸为 0.5m×0.5m，遮蔽宽度为 0.015m，暴露区半高度为 0.235m。在实验中，使用了两种约束方式：①底边约束，其他边自由；②底边和两侧边约束，顶边自由。但是实验中没有观察到约束方式对玻璃首次破裂时间的影响。FEM 模拟中，厚度方向单元数为 5，除非特别指明，以下算例单元数皆为 5。其他没有指明的参数按照 4.4.1 节中的参数选取。FEM 与实验及 BREAK1 的对比结果见表 4.3。前六行为浮法玻璃(1～3 行为第一种约束方式，4～6 行为第二种约束方式)，后六行为夹丝玻璃(7～9 行为第一种约束方式，10～12 行为第二种约束方式)。从表 4.3 可以看出，在浮法玻璃预测上，FEM 得到的结果与 BREAK1 的结果差别不大，但是在夹丝玻璃预测上，两者差别加大。从数值结果来看，对于强入射热通量，FEM 的预测结果比 BREAK1 要准确，对于弱入射热通量，BREAK1 的结果比 FEM 要好，但是两者都与实验值相差很大，引起这种结果的原因可能是玻璃厚度增加和破裂应力减少导致 Pagni 等的模型不再适用。

表 4.3　有限元法、BREAK1 得到的首次破裂时间与 Harada 等实验结果对比[13]

实验序号(结果取平均)	热通量/(kW/m^2)		首次破裂时间/s		
	入射热流	吸收热流	实验值	BREAK1	FEM
1～3	5.48	3.56	207	196	198
7～9	6.69	4.35	144	144	144
15～17	9.11	5.92	90	95	95
4～6, 24～30	5.45	3.54	231	198	200
10～14	7.40	4.81	128	124	125
18～23	9.09	5.91	81	95	95
31～33	2.83	1.84	290	239	228
38～40	5.41	3.52	101	113	95
44～46	9.51	6.18	50	68	49
34～37	2.84	1.85	293	237	226
41～43	5.35	3.48	120	115	97
47～49	9.48	6.16	56	68	49

外部火灾玻璃破裂以 Mowrer[14]开展的实验为代表。他开展了大量的小尺度和大尺度实验，在小尺度实验中，采取辐射板加热装置对玻璃进行加热，玻璃的尺寸为 340mm×230mm×2.4mm，遮蔽宽度为 13mm，暴露区半高度为 0.157m。结果表明，具有铝箔遮蔽的玻璃在抵抗外部火灾方面效果最好。模型的输入参数为：$h_0(t)$为 $10W/(m^2 \cdot K)$；α 为 $4.2\times10^{-7}m^2/s$；E 为 72GPa；β 为 $8.5\times10^{-6}K^{-1}$；σ_b 为 42MPa。其他未指明的参数按照 4.4.1 节输入。FEM 与实验及 BREAK1 的对比结果见表 4.4。可见，FEM 预测的结果比 BREAK1 高一些。两者与实验值吻合得较好。

表 4.4　有限元法、BREAK1 得到的首次破裂时间与 Mowrer 实验结果对比[14]

实验序号(结果取平均)	热通量/(kW/m²)		首次破裂时间/s		
	入射热流	吸收热流	实验值	BREAK1	FEM
G9～G12	7.33	4.76	143	150	151
G3～G5	9.50	6.15	109	101	102
G13～G16	12.55	8.16	61	69	70

ISO 9705 全尺寸实验玻璃破裂以张庆文[9]的实验为代表，他做了大量关于浮法玻璃(厚度 4mm 和 6mm)和钢化玻璃(6mm 和 10mm)的破裂实验。如图 4.16 所示，三块玻璃安装在燃烧室的侧墙：1 号玻璃和 2 号玻璃分别被热烟气层和冷烟气层所包围，平面尺寸都为 870mm×870mm；3 号玻璃同时被热烟气层和冷烟气层包围，平面尺寸为 1820mm×870mm。对于钢化玻璃，由于玻璃经过特殊处理，玻璃表面处于压应力区，在火灾条件下，玻璃受热后，玻璃表面压应力区首先与热应变引起的拉应力抵消，Pagni 的玻璃首次破裂时间判据将不再适合，所以利用 Pagni 的判据与浮法玻璃破裂实验进行对比。

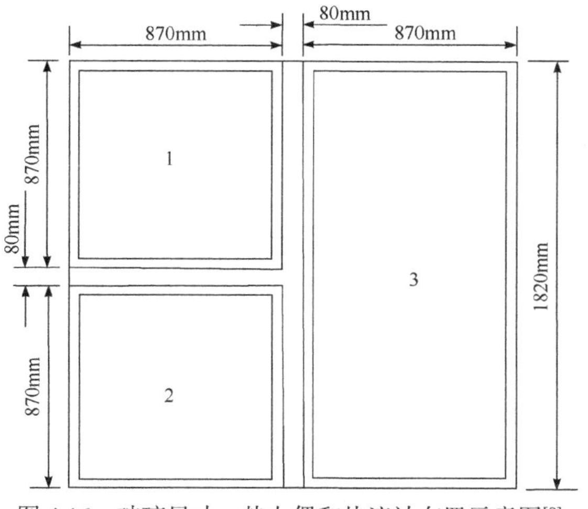

图 4.16　玻璃尺寸、热电偶和热流计布置示意图[9]

由于在热烟气作用下，玻璃受热面与环境的对流换热系数 $h_0(t)$ 会发生变化，这里采用 Emmons 给出的建议公式[13]：

$$h_0(t) = 5 + 45[T_{0\infty}(t) - T(0,t)]/100 \tag{4.13}$$

当 $h_0(t)$ =50W/(m^2 · K)时，保持这个值不再变化。在自由对流情况下，玻璃环境面与环境的对流换热系数 h_1 近似表示为

$$h_1 \approx \begin{cases} 1.24(\Delta T/2H_y)^{1/4}, & (2H_y)^3 \Delta T < 15 \\ 1.27(\Delta T)^{1/3}, & (2H_y)^3 \Delta T \geqslant 15 \end{cases} \tag{4.14}$$

式中，ΔT 的单位为℃；H_y 为 y 方向暴露区半高度，单位为 m，如表 4.1 所示。对于大的窗玻璃，在 $\Delta T = 60$℃ 的情况下，h_1 约为 5W/(m^2 · K)。

根据文献[9]的实验数据，对 1 号浮法玻璃的一种工况进行模拟研究。实验工况为：油盆尺寸 540mm×540mm；燃料为 5kg 柴油；玻璃厚度 6mm；遮蔽宽度 15mm。模型输入参数为：暴露区半高度 0.42m；$T_{1\infty}$ 为 302.6K；E 为 72GPa；$\varepsilon_{0\infty}(t)$ 为 1.0。受热面与环境的对流换热系数 $h_0(t)$ 和受热面环境的温度 $T_{0\infty}(t)$ 按照文献中的数据输入[9]，其他未指明的参数按照 4.4.1 节输入。可以看出，$s/H = 2.5 \geqslant 2$，首次破裂时间 $t_b \leqslant s^2/\alpha = 489$s 大于实验观测值 400s，符合 Pagni 判据使用的条件。FEM 模型的计算结果为 389s，与实验值相对误差为 2.75%。

综合上面三个实验案例的首次破裂时间和 4.2 节温度场分析可知，对于厚度较大的玻璃板(厚度大于 6mm)，温度场在受热面和环境面的暴露区域温度差较大，在厚度方向上会产生较大的温度梯度，Pagni 模型预测结果偏差较大，而当玻璃厚度小于等于 6mm 时，其预测结果与实验值吻合较好。

4.5 裂纹扩展

4.5.1 准静态裂纹扩展

在机械荷载下，裂纹尖端具有应力奇异性。热应力作用下，裂纹尖端也具有应力奇异性[15]。由于 ES-FEM 具有高精度、超收敛、时间和空间稳定性等特点[8, 16]，近些年，ES-FEM 广泛用于求解热传导问题和热弹性问题[17-19]。研究发现，在同样的网格划分下，ES-FEM 比 FEM 具有更高的求解精度，在能量范数方面具有更高的收敛率[18]。奇异的基于边的平滑有限元法(singular ES-FEM，sES-FEM)是 ES-FEM 在求解断裂问题方面的扩充，在 ES-FEM 的基础上，通过增加包含适当阶次奇异性的扩充项构成。在 sES-FEM 中，通过在与裂纹尖端相连的每条边上各增加一个节点来构造奇异的五节点裂纹尖端单元，通过在基函

数构造 $\sqrt{r}$ 项，就可以在裂纹尖端附近产生奇异的应力场[20]。

本节主要介绍不同边界条件及热荷载作用下裂纹尖端的应力强度因子以及准静态裂纹扩展过程。首先，用 FEM 和 ES-FEM 求解稳态传热方程获得求解域的温度场，然后，将节点温度作为热荷载来求解热弹性问题。通过考虑几个具有不同边界情形的热裂纹问题，验证 sES-FEM 的求解精度以及机械荷载和热荷载耦合作用下的裂纹扩展过程。材料属性假定为各向同性、均质和线弹性。在所有的数值算例中，材料性质如下：弹性模量 $E = 2.184\times10^5$Pa，泊松比 $\nu = 0.3$，导热系数 $k = 1\text{W/(m}\cdot\text{K)}$，线膨胀系数 $\alpha = 1.67\times10^{-5}℃^{-1}$。所有算例均使用平面应变假设。节点温度值首先通过 FEM 或者 ES-FEM 求解得到，然后作为线弹性裂纹问题温度荷载输入。为了研究收敛率，I 型裂纹应力强度因子的相对误差范数定义如下[21]：

$$e_{K_{\mathrm{I}}} = \sqrt{\left|(K_{\mathrm{I}}^{\mathrm{ref}} - K_{\mathrm{I}}^{\mathrm{num}})/K_{\mathrm{I}}^{\mathrm{ref}}\right|} \tag{4.15}$$

式中，$K_{\mathrm{I}}^{\mathrm{ref}}$ 和 $K_{\mathrm{I}}^{\mathrm{num}}$ 分别为应力强度因子的参考解和数值解。参考解是用 sES-FEM 在十分精细的网格下求得的。近似的单元长度 h 用公式表示为 $h = \sqrt{A/N_{\mathrm{ele}}}$，其中，$A$ 为求解区域的面积，N_{ele} 为单元的总数。

1. 常热通量下的边裂纹

图 4.17 所示的例子作为验证数值方法精度的基准算例被广泛采用[22-25]。一个含有边裂纹的条带，长度 $2L = 2$，厚度 $H = 0.5$，裂纹长度 $a = 0.25$，受到左侧温度为 $-T_1$、右侧温度为 T_1 的热荷载作用。裂纹面、顶边和底边绝热。顶边和底边的竖向位移被约束。在这种情形下，温度分布不受裂纹影响且沿厚度方向线性变化，温度分布可以用公式表述为 $T = (2x/H)T_1$。物体的热通量是常量且与裂纹面平行。在此算例中，从粗网格到细网格，五种结构化的三角形网格被采用，网格大小分别为 6×20×2、10×40×2、20×80×2、28×100×2 和 40×160×2。网格大小为 10×40×2 的结构化网格如图 4.17(b)所示。在这个算例中温度采用解析解，而不是由 FEM 或 ES-FEM 得到的数值解。由不同方法得到的热应力强度因子利用式(4.16)进行归一化处理[22]：

$$F_{\mathrm{I}} = \frac{K_{\mathrm{I}}}{[E\alpha T_1/(1-\nu)]\sqrt{\pi a}} \tag{4.16}$$

采用一个高斯积分点来计算与裂纹尖端不相连边的平滑梯度矩阵的分量，可以保证数值结果的精度。对于与裂纹尖端相连的边，高斯积分点数目对归一化应力强度因子的影响如图 4.18 所示。采用一个高斯积分点，得到的结果比用更多高斯积分点得到的值偏大，即采用一个高斯积分点高估了结果。这种情况与采用较

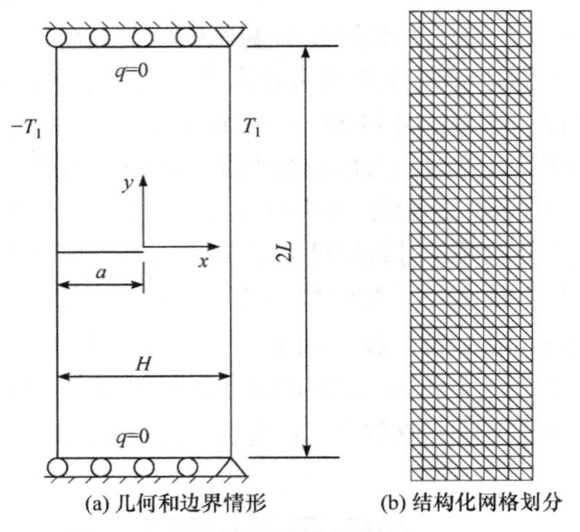

(a) 几何和边界情形　　(b) 结构化网格划分

图 4.17　常热通量下的边裂纹(10×40×2)

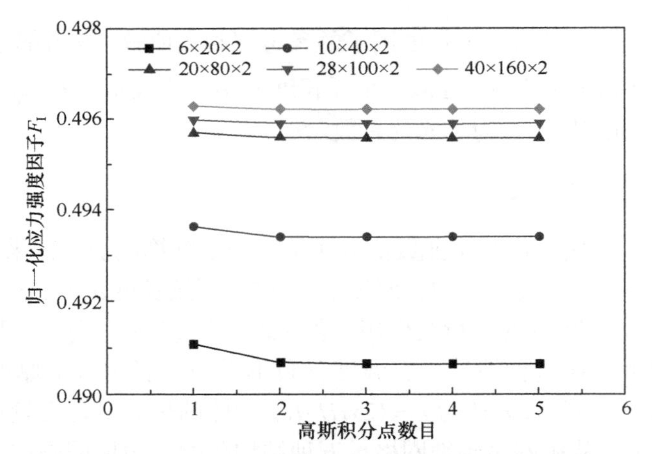

图 4.18　不同网格密度下归一化应力强度因子与高斯积分点数目之间的关系

少的积分点引起的缩减积分效应相似，可以参见 Chen 等的分析[26]。当高斯积分点大于 1 时，归一化应力强度因子几乎保持常数不变。两个高斯积分点足以保证数值结果的精度，因此在以下的算例中皆采用两个高斯积分点。

为了考察积分区域大小对应力强度因子的影响，比较了六个相互作用的积分区域，区域半径为 0.04～0.24，间隔为 0.04，同时采用了含有 20×80×2 单元的网格，来求解归一化的应力强度因子。如图 4.19 所示，数值结果表明，如果忽略最小的区域半径，数值结果呈现出极好的路径无关性。对于 sES-FEM，由最小积分半径计算的结果与其他积分半径得到的平均结果的相对误差为 0.38%。

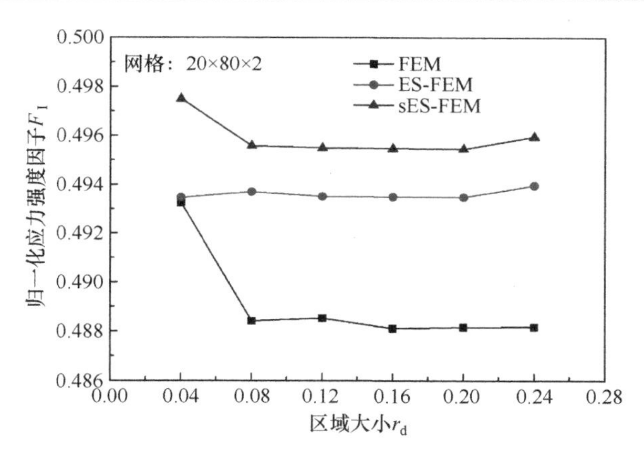

图 4.19　不同方法得到的归一化应力强度因子与积分区域大小的关系

不同方法得到的归一化应力强度因子与自由度(DOF)之间的关系如图 4.20(a)所示。图 4.20(a)显示了数值结果的改善，粗网格下改善尤为明显。在中等网格(20×80×2)下，sES-FEM 得到的结果与扩展有限元法(XFEM)得到的结果 0.4955 十分接近[24]。同等网格下，由 sES-FEM 得到的归一化应力强度因子比 FEM 和 ES-FEM 得到的结果更精确。归一化应力强度因子的收敛率如图 4.20(b)所示，sES-FEM 得到的收敛率为 0.7025，大于 ES-FEM(0.5928)和 FEM(0.5847)得到的收敛率。结果表明，sES-FEM 比其他方法具有更高的精度和收敛率。

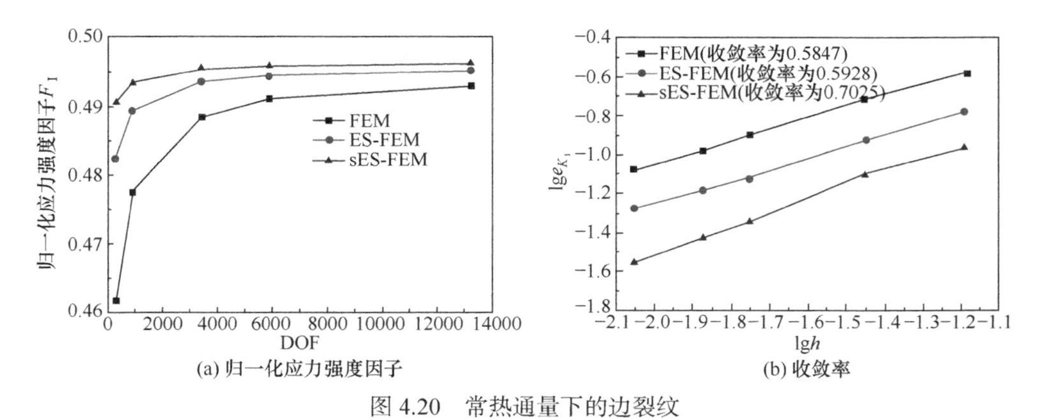

图 4.20　常热通量下的边裂纹

2. 含有中心水平裂纹的方形板

如图 4.21 所示，一个含有中心水平裂纹的方形板受到外部边上温度为 T_2(100℃)、裂纹面上温度为 T_1(0℃)的温度荷载。在这种边界情形下，纯 I 型裂纹模式产生。板的宽度为 $2L$=2m，裂纹长度 $2a$ 为 0.4～1.2m，间隔为 0.2m。应力强度因子用式(4.17)进行归一化处理：

$$F_{\mathrm{I}}=\frac{K_{\mathrm{I}}}{E\alpha(T_2-T_1)\sqrt{L}} \tag{4.17}$$

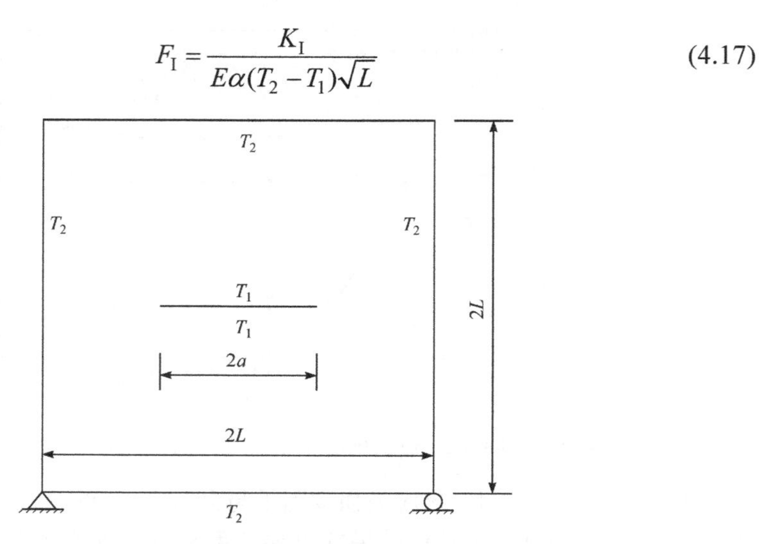

图 4.21　含有中心水平裂纹的方形板：几何和边界情形

由于此算例温度场没有精确解，首先用 FEM 和 ES-FEM 获得此问题的温度场。因为 ES-FEM 具有更接近真实刚度的特征，在使用相同网格计算温度场时，ES-FEM 比 FEM 具有更高的精度[17, 18]。以裂纹长度为 0.8m 的方形板为例计算温度和热通量场。根据对称性，以板的右半部分为研究对象，采用结构化网格划分(20×40×2)进行计算。如图 4.22(a)所示，左半部分是由 ES-FEM 得到的温度场，右半部分是 FEM 与 ES-FEM 结果的对比。如图 4.22(b)所示，对于同一温度值，由 ES-FEM 计算得到的温度等值线比 FEM 得到的等值线更接近裂纹。图 4.23 为沿 x 和 y 方向的热通量分布，图的左侧为 ES-FEM 计算得到的结果，图的右侧为 ES-FEM 与 FEM 对比的结果。

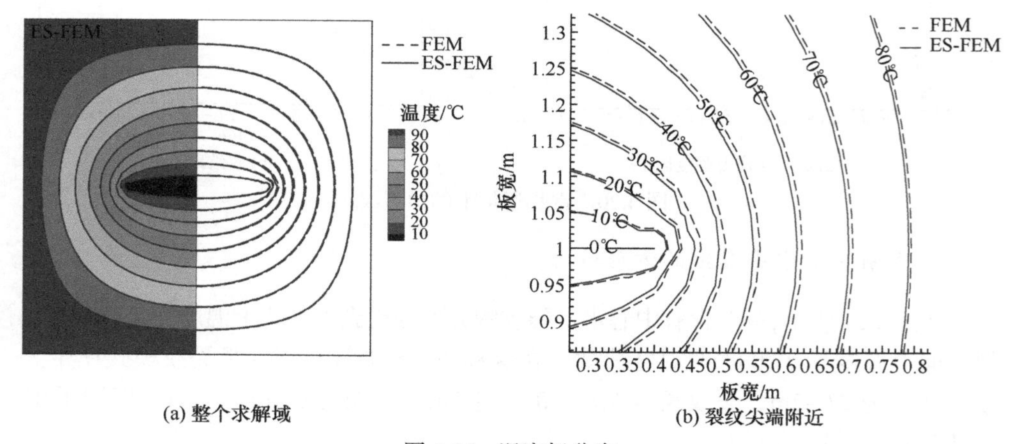

(a) 整个求解域　　(b) 裂纹尖端附近

图 4.22　温度场分布

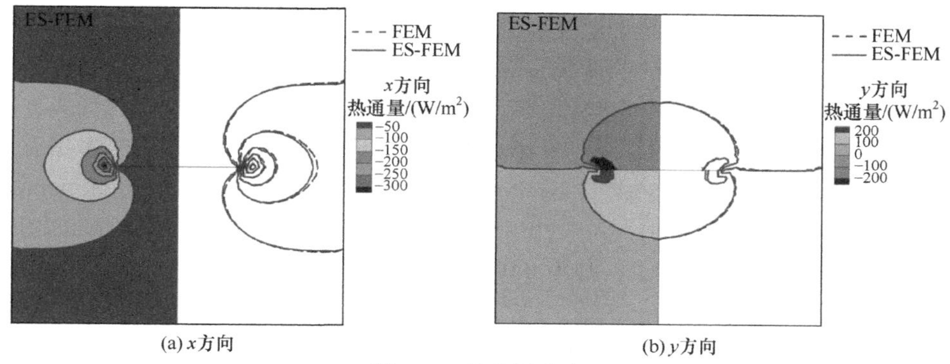

(a) x方向　　(b) y方向

图 4.23　热通量分布

为了区分温度场是由 ES-FEM 还是由 FEM 求解得到的，采用梯度平滑方法(gradient smoothing method, GSM)作为标记，如果温度场由 ES-FEM 求得，GSM 将加在求解应力强度因子所用的方法后面。从图 4.24、图 4.25 和表 4.5 可以看出，

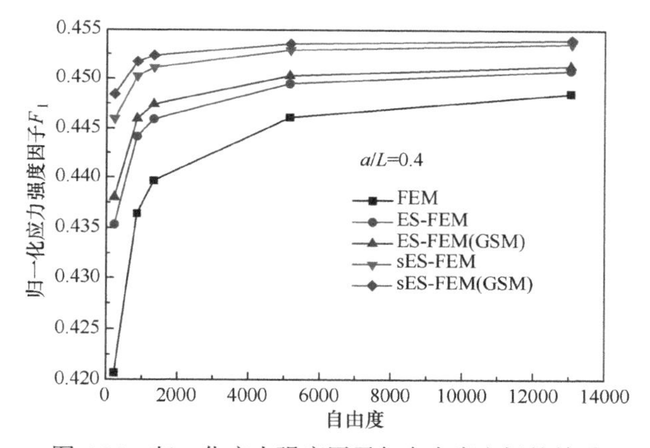

图 4.24　归一化应力强度因子与自由度之间的关系

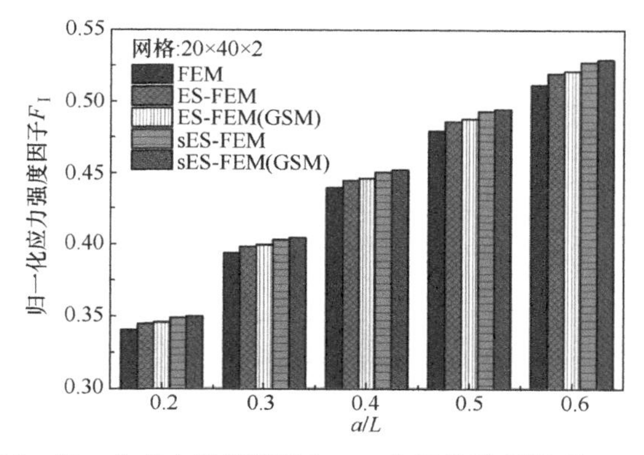

图 4.25　归一化应力强度因子与 a/L 之间关系(网格为 20×40×2)

由 sES-FEM(GSM)得到的结果比其他方法更精确。结果改善的原因是：①ES-FEM 可以得到比 FEM 更精确的温度场和应力场；②五节点裂纹尖端单元具有应力奇异性。在用粗网格划分(20×40×2)情形下，sES-FEM(GSM)计算的结果与其他方法的对比参见表 4.5。当前的结果与文献中的结果吻合得极好：对于 XFEM 相对误差的绝对值为 0.09%～0.73%[24]；对于扩展单元自由的伽辽金法(extended element free Galerkin method, XEFG)，为 0.20%～0.83%[27]；对于分形有限元法(fractal-like finite element method, FFEM)，则为 0.07%～0.20%[28]。

表 4.5 不同水平裂纹长度的方形板与归一化应力强度因子

a/L	sES-FEM(GSM)①	XFEM[24]	XEFG[27]	FFEM[28]
0.2	0.3497	0.350	0.349	0.349
0.3	0.4043	0.405	0.404	0.404
0.4	0.4517	0.455	0.448	0.452
0.5	0.4944	0.496	0.491	0.495
0.6	0.5291	0.533	0.526	0.530

① 表示采用网格 20×40×2。

3. 裂纹在十字形板上的扩展

如图 4.26 所示，十字形板具有一个角裂纹，底边受到竖向约束，左右两边受到横向约束。边长 $L=1\text{m}$，初始裂纹长度 $a=0.2\text{m}$，相对于 x 轴倾角为 135°。为

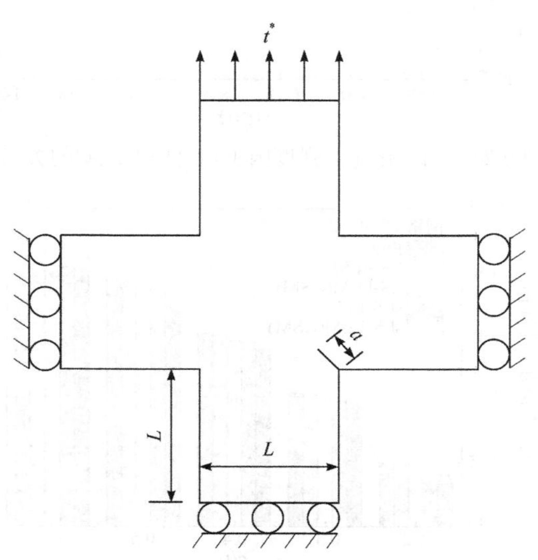

图 4.26 含有角裂纹的十字形板：几何和边界情形

了研究热荷载和机械荷载对裂纹扩展的影响，设计了六种不同的热机械边界情形，边界情形(BC)集合参见表 4.6。假定裂纹每步增量为 0.06m，总共有 11 个裂纹模拟步。非结构化的三角形网格单元可以利用文献中代码自动生成[29]，在每一个裂纹增长步中，裂纹尖端采用局部加密的网格($h_{\text{local}} = 0.01\text{m}$)。根据以上算例的结果，采用精度较高的 sES-FEM(GSM)求解这个问题。应力强度因子用式 $\alpha E\sqrt{\pi a}$ 进行归一化处理。

表 4.6　含有角裂纹的十字形板的边界情形

边界情形	在不同边的温度/℃			拉力/Pa	
	顶边	右边	底边	左边	顶边
1	0	0	0	0	10
2	10	0	−10	0	0
3	10	0	−10	0	10
4	10	0	−10	0	20
5	20	0	−20	0	10
6	10	−5	10	−5	10

不同边界情形下归一化应力强度因子如图 4.27 所示。对于由机械荷载主导的裂纹，I 型应力强度因子随模拟步的增加而增长，裂纹扩展方向朝向左边。除边界情形 5 外，裂纹扩展后 II 型应力强度因子迅速减小。图 4.28 表示在纯机械荷载作用下，不同模拟步所对应的裂纹扩展路径与网格划分。图 4.29 表示在纯热荷载作用下，不同模拟步所对应的温度场分布。图 4.30 表示在混合荷载作用下，不同模拟步所对应的米泽斯应力场。不同边界情形下，最终的裂纹扩展路径如图 4.31 所示。混合荷载作用下，裂纹扩展路径位于纯机械荷载与纯热荷载所产生

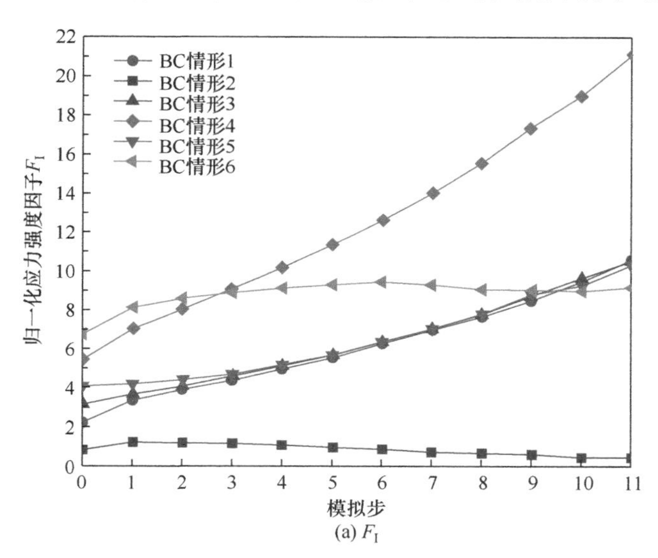

(a) F_{I}

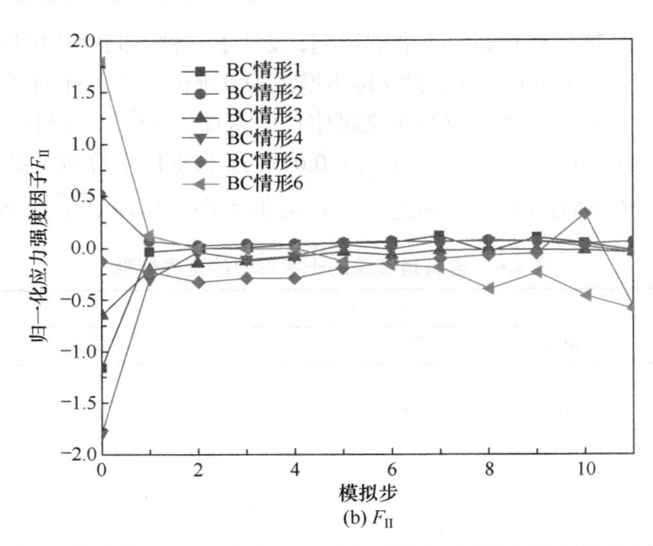

(b) F_{II}

图 4.27 不同边界情形下归一化应力强度因子随模拟步的变化关系

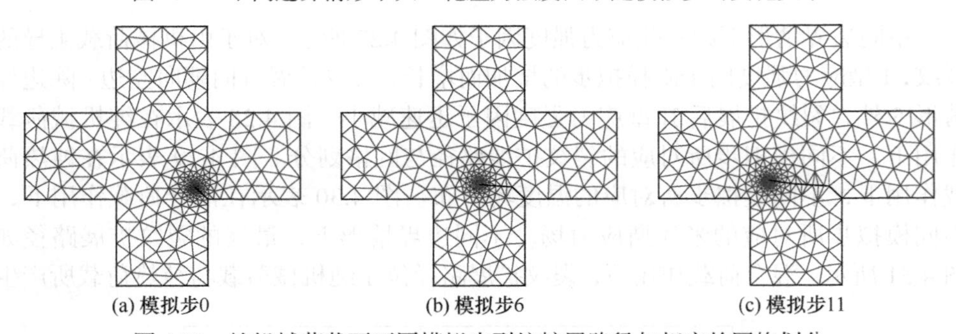

(a) 模拟步0 (b) 模拟步6 (c) 模拟步11

图 4.28 纯机械荷载下不同模拟步裂纹扩展路径与相应的网格划分

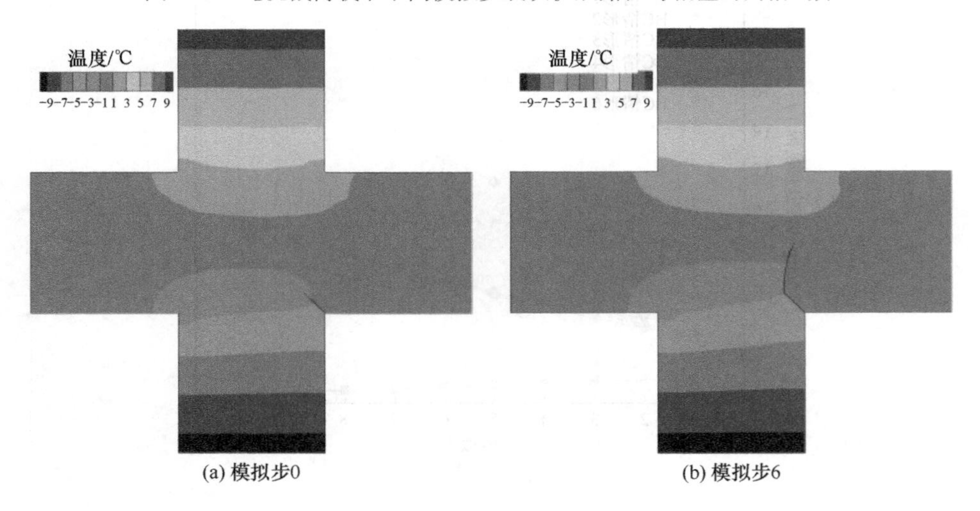

(a) 模拟步0 (b) 模拟步6

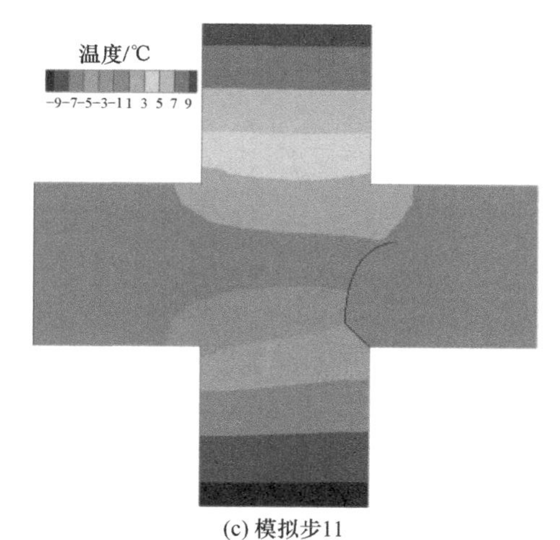

(c) 模拟步11

图 4.29　纯热荷载下不同模拟步对应的温度场分布

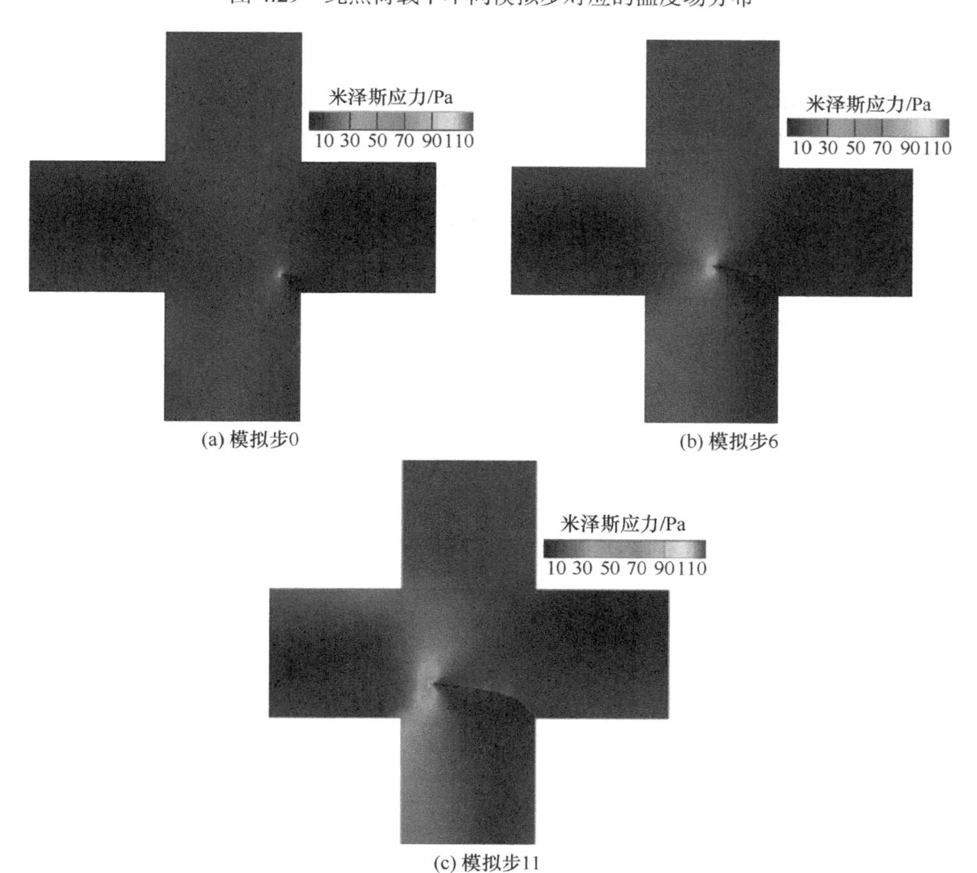

(a) 模拟步0　　(b) 模拟步6

(c) 模拟步11

图 4.30　混合荷载下不同模拟步所对应的米泽斯应力场分布

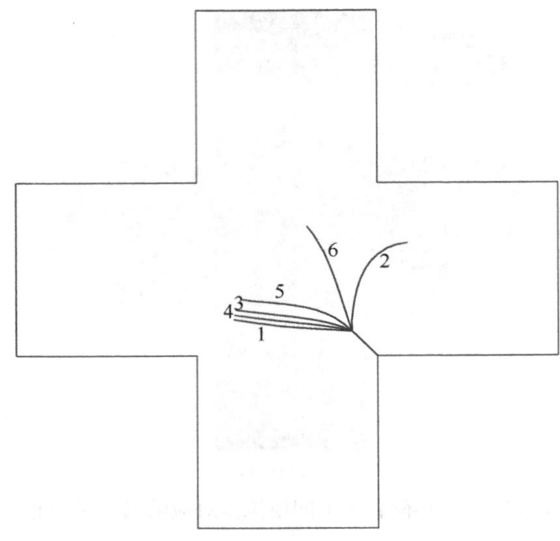

图 4.31　不同边界情形下裂纹最终扩展路径

的路径之间。热荷载与机械荷载之间的竞争关系可以从图 4.31 看出。裂纹扩展路径 3 通过结合纯热荷载和纯机械荷载得到。当热荷载增加时,裂纹将偏向路径 2(纯热荷载作用)，如图 4.31 路径 5 所示。当机械荷载增加时，裂纹将偏向路径 1(纯机械荷载作用)，如图 4.31 路径 4 所示。当前的裂纹扩展路径与文献[30]报道的结果吻合性很好。

4.5.2　动态裂纹扩展

在火灾条件下，玻璃主破裂过程中，玻璃裂纹以极快的速度扩展，属于动态裂纹扩展。动态情形下脆性材料(如玻璃)裂纹扩展的数值预测比准静态情形更具有困难和挑战性，这是由于：①在动态加载下，惯性效应和与材料相关的应变率变得重要[31]；②反射的应力波影响裂纹尖端的应力场[32]。在所有的算例中，除非特别声明，均采用赫维赛德步(Heaviside step)荷载和平面应变情形。材料均被认为均质、各向同性与线弹性。由于动态应力强度因子的结果受高斯积分点数目的影响，为了确保计算精度，根据文献[33]的结果，在与裂纹直接相连的边上采用五个高斯积分点。背景网格采用自动的德洛奈(Delaunay)三角形代码生成[34]，该程序对于任意二维复杂结构可以创建高质量的非结构化三角形网格。当裂纹尖端附近最大环向应力强度因子大于动态断裂韧度时，裂纹将沿最大环向应力确定的方向扩展。

1. 静止的 I 型半无限大裂纹

第一个算例为一个无限大的板含有一个半无限大的裂纹受拉力荷载作用，

此问题为纯 I 型裂纹问题，理论解由文献[31]给出。此算例被广泛用来检验数值结果的精度[33, 35-42]。如图 4.32 所示，在实施过程中，仅考虑一个有限的几何，初始裂纹长度为 5m。板的厚度假定为 1m。由于数值求解建模中几何是有限的，理论解只在从底部反射的应力波再次到达裂纹尖端的时间内有效[36]。因此，数值解仅在时间段 $t \leqslant 3t_c = 3H/c_1$ (c_1 是膨胀波速)与理论解进行了比较。材料性质为：$E = 210\text{GPa}$ 、$\nu = 0.3$ 、ρ=8000kg/m^3。膨胀波速为 5944.5m/s，瑞利波速为 2942.1m/s。施加在顶端的拉应力为 500MPa。在拉应力波到达裂纹尖端之前，动态应力强度因子为 0。当拉应力波到达裂纹尖端后，对于静止裂纹，动态应力强度因子的表达式为[31, 35, 41, 42]

$$K_{\mathrm{I}}(0,t) = \frac{2\sigma_0}{1-\nu}\sqrt{\frac{c_1(t-t_c)(1-2\nu)}{\pi}}, \quad t \geqslant t_c \tag{4.18}$$

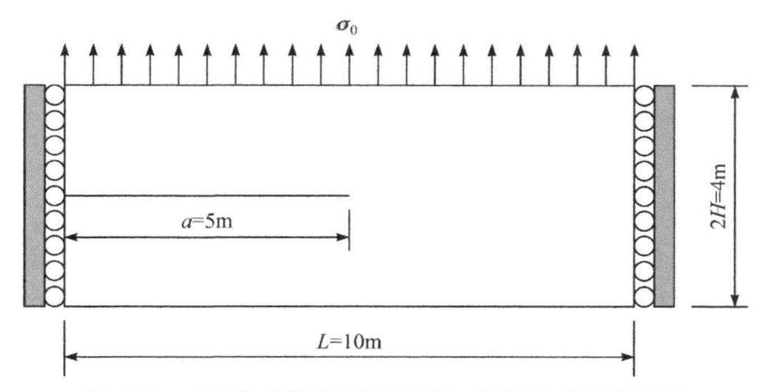

图 4.32　I 型半无限大裂纹问题：有限的几何和荷载

对于移动的裂纹，动态应力强度因子写成如下的形式[31]：

$$K_{\mathrm{I}}(\dot{a},t) = k(\dot{a})K_{\mathrm{I}}(0,t) \tag{4.19}$$

式中，$k(\dot{a})$ 是包含裂纹尖端速度的通用函数，写作[35, 41, 42]

$$k(\dot{a}) = \frac{1-\dot{a}/c_r}{1-\dot{a}/(2c_r)} \tag{4.20}$$

因此，对于移动的裂纹，动态应力强度因子可以写为[35, 41, 42]

$$K_{\mathrm{I}}(\dot{a},t) = \frac{2\sigma_0}{1-\nu}\sqrt{\frac{c_1(t-t_c)(1-2\nu)}{\pi}}\frac{1-\dot{a}/c_r}{1-\dot{a}/(2c_r)}, \quad t \geqslant t_c \tag{4.21}$$

当裂纹以给定的速度扩展时，裂纹扩展准则在这个算例中将不再起作用。本算例假定裂纹扩展时速度为 1500m/s。考虑以下三种情形：裂纹静止；当拉应力波到达裂纹尖端时裂纹扩展；当 $t = 1.5t_c$ 时裂纹开始扩展。动态应力强度因子用 $\sigma_0\sqrt{H}$ 进行归一化处理。

这个算例曾被用来验证 sES-FEM 计算精度[33]。结果表明[33]，对于静止裂纹，在与裂纹尖端相连的边上用五个高斯积分点，相互作用积分半径在 $I_e \leqslant r_d \leqslant 1.2I_e$ (其中，I_e 大于裂纹尖端单元最长边的长度且小于 2 倍最短边的长度)的范围内可以保证这种方法的精度。其中，一种网格划分形式(粗网格包含 20×8×2 个线性三角形单元)如图 4.33 所示，单元最短边的长度为 0.5m。此外，还采用了包含 40×16×2 个单元的中等网格和包含 80×32×2 个单元的细网格，单元最短边的长度分别为 0.25m 和 0.125m。这三种网格的相互作用积分半径分别是 0.85m、0.4m 和 0.2m。对于静止裂纹，模拟步长为 10μs。所有的数值结果将与解析解进行对比。此外，还用一致质量矩阵和集中质量矩阵计算的结果进行了对比。

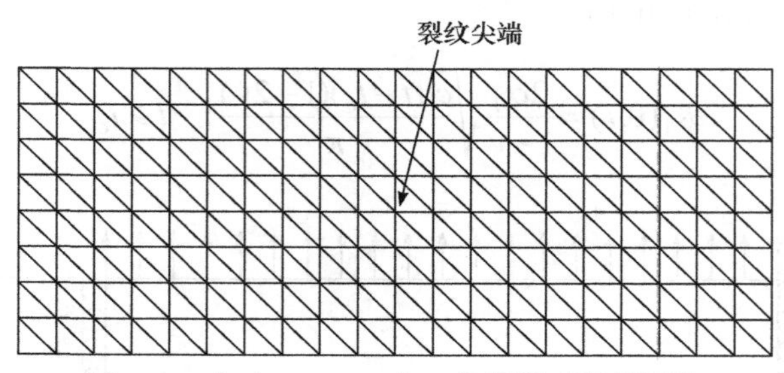

图 4.33 包含 20×8×2 个三角形单元的粗网格

图 4.34 与图 4.35 表示在不同网格密度下，分别采用一致质量矩阵与集中质量矩阵，归一化的 I 型动态应力强度因子与归一化时间的变化关系。在细网格下，无论用一致质量矩阵或者是用集中质量矩阵获得的结果均与解析解吻合得很好。图 4.36 显示了在用细网格时，分别采用一致质量矩阵和集中质量矩阵，归一化的 I 型动态应力强度因子与解析解相对误差随时间的变化关系。数值结果表明，采用一致质量矩阵比集中质量矩阵整体上有更小的误差。如图 4.36 所示，

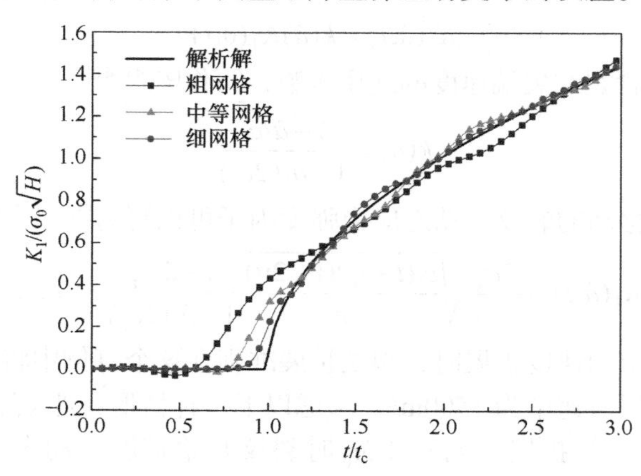

图 4.34 不同网格密度下，归一化的 I 型动态应力强度因子与归一化时间的关系(一致质量矩阵)

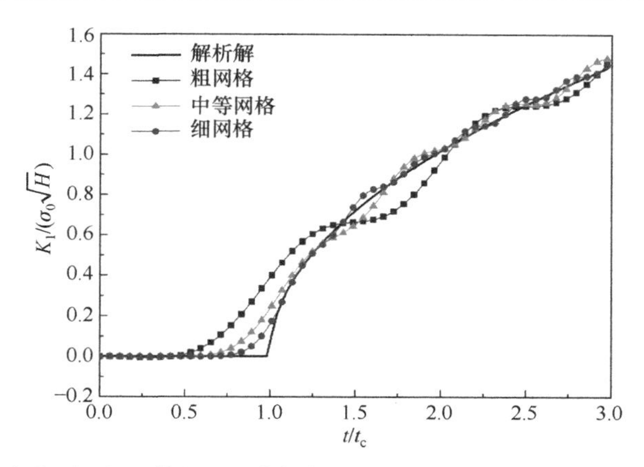

图 4.35　不同网格密度下，归一化的 I 型动态应力强度因子与归一化时间的关系(集中质量矩阵)

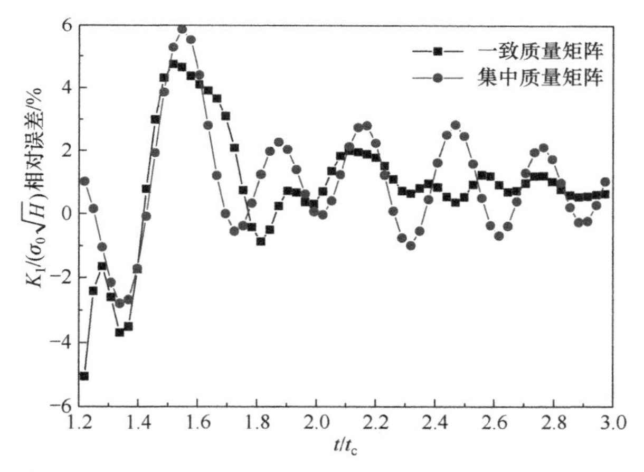

图 4.36　在用细网格时，归一化的 I 型动态应力强度因子与解析解之间的相对误差随时间的变化关系

采用集中质量矩阵计算得到的结果随着时间振荡，这种振荡即使在细网格下也会发生，但是振荡周期和振幅变得更小。振荡周期近似与单元短边长度保持线性关系，在之前采用扩展有限元法时也观察到了这种振荡现象[36-42]。当应力波进入相互作用区域时误差出现，当应力波到达裂纹尖端之前误差一直增加，这种现象用相互作用积分方法很难避免，但是采用细网格可以明显改善结果。如图 4.37 所示，绝对误差在接近 $t=t_{\rm c}$ 时最大，接着减小。图 4.38 为不同时间步下米泽斯应力场的分布(采用了细网格和一致质量矩阵)，例如，在 340μs、680μs、1000μs 这三个时刻近似代表应力波到达裂纹尖端、底边和从底边反射回来再次到达裂纹尖端。

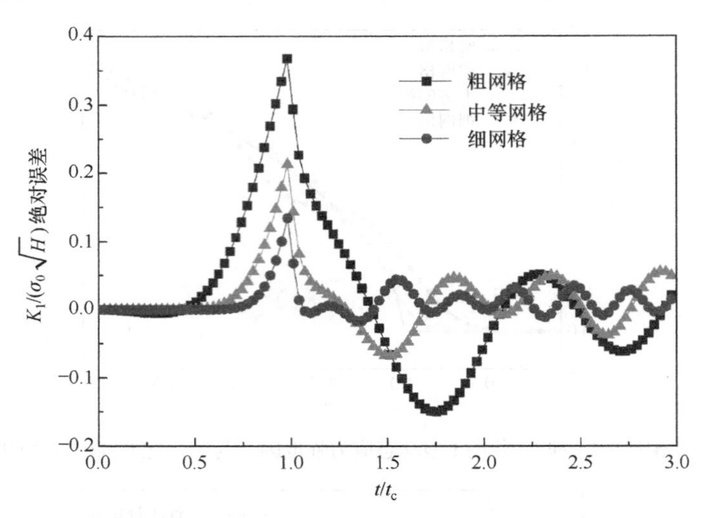

图 4.37　不同网格密度下，采用集中质量矩阵，归一化的 I 型动态应力强度因子与解析解之间的绝对误差随时间的变化关系

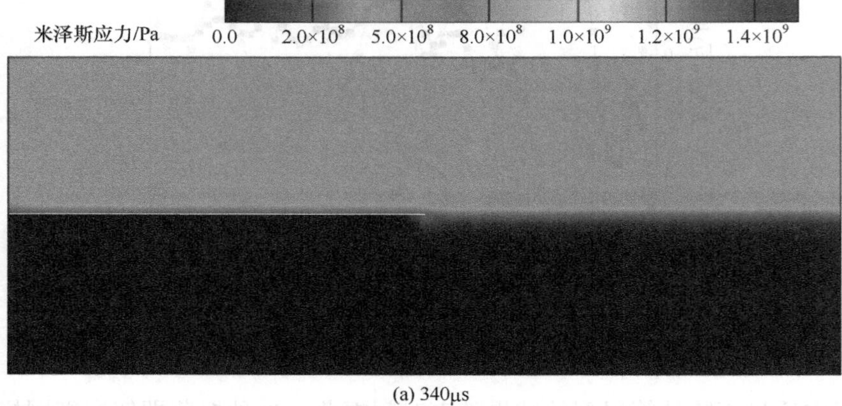

(a) 340μs

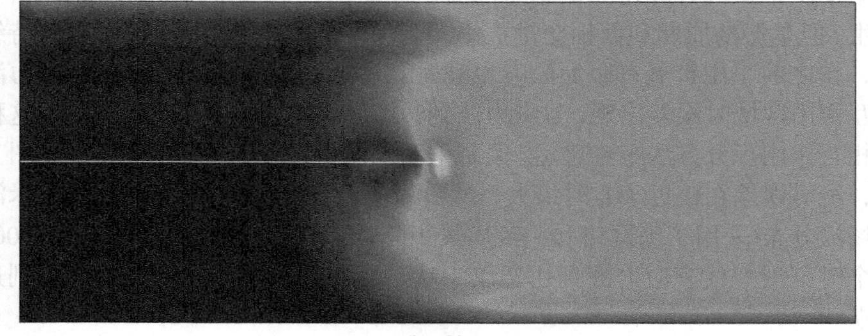

(b) 680μs

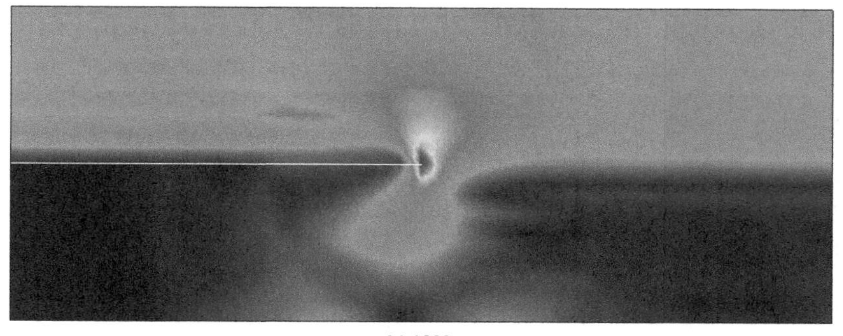

(c) 1000μs

图 4.38　对于静止裂纹，在 340μs、680μs、1000μs 时刻，采用细网格和一致质量矩阵米泽斯应力场的分布

2. Kalthoff 实验

Kalthoff 实验如图 4.39 所示[43]，一块板受到一个速度为 V_0 的投射物的冲击作用，两个对称性边裂纹的间距为 50mm，与投射物的直径相同。在低的和高的冲击速度下，可以发现两种不同的失效模式[36, 43]。在低的冲击速度下，可以观察到脆性断裂模式和完整的失效形态，裂纹扩展角度与水平轴近似为 70°；在高的冲击速度下，可以观察到局部剪切模式和有限的失效形态。这个算例广泛用于验证数值方法的精度[36-42]。本研究中，仅考虑脆性断裂失效模式。根据对称性，采用上半部分板为研究对象。投射物的速度为 20m/s，板的厚度为 16.5mm，与 Menouillard 等所用的参数相同[42]。材料性质为：$E = 190\text{GPa}$，$\nu = 0.3$，$\rho = 8000\text{kg/m}^3$，$K_{\text{IC}} = 68\text{MPa} \cdot \text{m}^{1/2}$。膨胀波速为 5654.3m/s，瑞利波速为 2798.5m/s。初始裂纹长度为 50mm，模拟步长为 1μs。

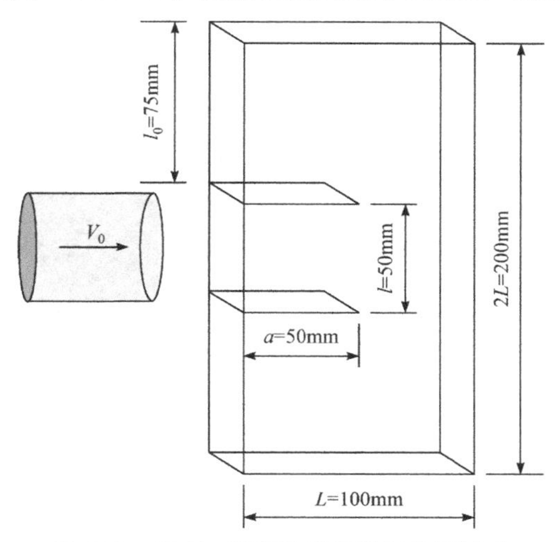

图 4.39　Kalthoff 实验示意图与几何尺寸

图 4.40 表示采用一致质量矩阵，相互作用积分半径为 0.01mm，采用裂纹尖

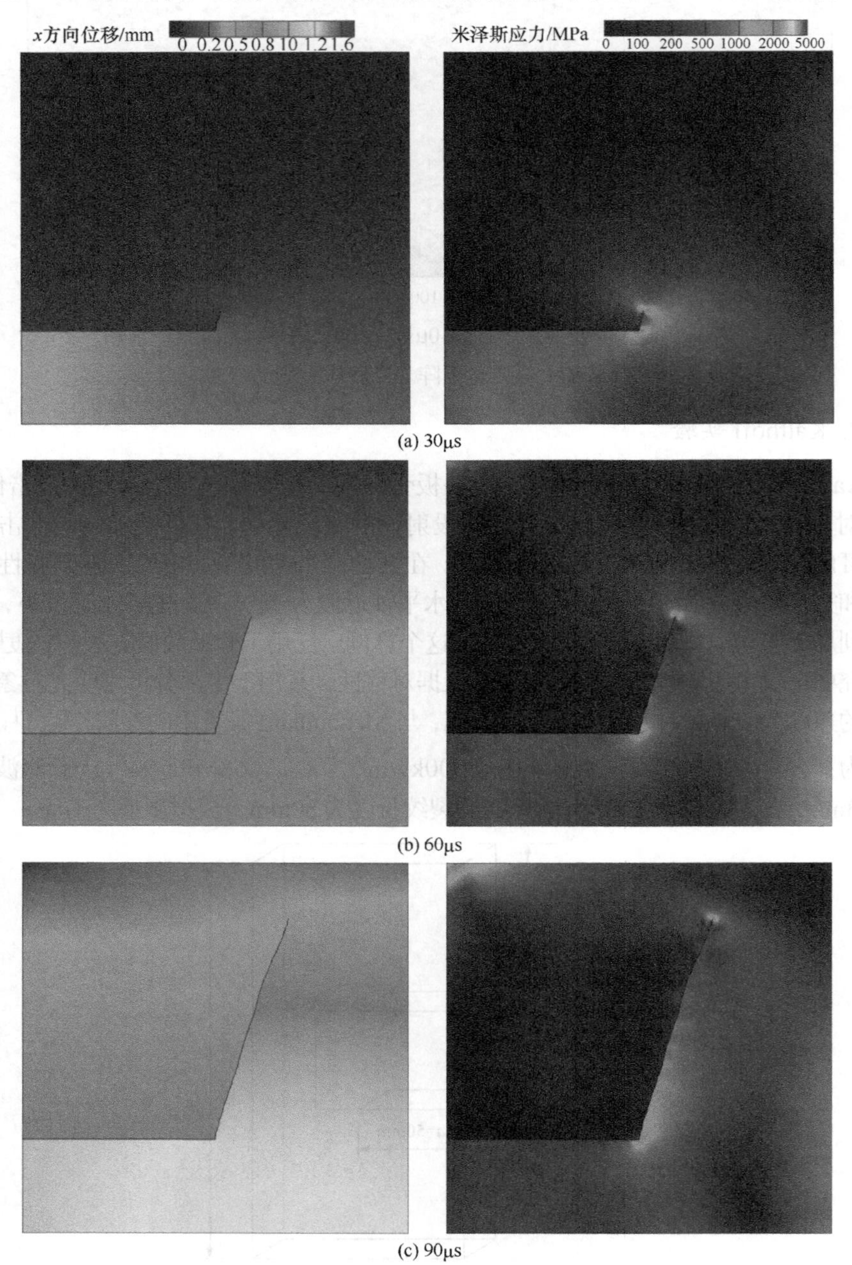

图 4.40 采用一致质量矩阵，在初始构型上，Kalthoff 实验在 30μs、60μs、90μs 的数值模拟结果

左侧：沿 x 方向的位移场；右侧：米泽斯应力场

端加密的网格，在初始构型上，沿 x 方向的位移场和米泽斯应力场。在 22μs 裂纹开始扩展，扩展角度近似为 75°。裂纹整体扩展角度约为 74°，与实验结果近似为 70°吻合较好，可以清楚地观察到裂纹尖端的应力集中现象。

3. 温度荷载下玻璃的裂纹扩展

玻璃尺寸为 600mm×600mm×6mm，遮蔽宽度为 30mm，模拟需要的参数见表 4.7，其他参数见文献。由于模拟过程中采用了实验测量的温度场，如图 4.41 所示，圆点代表热电偶，总共在受热面布置了 17 个热电偶，所以根据温度场的分布特征，对玻璃板进行了简单的区域划分，总共划分了 13 个区域。对于区域 9 和 10，分别取区域内三个热电偶的平均值作为输入量。模拟中采用六面体单元，在 x、y、z 方向上的网格划分为 2×40×40。

表 4.7　模拟所需参数[44, 45]

参数	符号	数值	单位
弹性模量	E	6.72×10^{10}	Pa
密度	ρ	2500.00	kg/m^3
泊松比	ν	0.22	—
线膨胀系数	β	8.46×10^{-6}	K^{-1}
断裂韧性	K_{IC}, K_{IIC}	0.73×10^6	Pa · m$^{1/2}$

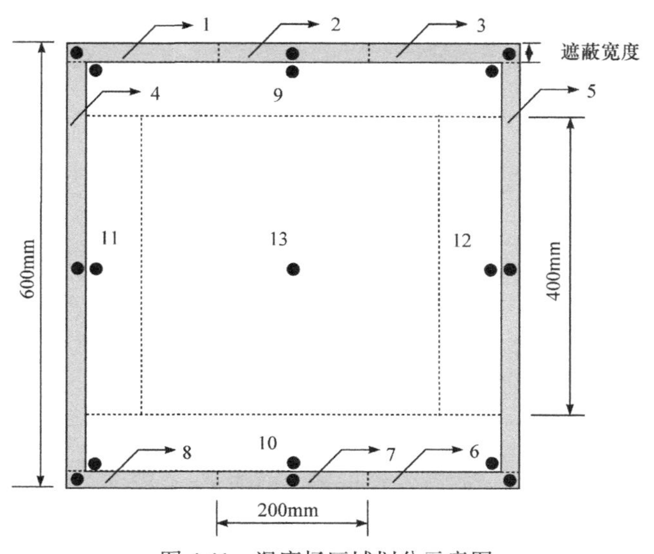

图 4.41　温度场区域划分示意图

五个不同位置处的第一主应力如图 4.42 所示，点 1 位于玻璃板的中心，点 2～5 位于四条边的中心。由于中心区域有相同的瞬时温度场，点 1 的第一主应力小于其他点。第一主应力在上遮蔽边位置大于在下遮蔽边位置，这是由于温度梯度在上部区域要大于下部区域。四条边中心的第一主应力与图 4.42(b)中应力有相同的变化趋势。当破裂发生时，y 方向的应力大于 z 方向的应力，裂纹方向将垂直于 y 方向。

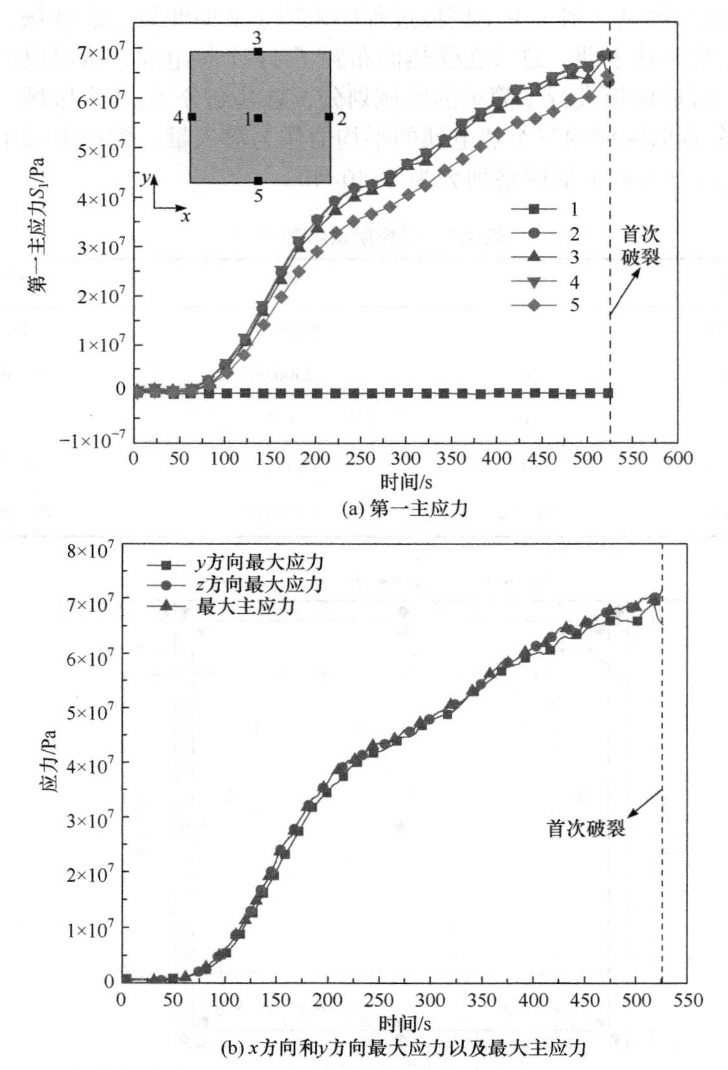

图 4.42　在首次破裂之前，遮蔽宽度为 30mm 的玻璃板应力随时间变化关系

图 4.43 为热应力分布。玻璃板的遮蔽区域受到拉应力作用，最大应力在 y 方

向和 z 方向分别为 71.86MPa 和 65.45MPa。玻璃破裂前后第一主应力分布如图 4.44 所示。第一主应力在上遮蔽边位置大于其他位置，破裂之前最大值为 71.87MPa，破裂之后第一主应力重分布，可以在裂纹尖端附近观察到应力集中现象。

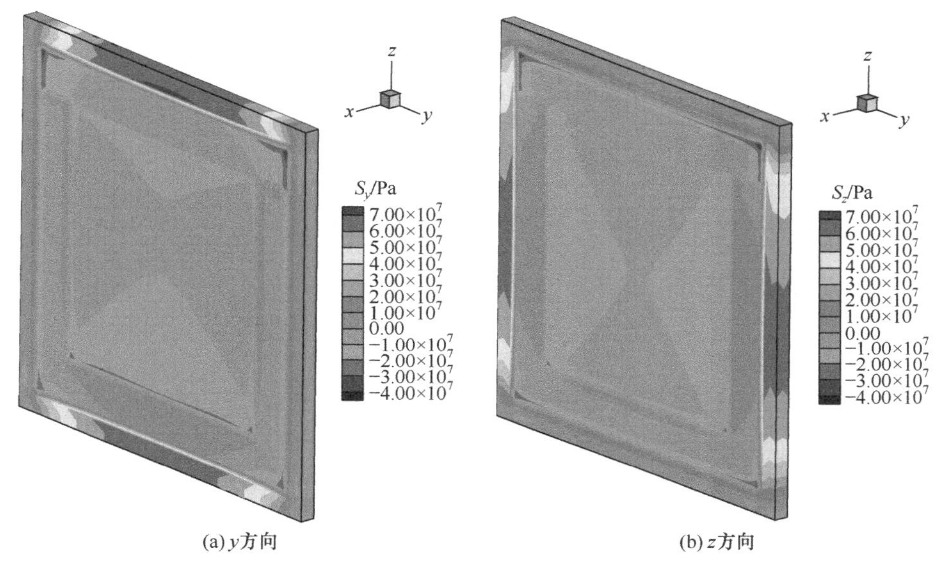

(a) y 方向　(b) z 方向

图 4.43　遮蔽宽度为 30mm 的玻璃板热应力分布

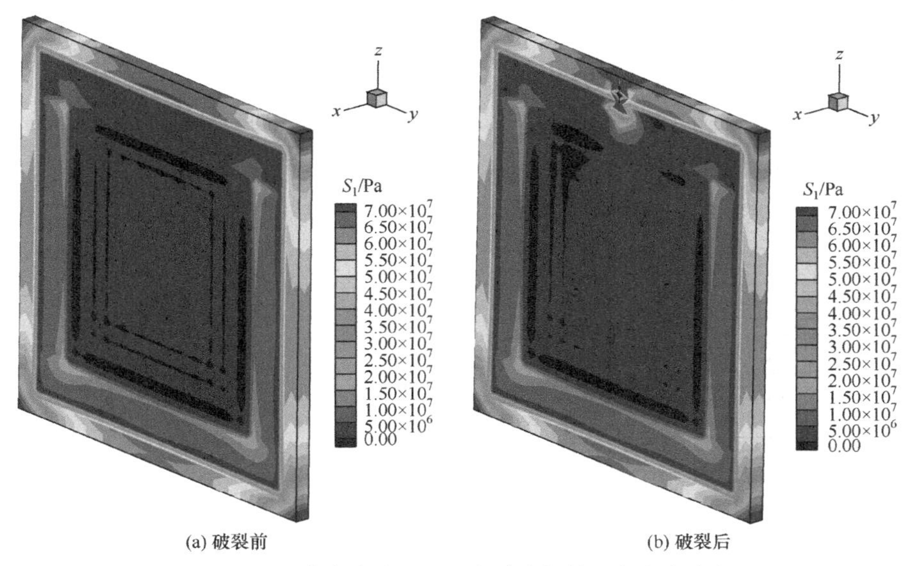

(a) 破裂前　(b) 破裂后

图 4.44　遮蔽宽度为 30mm 的玻璃板第一主应力分布

如图 4.45 所示，玻璃在上遮蔽边缘位置破裂，并向底边迅速扩展。初始网格如图 4.45(a)所示，玻璃破裂后产生两个裂纹尖端，裂纹尖端采用了加密的网格，最终的裂纹路径如图 4.45(f)所示。

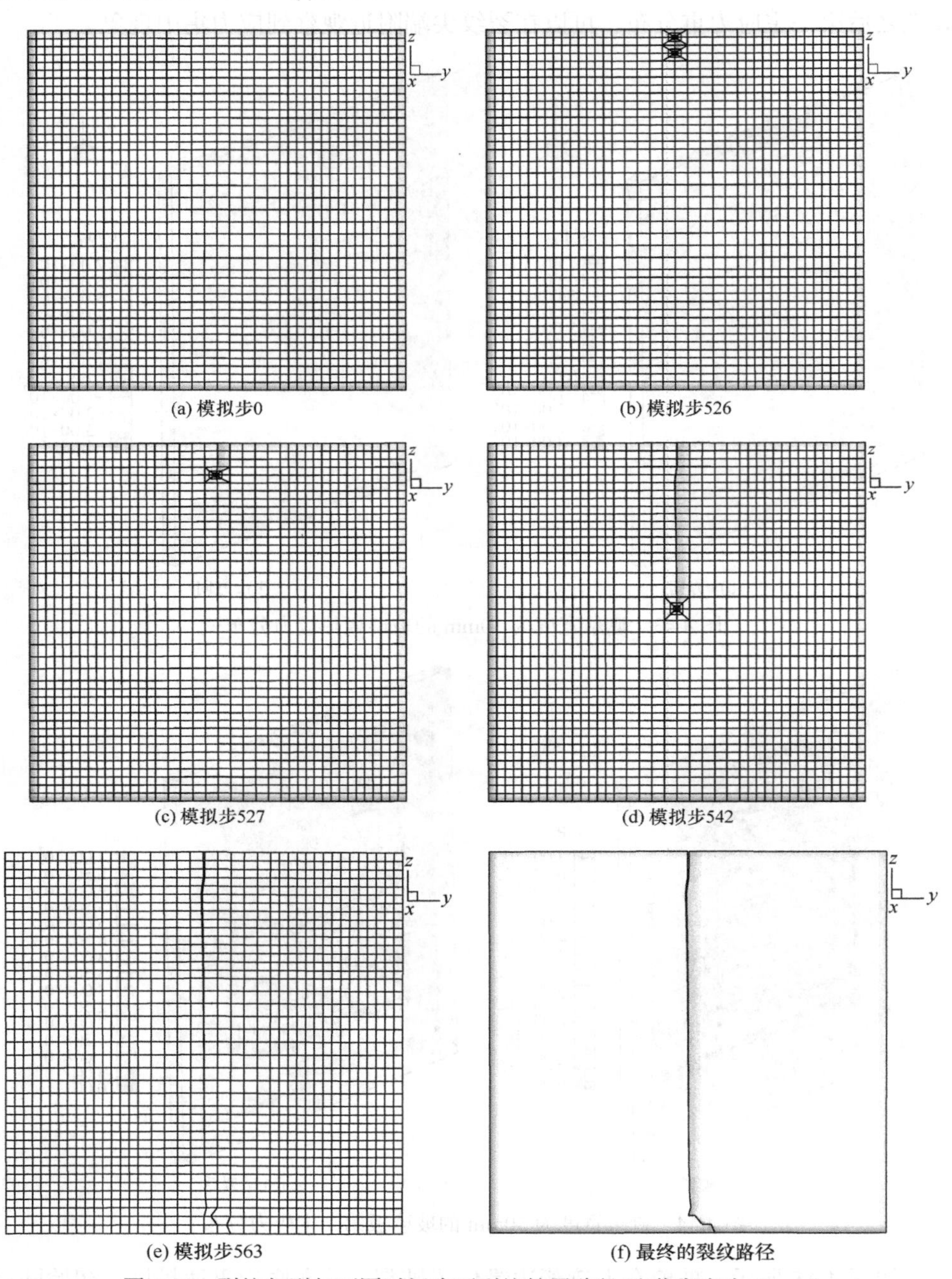

图 4.45　裂纹起裂与不同时间步下裂纹扩展路径(遮蔽宽度为 30mm)

4.6 本章小结

本章首先简要介绍了火灾下玻璃破裂的确定性规律和随机性规律，并给出了玻璃破裂的判据。基于两种典型的玻璃受热场景(热辐射场景和室内火灾场景)，分析了一些典型参数对玻璃温度场的影响。以温度场为基础，对于边框支承形式的玻璃，分析了应力分布形式，解释了暴露区受压应力、遮蔽区受拉应力的原因。以 Pagni 等提出的玻璃首次破裂时间预测模型为基础，分析了三种实验条件下(热辐射玻璃破裂、外部火灾玻璃破裂以及 ISO 9705 全尺寸实验玻璃破裂)实验和预测结果的对比。最后，探讨了热荷载以及机械荷载作用下，准静态和动态裂纹扩展情形。

参考文献

[1] Keski-Rahkonen O. Breaking of window glass close to fire. Fire and Materials, 1988, 12(2): 61-69.

[2] Joshi A A, Pagni P J. Fire-induced thermal fields in window glass. I—Theory. Fire Safety Journal, 1994, 22(1): 25-43.

[3] Pagni P J, Joshi A A. Glass breaking in fires. Fire Safety Science—Proceedings of the 3rd International Symposium, 1991, 3: 791-802.

[4] Joshi A A, Pagni P J. User's Guide to BREAK1, the Berkeley Algorithm for Breaking Window Glass in A Compartment Fire. Gaithersburg, 1991.

[5] Cuzzillo B R, Pagni P J. Thermal breakage of double-pane glazing by fire. Journal of Fire Protection Engineering, 1998, 9(1): 1-11.

[6] Harada K, Enomoto A, Uede K, et al. An experimental study on glass cracking and fallout by radiant heat exposure. Fire Safety Science—Proceedings of the 6th International Symposium, 2000, 6: 1063-1074.

[7] Wang Q S, Chen H D, Wang Y, et al. Development of a dynamic model for crack propagation in glazing system under thermal loading. Fire Safety Journal, 2014, (63): 113-124.

[8] Liu G R, Trung N T. Smoothed Finite Element Methods. New York: CRC Press, 2010.

[9] 张庆文. 受限空间火灾环境下玻璃破裂行为研究. 合肥: 中国科学技术大学, 2006.

[10] 陈昊东. 热荷载作用下玻璃破裂特性及裂纹扩展模拟研究. 合肥: 中国科学技术大学, 2016.

[11] Tofilo P, Delichatsios M. Thermally induced stresses in glazing systems. Journal of Fire Protection Engineering, 2010, 20(2): 101-116.

[12] 荣刚. 玻璃幕墙在火灾环境下的破裂行为研究. 合肥: 中国科学技术大学, 2014.

[13] Emmons H W. The prediction of fires in buildings//Seventeenth International Symposium on Combustion. The Combustion Institute, Pittsburgh, 1979: 1101-1111.

[14] Mowrer F W. Window breakage induced by exterior fires//The 2nd International Conference on Fire Research and Engineering (ICFRE2), Gaithersburg, 1997: 404-415.

[15] Sih G C. On the singular character of thermal stresses near a crack tip. Journal of Applied Mechanics, 1962, 29(3): 587-589.

[16] Liu G R, Nguyen-Thoi T, Lam K Y. An edge-based smoothed finite element method (ES-FEM) for static, free and forced vibration analyses of solids. Journal of Sound and Vibration, 2009, 320(4-5): 1100-1130.

[17] Li E, Liu G R, Tan V. Simulation of hyperthermia treatment using the edge-based smoothed finite-element method. Numerical Heat Transfer, Part A: Applications, 2010, 57(11): 822-847.

[18] Feng S Z, Cui X Y, Li G Y. Analysis of transient thermo-elastic problems using edge-based smoothed finite element method. International Journal of Thermal Sciences, 2013, 65: 127-135.

[19] Li E, He Z C, Xu X. An edge-based smoothed tetrahedron finite element method (ES-T-FEM) for thermomechanical problems. International Journal of Heat and Mass Transfer, 2013, 66: 723-732.

[20] Liu G R, Nourbakhshnia N, Zhang Y W. A novel singular ES-FEM method for simulating singular stress fields near the crack tips for linear fracture problems. Engineering Fracture Mechanics, 2011, 78(6): 863-876.

[21] Nourbakhshnia N, Liu G R. A quasi-static crack growth simulation based on the singular ES-FEM. International Journal for Numerical Methods in Engineering, 2011, 88(5): 473-492.

[22] Wilson W K, Yu I W. The use of the J-integral in thermal stress crack problems. International Journal of Fracture, 1979, 15(4): 377-387.

[23] Shih C, Moran B, Nakamura T. Energy release rate along a three-dimensional crack front in a thermally stressed body. International Journal of Fracture, 1986, 30(2): 79-102.

[24] Duflot M. The extended finite element method in thermoelastic fracture mechanics. International Journal for Numerical Methods in Engineering, 2008, 74(5): 827-847.

[25] Pant M, Singh I V, Mishra B K. Numerical simulation of thermo-elastic fracture problems using element free Galerkin method. International Journal of Mechanical Sciences, 2010, 52(12): 1745-1755.

[26] Chen L, Liu G R, Nourbakhsh-Nia N, et al. A singular edge-based smoothed finite element method (ES-FEM) for bimaterial interface cracks. Computational Mechanics, 2010, 45(2-3): 109-125.

[27] Bouhala L, Makradi A, Belouettar S. Thermal and thermo-mechanical influence on crack propagation using an extended mesh free method. Engineering Fracture Mechanics, 2012, (88): 35-48.

[28] Tsang D K L, Oyadiji S O, Leung A Y T. Two-dimensional fractal-like finite element method for thermoelastic crack analysis. International Journal of Solids and Structures, 2007, 44(24): 7862-7876.

[29] Persson P O, Strang G. A simple mesh generator in MATLAB. SIAM Review, 2004, 46(2): 329-345.

[30] Prasad N N V, Aliabadi M H, Rooke D P. Incremental crack growth in thermoelastic problems. International Journal of Fracture, 1994, 66(3): R45-R50.

[31] Freund L B. Dynamic Fracture Mechanics. Cambridge: Cambridge University Press, 1990.

[32] Anderson T L. Fracture Mechanics: Fundamentals and Applications. Boca Raton: CRC Press,

2004.

[33] Liu P, Bui T Q, Zhang C, et al. The singular edge-based smoothed finite element method for stationary dynamic crack problems in 2D elastic solids. Computer Methods in Applied Mechanics and Engineering, 2012, 233-236: 68-80.

[34] Engwirda D. MESH2D: Delaunay-based unstructured mesh-generation. (2021-3-27)[2021-4-10]. http://www.mathworks.com/matlabcentral/fileexchange/25555-mesh2d-automatic-mesh-generation [2020-10-20].

[35] Duarte C A, Hamzeh O N, Liszka T J, et al. A generalized finite element method for the simulation of three-dimensional dynamic crack propagation. Computer Methods in Applied Mechanics and Engineering, 2001, 190(15-17): 2227-2262.

[36] Belytschko T, Chen H, Xu J X, et al. Dynamic crack propagation based on loss of hyperbolicity and a new discontinuous enrichment. International Journal for Numerical Methods in Engineering, 2003, 58(12): 1873-1905.

[37] Réthoré J, Gravouil A, Combescure A. An energy-conserving scheme for dynamic crack growth using the extended finite element method. International Journal for Numerical Methods in Engineering, 2005, 63(5): 631-659.

[38] Menouillard T, Réthoré J, Combescure A, et al. Efficient explicit time stepping for the extended finite element method (X-FEM). International Journal for Numerical Methods in Engineering, 2006, 68(9): 911-939.

[39] Elguedj T, Gravouil A, Maigre H. An explicit dynamics extended finite element method. Part I: Mass lumping for arbitrary enrichment functions. Computer Methods in Applied Mechanics and Engineering, 2009, 198(30-32): 2297-2317.

[40] Gravouil A, Elguedj T, Maigre H. An explicit dynamics extended finite element method. Computer Methods in Applied Mechanics and Engineering, 2009, 198(30-32): 2318-2328.

[41] Menouillard T, Belytschko T. Smoothed nodal forces for improved dynamic crack propagation modeling in XFEM. International Journal for Numerical Methods in Engineering, 2010, 84(1): 47-72.

[42] Menouillard T, Song J H, Duan Q L, et al. Time dependent crack tip enrichment for dynamic crack propagation. International Journal of Fracture, 2010, 162(1-2): 33-49.

[43] Kalthoff J F. Modes of dynamic shear failure in solids. International Journal of Fracture, 2000, 101(1-2): 1-31.

[44] Bourhis E L. Glass Mechanics and Technology. Weinheim: WILEY-VCH Verlag, 2008.

[45] Wang Q S, Chen H D, Wang Y, et al. The shading width influence on glass crack behavior under thermal radiation effect//13th International Conference on Fracture, Beijing, 2013.

第 5 章　玻璃热破裂的影响因素

玻璃在火灾下的破裂会受到很多因素的影响，如内部参数、边框约束条件和火源位置等。本章将具体讨论每一个因素是如何对玻璃的破裂行为产生影响的。

5.1　玻璃参数的影响

热荷载作用下玻璃破裂的影响因素较多，而且有些因素之间有交互作用。常见的影响因素如下。①玻璃本身性质方面：玻璃种类、玻璃尺寸、玻璃厚度、玻璃表面微痕等；②玻璃安装方面：玻璃边框材质、玻璃遮蔽宽度、玻璃安装位置等；③环境方面：火源位置、火源热释放速率、室外风速、室内空气湿度等。这些因素都对玻璃破裂产生影响，但是这些因素影响程度并不一致，有的可能是主要影响因素，需要重点关注；有的可能对玻璃破裂影响非常微弱，一般情况下可以忽略，因此开展玻璃破裂的影响因素显著性分析能够进一步加深对热荷载作用下玻璃破裂脱落的认识。

从对玻璃破裂影响因素的研究情况看，影响玻璃破裂有很多方面的因素，但是由于实验条件的限制，工作量比较大，且实验的重复性不够理想等，主要还是集中在对于单个或少数两三个因素的观测[1-10]，在各因素对玻璃破裂影响的显著性方面缺乏系统完整的研究。本章从对部分因素的分析和选择中，整理出 7 个可能的影响因素，通过正交实验设计，开展 7 因素 2 水平正交实验，通过统计分析，得出影响玻璃破裂的主要影响因素，为以后开展单因素分析打好基础。

5.1.1　热荷载作用下玻璃破裂因素显著性分析

1. 实验设计

在热荷载作用下，玻璃受到热源的持续热辐射作用，玻璃表面的温度不断升高。由于玻璃的不良导热性和玻璃边框对玻璃表面直接热辐射的屏蔽作用，玻璃在厚度方向上及固定边框附近形成较大温度差。随着温度差的不断增大，玻璃表面及厚度方向上的温度差所产生的局部热应力超过玻璃表面局部所能承受的最大应力时，玻璃就会破裂。因此，研究热荷载作用下玻璃的破裂行为就要研究各个因素对于玻璃表面温度差的影响。表 5.1 列出了可以在本实验装置上进行改变的影响玻璃在热荷载作用下破裂的部分因素及其调控范围。

表 5.1　总因素水平表

因素	符号	水平				
		1	2	3	4	5
玻璃种类	*A*	浮法玻璃	钢化玻璃	Low-E 玻璃	夹丝玻璃	中空玻璃
玻璃平面尺寸/mm×mm	*B*	800×800	600×600	300×300	300×600	300×800
玻璃厚度/mm	*C*	4	6	10	12	19
玻璃边缘平整度	*D*	磨边	不磨边	—	—	—
遮蔽表面宽度/mm	*E*	10	20	30	40	50
框架内填充物(石膏粉)厚度/mm	*F*	4	6	8	10	20
热辐射源升温速率/(℃/min)	*G*	5	10	15	20	25
热辐射源同玻璃的距离/mm	*H*	2000	1700	1500	1000	500

表中共有 8 个因素，每个因素分别有 2～5 个水平乃至更多，如果每个因素都做一次全排列实验，每组重复 2 或 3 次，需要做几百次甚至更多的实验，这将需要巨大的人力和物力以及非常长的实验时间。为了节约科学研究的成本，可采用因素显著性实验，筛选出对玻璃破裂有显著影响的因素，再进一步研究各因素的影响规律。

根据文献报道[4, 11]，玻璃的种类对玻璃破裂的影响非常大，所以可以认为玻璃的种类是玻璃破裂的显著性影响因素，故不列入本次实验的因素筛选。同时由于因素过多，为了不增加过多的实验量，也不考虑因素间的交互作用。因素显著性实验采用正交设计，采用 7 因素 2 水平的选取办法，选取常用正交表 $L_8(2^7)$对实验因素进行筛选，只需要做 8 种工况，每种工况进行平行实验两次，对个别结果相差较大的工况进行平行实验 3 次，取实验数值相近的两次。根据 2 水平因素的选取原则，其中的一个水平选取在中心位置，另外一个水平根据实验的具体情况，尽量选择靠近边界位置，与中心位置距离尽量远一些。实验的因素见表 5.2。

表 5.2 因素显著性实验工况列表

因素	符号	水平	
		1	2
玻璃尺寸/mm×mm	A	300×300	600×600
玻璃厚度/mm	B	6	12
玻璃边缘平整度	C	磨边	不磨边
遮蔽表面宽度/mm	D	10	30
框架内填充物(石膏粉)厚度	E	单侧 8mm 厚石膏粉	双侧 4mm 厚石膏粉
热辐射源升温速率	F	15℃/min 升温至 600℃，并保温 20min	10℃/min 升温至 600℃，并保温 20min
热辐射源同玻璃的距离/mm	G	500	1500

2. 实验结果

在热荷载作用下，玻璃的暴露表面受到火源的热辐射、热传导和热对流作用，达到较高的温度。而玻璃的遮蔽表面由于被边框遮蔽，不能直接受到火源热辐射作用，温度相对较低。由于玻璃是热的不良导体，暴露表面的温度并不会很快传递到遮蔽表面和玻璃背火面。随着热辐射时间的延长，玻璃的暴露表面与遮蔽表面、向火面与背火面之间的温度差将不断增大。当温度差产生的热应力达到玻璃表面所能承受的临界应力时，玻璃就会发生破裂。温度差是表征热荷载下玻璃破裂最重要的参数之一[12]，通常情况下玻璃向火面中心点的温度 T_1 为最高，背火面两侧遮蔽处的温度 T_3、T_4 为最低温度，取理论上的最大温度差来表征玻璃破裂时的特征参数，其最大温度差定义为 $\Delta T_{\mathrm{f}} = T_1 - (T_3 + T_4)/2$ 。

对相同工况分别做了两次平行实验，用 ΔT_{f1} 、ΔT_{f2} 表示相同工况时两次平行实验得到的首次破裂时的温度差。同时，分别用 $\Delta\bar{T_1}$ 和 $\Delta\bar{T_2}$ 表示在相同因素不同水平下得到的首次破裂时的平均温度差($\Delta\bar{T_1}$ 和 $\Delta\bar{T_2}$ 分别代表水平 1 和水平 2)。实验采用的 $L_8(2^7)$正交表和实验结果见表 5.3。

表 5.3 实验正交表和实验结果

实验号	因素							首次破裂时温度差/℃	
	A	B	C	D	E	F	G	ΔT_{f1}	ΔT_{f2}
实验 1	1	1	1	1	2	2	2	129.0	137.5
实验 2	1	1	2	2	2	1	1	121.0	129.4
实验 3	1	2	1	2	1	2	1	152.5	137.4
实验 4	1	2	2	1	1	1	2	143.9	144.5

续表

实验号	因素							首次破裂时温度差/℃	
	A	*B*	*C*	*D*	*E*	*F*	*G*	ΔT_{f1}	ΔT_{f2}
实验 5	2	1	1	2	1	1	2	127.2	124.4
实验 6	2	1	2	1	1	2	1	102.5	108.6
实验 7	2	2	1	1	2	1	1	168.2	155.5
实验 8	2	2	2	2	2	2	2	120.2	118.1
$\Delta\overline{T}_1$	136.9	122.5	141.6	136.3	130.2	139.4	134.4		
$\Delta\overline{T}_2$	128.1	142.6	123.5	128.8	134.9	125.7	130.6		
R	8.8	20.1	18.1	7.5	4.7	13.7	3.8		

5.1.2　实验结果分析

1. 实验结果的直观分析

1) 平均值分析

从实验结果可以看出，*B* 因素的 $\Delta\overline{T}_1$ 行数据最小，为 122.5℃，表示玻璃厚度为 6mm 时玻璃首次破裂的温度差最小。*B* 因素的 $\Delta\overline{T}_2$ 行数据最大，为 142.6℃，表示当玻璃厚度为 12mm 时，玻璃首次破裂的温度差最大。平均值结果表明玻璃的厚度是一个重要影响因素。

2) 极差分析

为确定各因素重要度，进行极差分析。表 5.3 中最后一行 *R* 是极差，数值为 $\Delta\overline{T}_1$ 与 $\Delta\overline{T}_2$ 数据之差的绝对值，可以初步判断各因素对温度差的影响。从表中可以看出，*B* 因素的极差最大，表明 *B* 因素(玻璃厚度)对玻璃首次破裂时温度差数值影响最大；*G* 因素极差为 3.8，是最小值，表明 *G* 因素(热辐射源同玻璃距离)对玻璃首次破裂时温度差数值影响较小，这可能是因为在本节实验中热辐射源的温度由玻璃前固定距离处热电偶的温度所控制，受玻璃同热辐射源之间距离的影响较小。

2. 实验结果的方差分析

为了进一步对实验结果进行分析，需要计算结果的方差，并对实验结果进行 *P* 值检验。本节用统计分析系统软件计算方差。

通过软件计算，对得到的结果进行整理，见表 5.4。

P 值是一个概率值，表示一个因素各水平有显著差异时犯错误的概率。在多因素实验设计中，用 *P* 值来表示各因素对实验的影响程度，或者说因素在实验中的重要性。*P* 值越小该因素越重要；反之，*P* 值越大，表明这个因素不重要。

一般取 *P* 值的界限为 0.20、0.05、0.01 这三个档次，*P* 值与因素重要程度的关系见表 5.5。

表 5.4　方差分析表

来源	自由度(DF)	平方和(SS)	均方(MS)	F值	P值
模型	7	4313.16	616.17	16.94	0.0003
误差	8	290.97	36.37		
总变差	15	4604.13			
A	1	310.64	310.64	8.54	0.0192
B	1	1614.03	1614.03	44.38	0.0002
C	1	1287.02	1287.02	35.39	0.0003
D	1	221.27	221.27	6.08	0.0389
E	1	89.78	89.78	2.47	0.1548
F	1	733.06	733.06	20.16	0.0020
G	1	57.38	57.38	1.58	0.2445

从表 5.4 中可以看出，各因素的 P 值由小到大的排列顺序为 $B<C<F<A<D<E<G$。说明各因素对于玻璃首次破裂时温度差的影响程度从高到低的顺序是 $B>C>F>A>D>E>G$，即玻璃厚度>玻璃边缘平整度>热辐射源升温速率>玻璃尺寸>遮蔽表面宽度>框架内石膏粉厚度>热辐射源同玻璃的距离。

表 5.5　P值与因素重要程度的关系

P值范围	重要度
$0\leqslant P\leqslant 0.01$	该因素高度显著，非常重要
$0.01<P\leqslant 0.05$	该因素显著，是重要因素
$0.05<P\leqslant 0.20$	该因素显著性很弱，对实验结果有弱影响
$0.20<P\leqslant 1$	该因素不显著，对实验结果没有影响

根据表 5.5 可以判断，B(玻璃厚度)、C(玻璃边缘平整度)和 F(热辐射源升温速率)因素的 P 值均小于 0.01，表明这三个因素对玻璃首次破裂的影响非常显著，属于非常重要的影响因素；A(玻璃尺寸)和 D(遮蔽表面宽度)因素的 P 值为 0.01～0.05，表明这两个因素对玻璃首次破裂的影响是显著的，属于重要的影响因素；E(框架内石膏粉厚度)因素的 P 值为 0.1548，表明该因素对于玻璃首次破裂的影响较弱，属于弱影响因素；G(热辐射源同玻璃的距离)因素的 P 值大于 0.20，表明该因素对于玻璃首次破裂没有太大影响。该分析结果跟直观分析结果是一致的。

3. 温度差和热应力的中位线分析

玻璃的热应力可以根据公式 $\sigma_{\mathrm{y}} = E\beta\Delta T$ 进行计算[12-14]。其中，σ_{y} 是破裂临界压力，E 是弹性模量，β 是线膨胀系数，ΔT 是表面测点间温度差。取 $E = 7.3\times10^{10}\,\mathrm{Pa}$，

β=7.33×10^{6}℃$^{-1}$，并根据实验得到的玻璃首次破裂时的温度差就可以计算出玻璃首次破裂时的热应力，其结果列于表 5.6 中。

表 5.6 玻璃首次破裂时的温度差和热应力

实验序号		1	2	3	4	5	6	7	8
首次破裂时温度差/℃	ΔT_{f1}	129	121	152.5	143.9	127.2	102.5	168.2	120.2
	ΔT_{f2}	137.5	129.4	137.4	144.5	124.4	108.6	155.5	118.1
首次破裂时热应力/MPa	σ_1	69.02	65.75	81.60	77.00	68.06	54.85	90.00	64.32
	σ_2	73.57	69.24	73.52	77.30	66.57	58.11	83.21	63.19

本节对浮法玻璃首次破裂时温度差和应力各 16 组数据进行分析，绘出相应的数值点，作出中位线，分别如图 5.1 和图 5.2 表示。图 5.1 表明，玻璃首次破裂时的最大温度差为 168.2℃，最小温度差为 102.5℃，温度差主要分布在中位数 129.2℃上下。对于普通浮法玻璃的首次破裂温度差，其他文献中也有提及。Keski-Rahkonen[12]通过公式计算得到首次破裂温度差为 80℃，Pagni 等[14]计算出的破裂温度差为 60℃，Skelly 等[15]通过十组实验得出首次破裂温度差为 90℃，张庆文[11]通过多组实验，简单修正后得出温度差为 120℃。本节实验结果相对略高于文献结果，主要原因在于两者的温度差选取不一致：本节所取温度差是向火面中心点和背火面边缘遮蔽处之间的温度差，而文献中所取温度差是向火面中心点和向火面边缘遮蔽处之间的温度差，本节定义的温度差考虑了厚度方向上的温度梯度，与真实情况更为接近，所以温度差相对较高，文献中的温度差没有考虑厚度方向的温度梯度，相对较低。图 5.2 的结果表明，玻璃首次破裂时最大热应力为 90.00MPa，最小热应力为 54.85MPa，表面的热应力中位数为 69.13MPa，略高于 Keski-Rahkonen[12]给出的热应力 50MPa。

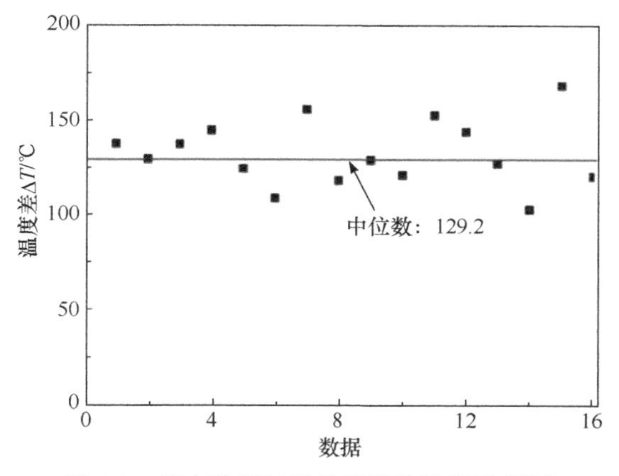

图 5.1 首次破裂时平均温度差数据分析图

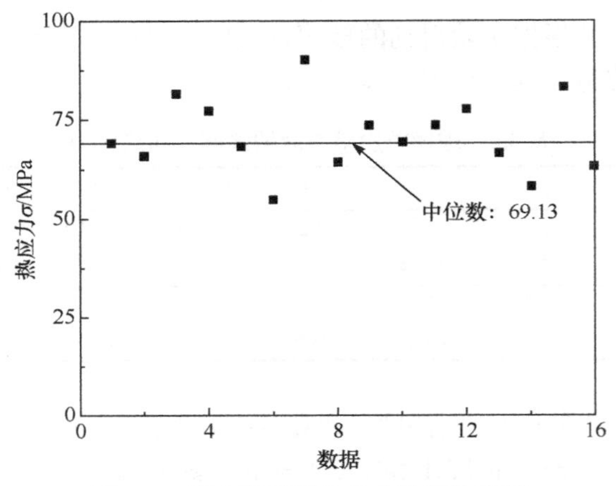

图 5.2　首次破裂时热应力数据分析图

本节使用玻璃破裂行为实验装置，研究了热载荷影响玻璃破裂的各个因素。实验采用正交实验设计的方法，选取了玻璃厚度、玻璃边缘平整度、热辐射源升温速率等七个因素，每个因素设计二水平，分别重复两次，通过对实验结果的分析得出如下结论：

(1) 玻璃厚度、玻璃边缘平整度、热辐射源升温速率对玻璃首次破裂的影响非常显著，属于非常重要的影响因素；玻璃尺寸、遮蔽表面宽度对玻璃首次破裂的影响较显著，属于重要的影响因素；热辐射源同玻璃的距离对玻璃首次破裂的影响较小，属于弱影响因素；框架内填充物(石膏粉)厚度对玻璃首次破裂的影响非常弱。

(2) 通过对首次破裂时温度差和热应力的数据进行中位线分析，发现温度差的中位数为 129.2℃，应力的中位数为 69.13MPa。

5.2　安装方式的影响

本节主要针对 6A、9A 和 12A 三种中空玻璃在不同安装方式下的热破裂行为进行研究，涉及的三种安装方式分别为四边遮蔽型、上下水平遮蔽型和左右垂直遮蔽型。为确保实验结果的稳定性和规律性，每种工况下的实验至少进行三次重复实验[16]。

5.2.1　火源热释放速率和热通量

实验火源采用的燃料为正庚烷，每次实验倒入 6kg 燃料。实验采用质量损失法计算火源的热释放速率，将质量天平置于油盆之下记录燃料的质量变化情况。热释放速率可通过下式计算：

$$\dot{Q} = \alpha \dot{m} \Delta H \tag{5.1}$$

其中，α 为燃烧效率因子，本节取 0.92；$\dot{m}$ 为正庚烷的质量损失速率，实验中通过质量天平测得，kg/s；ΔH 为燃料燃烧热，正庚烷燃烧热为 44.56kJ/mol[17]。

图 5.3 是选取的一组火源热释放速率随时间的变化曲线。实验初期，单位时间内参与燃烧的燃料较少，热释放速率较小；随着更多燃料参与燃烧，热释放速率逐渐增大并保持在 350kW 左右。随着时间延长，空气中被气化的燃料及中间反应产物等参与燃烧并放出大量热量，热释放速率最大值超过 1000kW，但这一最高热释放速率并未长时间持续，很快回落到约 700kW 并在该值上下波动；在火焰即将熄灭时，发生迅速衰减，至火焰完全熄灭衰减为 0。

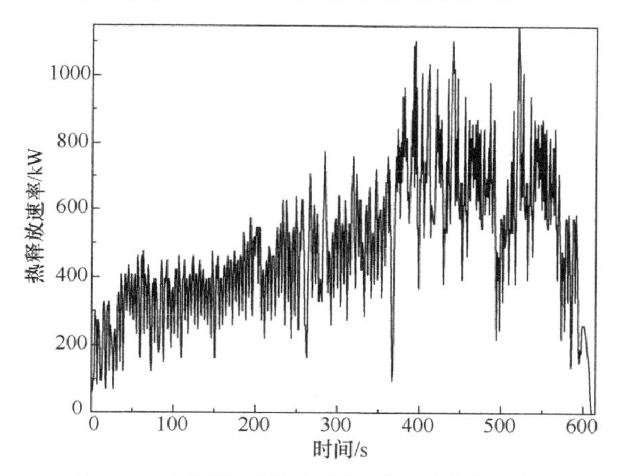

图 5.3　火源热释放速率随时间的变化曲线

图 5.4 是实验测得的距 500mm×500mm 油盘 450mm 处热通量随时间变化的延长曲线。点火之后，热载荷强度逐渐增大。随着时间延长，由于火焰的跳动，热通量也随之波动，但热通量总体趋于稳定，并维持在 25kW/m^2 左右，直至燃料

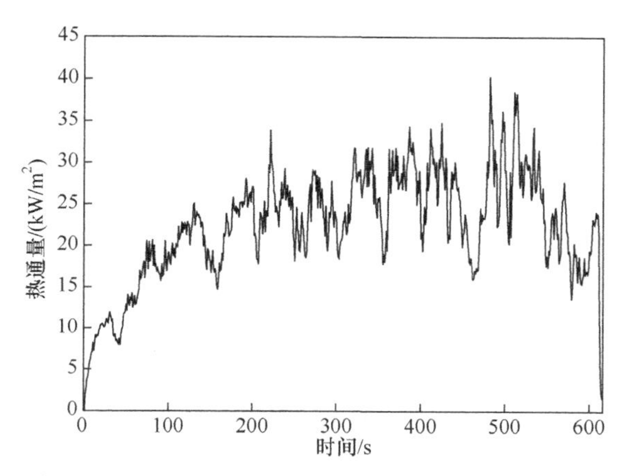

图 5.4　距 500mm×500mm 油盘 450mm 处热通量随时间的变化曲线

耗尽，出现明显下降趋势。本节所有实验工况中，油盘中心与玻璃向火面之间的水平距离均为450mm，而实验结果表明该玻璃表面与火源中心线的距离可以使三种不同厚度的中空玻璃在实验时间内破裂脱落，故可认为25kW/m^{2}的热通量为使得中空玻璃破裂并脱落的最小热通量，而且该值也与Wong等[18]研究6mm普通单层浮法玻璃破裂并脱落所需的最低热通量28kW/m^{2}很接近。

为清楚地揭示中空玻璃破裂行为，先对6A中空玻璃实验结果进行分析，然后展示9A和12A中空玻璃实验结果，并进行对比分析。

5.2.2 玻璃温度随时间变化规律

各种遮蔽方式下玻璃面板上的热电偶布置如图5.5所示。图5.6是四边遮蔽工况中6A中空玻璃的温度随时间的变化曲线。由于玻璃板及中间空气层的存在，中空玻璃S1、S2、S3和S4四个面中心点温度TC1-1、TC2-1、TC3-1和TC4-1呈现出明显的温度梯度，如图5.6(a)所示。向火面非遮蔽区域温度TC1-1、TC1-2、

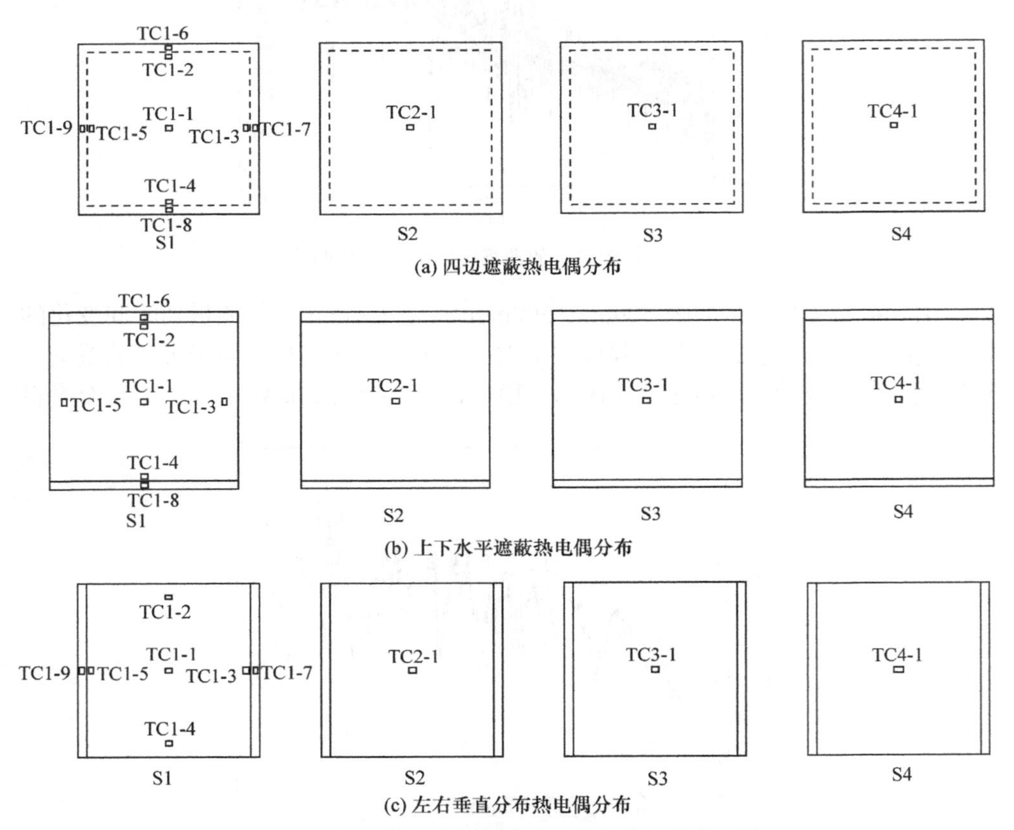

图5.5　各遮蔽方式下各玻璃面板上热电偶分布图

TC1-3、TC1-4 和 TC1-5 大于向火面遮蔽区域温度 TC1-6、TC1-7、TC1-8 和 TC1-9。由于 TC1-1 和 TC1-2 所在位置平行于火源中心线，所以变化趋势基本一致。TC1-4 处温度却明显低于在同一条竖直线上的 TC1-1 和 TC1-2，主要因为 TC1-4 位于中空玻璃的最下方，火源释放出的热量和热烟气在羽流驱动下向上流动，所以玻璃上部温度高于下部。值得注意的是，向火面上边缘遮蔽处 TC1-6 温度高于遮蔽区域其他点温度。由于上升羽流的作用，火源的热量大部分被带到上方，虽然热电偶 TC1-6 与玻璃之间垫了锡箔纸和一定厚度的防火棉用来阻隔玻璃框架传递而来的热量，但是上升的羽流通过中空玻璃与玻璃框架之间的缝隙对 TC1-6 附近区域的玻璃产生了一定的影响。火源的持续作用使 TC1-6 处温度持续增高，如图 5.6(b)所示。

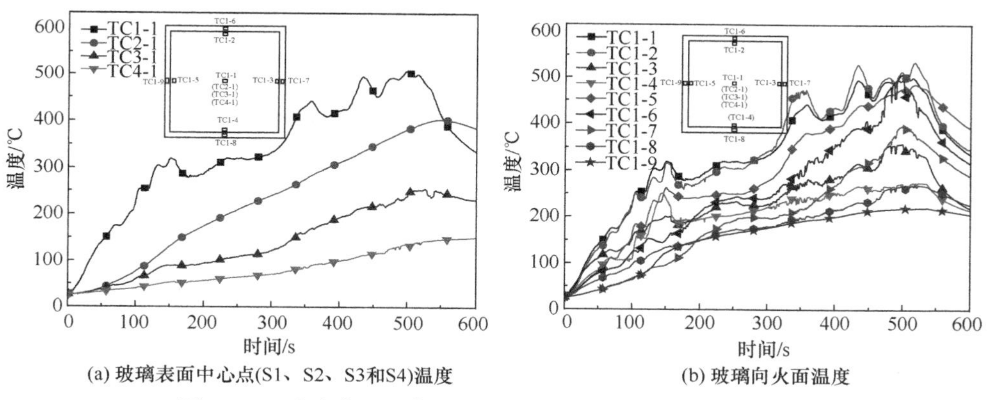

图 5.6　四边遮蔽工况中 6A 中空玻璃温度随时间的变化曲线

图 5.7 是上下水平遮蔽工况中 6A 中空玻璃表面温度随时间的变化曲线。由于玻璃板及中间空气层的存在，中空玻璃 S1、S2、S3 和 S4 四个面中心点温度 TC1-1、TC2-1、TC3-1 和 TC4-1 也呈现出明显的温度梯度，如图 5.7(a)所示，这与四边遮蔽工况下的变化趋势基本一致。向火面非遮蔽区域温度 TC1-1、TC1-2 和 TC1-3 大于向火面遮蔽点温度 TC1-6 和 TC1-8。由于 TC1-1 和 TC1-2 所在位置平行于火源中心线，所以变化趋势基本一致。与 TC1-1 和 TC1-2 在同一条竖直线上的 TC1-4，同样由于其所处位置的原因使得该处的温度值与 TC1-1 和 TC1-2 相比较低。值得注意的是，向火面右边缘非遮蔽处 TC1-3 的温度明显高于左侧对应点 TC1-5。在点火后 200s 以内，火势较小且燃烧稳定，两处的温度差距较小。而 200s 以后，由于玻璃方向的空气卷吸越来越强，来自玻璃两侧的补风速度不同使得火焰向 TC1-3 一侧偏移，所以在火源的持续加热下两处温度差越来越大。

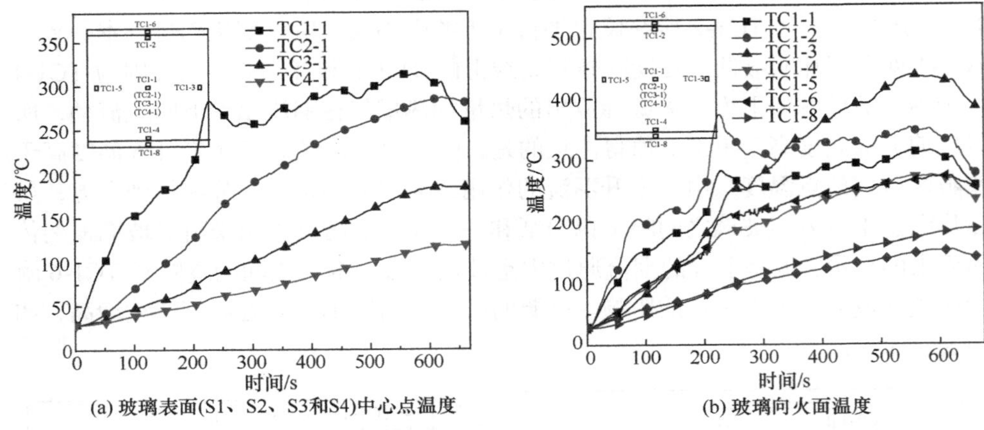

(a) 玻璃表面(S1、S2、S3和S4)中心点温度　　(b) 玻璃向火面温度

图 5.7　上下水平遮蔽工况中 6A 中空玻璃温度随时间的变化曲线

图 5.8 是左右垂直遮蔽工况下 6A 中空玻璃温度随时间的变化曲线。中空玻璃 S1、S2、S3 和 S4 四个面中心点温度 TC1-1、TC2-1、TC3-1 和 TC4-1 同样呈现出较明显的温度梯度，原因同四边遮蔽及上下水平遮蔽工况，如图 5.8(a)所示。其中，向火面热电偶 TC1-1 在点火后 492s 由于玻璃破裂造成的振动从玻璃表面脱落，使其温度出现图 5.8(a)所示的剧烈变化。除 TC1-4 以外，向火面非遮蔽处温度 TC1-1、TC1-2、TC1-3 和 TC1-5 均大于向火面遮蔽测点温度 TC1-7 和 TC1-9。与 TC1-1 和 TC1-2 相比，虽然下边缘非遮蔽处热电偶 TC1-4 距离火源更近，但是热烟气在浮力作用下向上流动，且火源外焰距玻璃上部更近，所以相对于 TC1-1 和 TC1-2，TC1-4 的温度依然偏低。向火面左侧非遮蔽处热电偶 TC1-9 在初始阶段温度平缓上升，在 492s 时由玻璃的破裂以及应力的释放造成的振动中，暴露于火焰之下，导致温度急剧上升，直至燃料耗尽才迅速衰减。

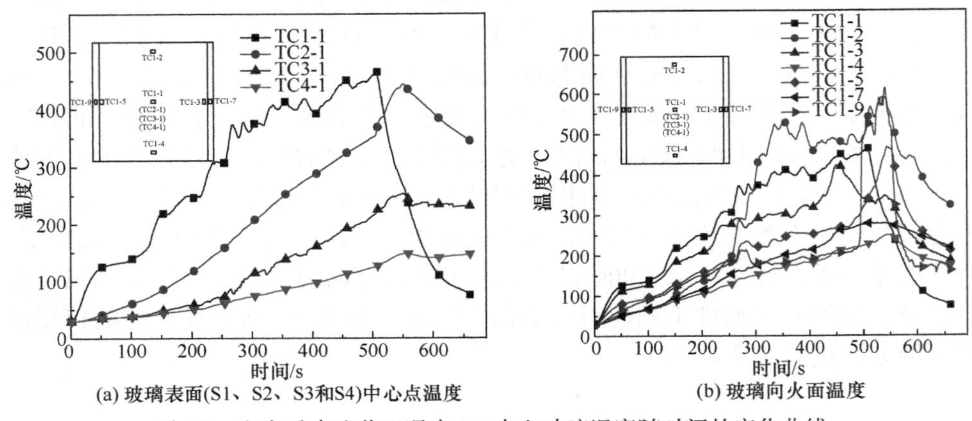

(a) 玻璃表面(S1、S2、S3和S4)中心点温度　　(b) 玻璃向火面温度

图 5.8　左右垂直遮蔽工况中 6A 中空玻璃温度随时间的变化曲线

前面分析了 6A 中空玻璃在三种遮蔽方式下温度随时间的变化规律，总结如下。由 S1、S2、S3 和 S4 这四个玻璃表面中心点热电偶 TC1-1、TC2-1、TC3-1 和 TC4-1 测量结果可知，除向火面中心点 TC1-1 易受火源影响有明显波动外，另外三个热电偶由于处在中空玻璃内部和背火面，不直接接触火源，基本不受火源影响，温度变化平缓。因为向火面玻璃吸收和反射了大量的火源辐射热量，TC2-1、TC3-1 和 TC4-1 温度上升所需的热量来源主要是向火面玻璃。在火源作用下向火面玻璃温度上升后，热量传递至空气夹层并对其加热，被加热的空气夹层在封闭腔室内的对流运动又将部分热量带至背火面玻璃，并对背火面玻璃进行加热，进而使得 TC3-1 和 TC4-1 温度上升。在向火面玻璃未发生大面积脱落的情况下，TC1-1、TC2-1、TC3-1 和 TC4-1 处温度具有明显的温度差梯度。对玻璃脱落情况进一步分析时还可发现，当向火面玻璃中心附近的碎片脱落时，原本密封的空气夹层才会接收来自火源的直接辐射，使 TC2-1、TC3-1 出现较明显的温度变化，具体分析见 5.2.3 节。

向火面玻璃上的所有热电偶中距火源较近的是 TC1-1、TC1-2、TC1-4、TC1-6 和 TC1-8，较远的则是 TC1-3、TC1-5、TC1-7 和 TC1-9，见热电偶布置图 5.6。本实验中盛放燃料使用的是 500mm×500mm 方形油盘，点燃后的火焰离地面一定高度时，会形成一个具有圆形水平横截面的、具有中心轴线的火焰形态(无风以及各方向卷吸均衡的情况下)，不会呈现与油盘形状相同的方形。火焰的形态决定了它对中空玻璃表面的热辐射强度随距离的远近而出现强弱之分。距离的不同导致各个热电偶接收热辐射量不同，导致各热电偶探测到的温度数据存在差异。从 6A 中空玻璃在三种遮蔽方式下的温度分布图 5.6～图 5.8 可以看出，向火面玻璃上离火源较近的非遮蔽点温度较遮蔽点及非向火面温度更高。当火源火势较小时，卷吸空气量也较小，对向火面各热电偶的影响比较均匀；当火势增大后，卷吸空气量逐渐增加，玻璃的存在造成火源对空气的卷吸不平衡，此时火焰就会偏向空气卷吸量较大的一侧，导致该侧的温度急剧上升，另外一侧则上升缓慢。向火面下边缘非遮蔽处测点 TC1-4，由于其所处的位置特殊，该测点在实验条件下测得的温度均低于与其处于同一竖直线上的 TC1-1 和 TC2-1。

9A 中空玻璃在三种遮蔽方式下玻璃表面温度随时间的变化如图 5.9～图 5.11 所示。中空玻璃无论是四边遮蔽还是上下水平遮蔽和左右垂直遮蔽，其温度随时间的变化规律基本一致，都是向火面玻璃由于火源的直接作用，出现较剧烈波动；被遮蔽处和非向火面各测点则由于不直接受到火源作用，其温度变化较平缓。离火源较近的各测点温度较其他热电偶测得的温度数据高一些。与 6A 中空玻璃类似，9A 中空玻璃上 TC1-4 测得的温度与其他靠近火源的测点相比也较低。

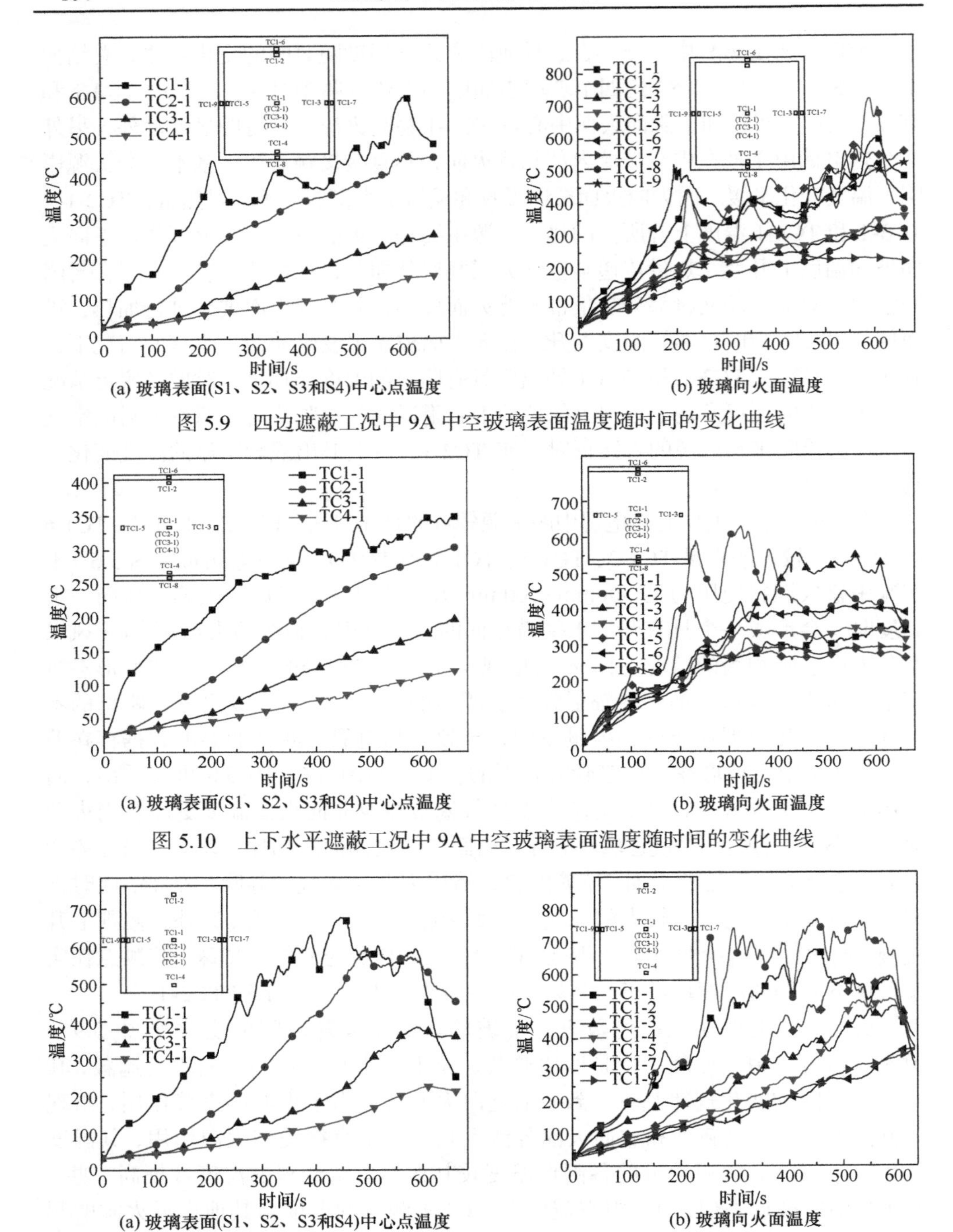

图 5.9　四边遮蔽工况中 9A 中空玻璃表面温度随时间的变化曲线

图 5.10　上下水平遮蔽工况中 9A 中空玻璃表面温度随时间的变化曲线

图 5.11　左右垂直遮蔽工况中 9A 中空玻璃表面温度随时间的变化曲线

12A 中空玻璃的温度变化趋势与 6A 中空玻璃和 9A 中空玻璃的温度变化趋势类似，就不再做详细分析，典型的温度随时间的变化曲线如图 5.12～图 5.14 所示。

可以发现，无论是 6A 中空玻璃、9A 中空玻璃，还是 12A 中空玻璃，在相同火源的辐射作用下，各测点温度的变化趋势是相同的，不同的只是由空气卷吸造成的火源脉动和偏移造成数值上的较小偏差，故下面各节均采用 6A 中空玻璃作为代表来分析中空玻璃破裂时间及脱落情况。

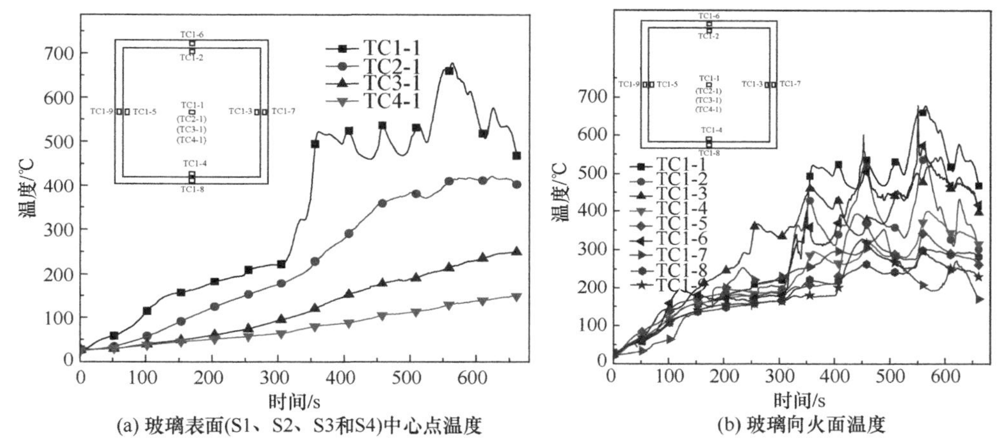

(a) 玻璃表面(S1、S2、S3和S4)中心点温度　(b) 玻璃向火面温度

图 5.12　四边遮蔽工况中 12A 中空玻璃温度随时间的变化曲线

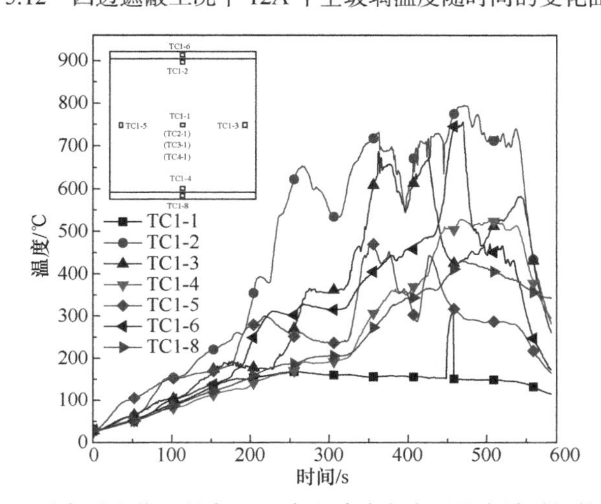

图 5.13　上下水平遮蔽工况中 12A 中空玻璃向火面温度随时间的变化曲线

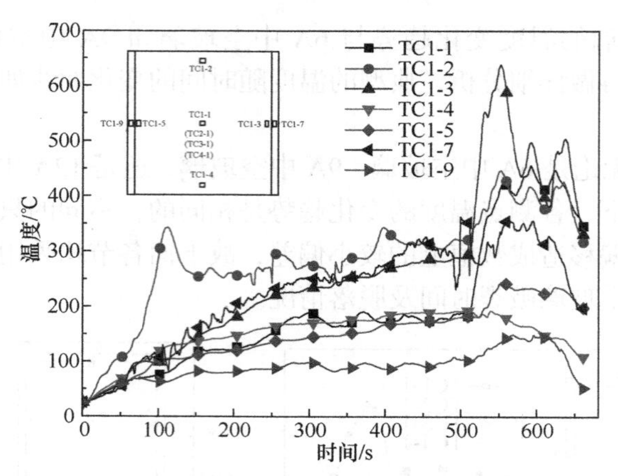

图 5.14　左右垂直遮蔽工况中 12A 中空玻璃向火面温度随时间的变化曲线

5.2.3　玻璃的脱落行为

对 6A、9A 和 12A 这三种不同厚度的中空玻璃共进行了 32 组实验，玻璃的破裂脱落情况各不相同，本节选择具有代表性的 E08 组实验(6A 中空玻璃，上下水平遮蔽)进行分析，不再一一列举。

E08 组实验中，自点火起 147s，向火面玻璃在下边缘起裂，延伸出数条裂纹。随后与上边缘中点起裂的数条裂纹交汇，并在 339s 发生脱落现象，如图 5.15(a)所示。向火面玻璃在 401s、459s 时刻裂纹继续扩展，最终裂纹形态如 537s 时所示。当向火面玻璃处于 537s 时刻的形态时，由于向火面玻璃的大面积脱落，背火面玻璃能够接收来自火源的直接热辐射，在 550s 时刻破裂并脱落，如图 5.15(b)所示。随着火源对背火面玻璃的持续作用，背火面玻璃裂纹最终形态如 564s 时所示。

图 5.15(a)和(b)是典型的裂纹照片与描绘的裂纹图形对照图。各裂纹的形态除实验结束后的最终状态外，裂纹的扩展以及玻璃碎片的脱落均在燃料燃烧过程，即实验进行过程中发生的。但是从摄像机拍摄的视频中截取的照片背景里出现了火焰，所以不能够较清楚地展示出裂纹扩展及脱落情况，如图 5.15(a)和(b)右侧摄像照片所示。通过对比图 5.15(a)和(b)可以看出，描绘出的裂纹图能够比较真实地反映裂纹的实际扩展以及玻璃的脱落情况。需要说明的是，若将与图 5.15 对应的裂纹图全部加以讨论，图片将过多且分布较密集，故 5.3 节对于裂纹的破裂情况若拍摄到的照片裂纹能够很好地反映实际情况将不再附加描绘裂纹图，若照片不能清楚地反映裂纹形态，则直接用描绘裂纹图来代替，不再将实际裂纹照片与描绘出的裂纹图做对比。

数码摄像机记录了玻璃从破裂到脱落的整个过程，E08 组实验的脱落比例随时间的变化情况如图 5.16 所示。向火面玻璃在 339s 首次脱落了 5.8%，401s 时脱落比例为 8.8%，459s 时脱落比例为 13.3%，到 537s 脱落比例达到最大值 49.1%。结合图 5.15(a)可以发现，向火面玻璃首次破裂后初期的裂纹贯穿了整片向火面玻璃，形成了大小不一、形状各异的玻璃碎片，其中的较大块玻璃碎片 Ⅰ-1 由于框架的保护

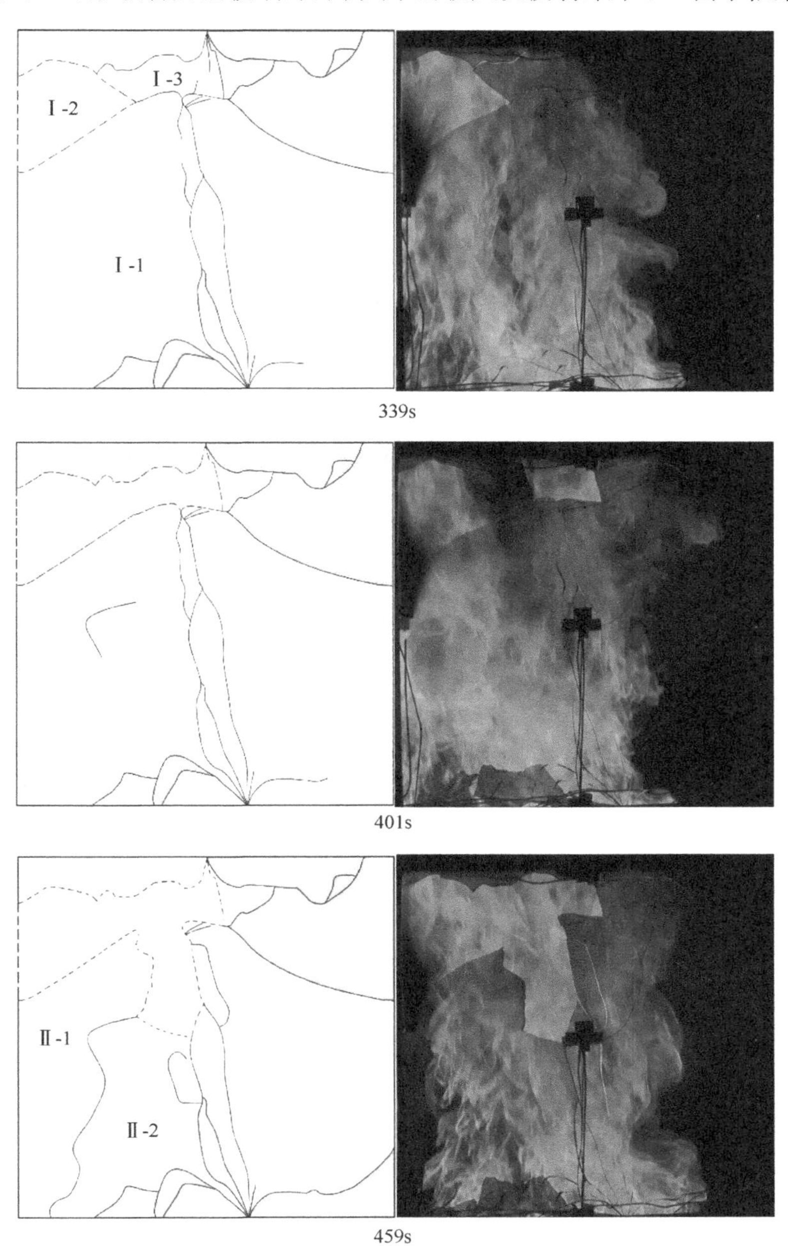

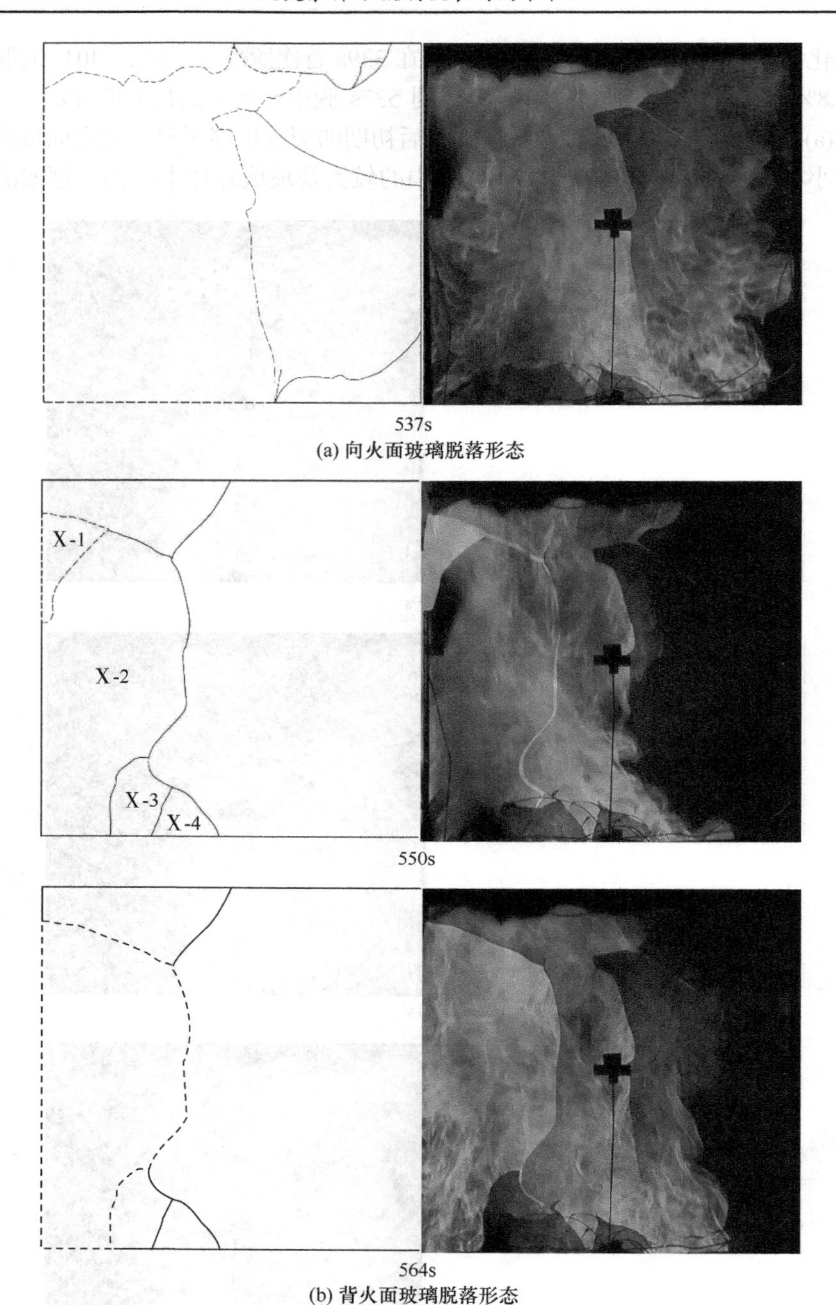

(a) 向火面玻璃脱落形态

(b) 背火面玻璃脱落形态

图 5.15　上下水平遮蔽工况下两片玻璃随时间的脱落形态(实验编号 E08)

其中虚线包围区域为玻璃脱落区域，各图中的Ⅰ-1、X-3 等编号表示当前位置的玻璃碎片

作用仍保持在原来的位置上，而较小块玻璃碎片Ⅰ-2 由于没有直接受到框架的保护

而脱落。随着玻璃碎片Ⅰ-2、Ⅰ-3 的脱落以及较大块玻璃碎片Ⅰ-1 上裂纹的进一步扩展，形成了更多不直接受到框架约束的“孤岛”，新裂纹产生及扩展时伴随应力释放造成的振动，使玻璃碎片Ⅰ-1 破裂后形成的Ⅱ-1、Ⅱ-2 在失去周围小块玻璃碎片的约束后从框架上脱落。由此可见，框架的存在可以有效地延长玻璃碎片的脱落时间。

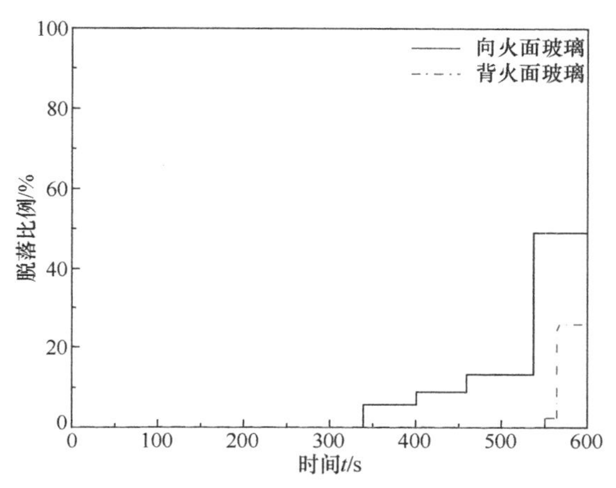

图 5.16　向火面和背火面玻璃脱落比例随时间的变化曲线(实验编号 E08)

背火面玻璃在 550s 脱落了 2.5%，在 564s 脱落比例达到了 25.8%。结合图 5.15(b)可以发现，背火面玻璃首次脱落了小块玻璃碎片Ⅹ-1，与之相邻的大块玻璃碎片Ⅹ-2 因为玻璃碎片Ⅹ-1 的脱落失去了一部分约束力，变得更易脱落。此外，Ⅹ-2 重心较高，Ⅹ-1 脱落时对其施加的作用力使Ⅹ-2 重心逐渐向玻璃原本所处竖直平面外偏移，虽受到框架的约束，但仍难以抵抗Ⅹ-2 自身重量产生的弯矩，最终从框架上脱落下来。而处于较下方的两块小的玻璃碎片Ⅹ-3、Ⅹ-4 虽已形成“孤岛”，但重心较低，且受到框架约束，最终并未从框架上脱落。由此可见，即使存在框架的约束作用，玻璃破裂的形态导致玻璃碎片重心位置不同，依然能够决定玻璃碎片的脱落与否。故玻璃碎片的脱落行为具有一定的随机性。

E08 组实验中，在 339s 和 401s 时刻向火面玻璃有较大面积脱落，但是该脱落位置没有对背火面玻璃两侧表面中心点上的 TC3-1 和 TC4-1 有较显著的直接影响，温度曲线没有随时间明显变化，如图 5.17 所示。在 459s 时刻，玻璃脱落区域靠近玻璃中心，所以温度曲线在 459s 时刻有个比较明显的上升趋势。而在 526～537s，向火面玻璃的半边几乎全部脱落，直接裸露出背火面玻璃的中心区域，使得 TC3-1 直接受到火源的辐射作用，温度有了急剧上升，最终导致背火面玻璃在 550s 破裂。

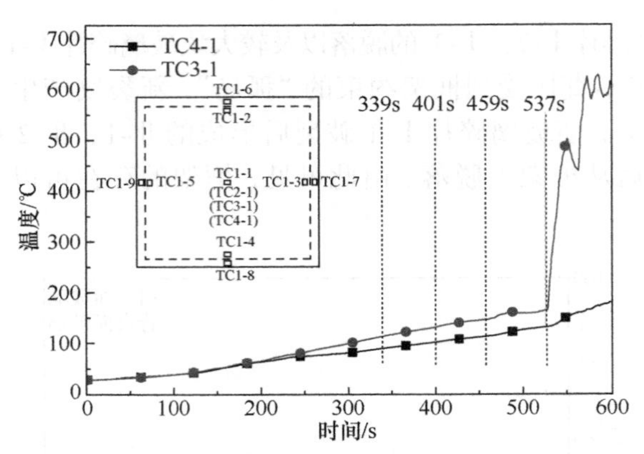

图 5.17　上下水平遮蔽工况背火面玻璃上热电偶 TC3-1 和 TC4-1 温度随时间的变化曲线(实验编号 E08)

图中各虚线上的数字表示的是破裂或脱落的起始时刻

5.2.4　遮蔽方式对脱落的影响

三种安装方式下 6A 中空玻璃向火面和背火面首次破裂时间及脱落情况见表 5.7。四边遮蔽工况中向火面玻璃首次破裂时间平均约为 88s，少于上下水平遮蔽工况下的约 126s 和左右垂直遮蔽工况下的约 105s。而对于背火面玻璃，仅统计破裂情况，四边遮蔽、上下水平遮蔽、左右垂直遮蔽三种遮蔽方式下的平均首次破裂时间分别为 495s、524s 和 422s。

四边遮蔽、左右垂直遮蔽及上下水平遮蔽这三种安装方式中，四边遮蔽工况下中空玻璃前后两片均未有脱落情况发生，而且向火面玻璃首次破裂时间低于另外两种安装方式，见表 5.7。这是因为向火面玻璃出现破裂后，即使裂纹交汇形成“孤岛”，但是由于有框架的约束，玻璃碎片仍保持原位，或仅有较小缝隙，并未脱落，不足以导致大量热量从火源直接传输到背火面玻璃上，所以延迟了背火面玻璃直接受到火源辐射的时间。同样也是由于四边框架的约束作用，即使背火面玻璃的温度差(热应力)足以导致破裂，玻璃碎片从四边遮蔽的框架中脱落的现象也很难发生。

上下水平遮蔽工况下脱落比例最大的一组向火面玻璃脱落 49.1%，背火面玻璃脱落 25.8%，而左右垂直遮蔽工况下脱落比例最大的一组向火面玻璃脱落了 55.4%，背火面玻璃脱落了 96.6%。以上结果表明中空玻璃在上下水平遮蔽方式下比在左右垂直遮蔽工况下脱落程度较轻。这主要是因为在左右垂直遮蔽安装方式工况下，玻璃碎片不会受到水平方向边框的约束或支承，在玻璃本身重力作用下，一旦玻璃板有较大面积形成“孤岛”，就会出现大面积的脱落，进而影响火源对背火面玻璃的热辐射作用，加速背火面玻璃的温度差及应力积累，最终导致背火面玻璃破裂及脱落。而上下水平遮蔽安装方式中的玻璃板在破裂后，原本提供上下水平遮蔽作用的水平框架此时也给玻璃碎片提供了一定的支承或约束作用，即使玻璃碎片受到以重力为主导的作用力，也不会全部脱落。这延迟了向火面玻璃碎片的脱落时间，同时也延迟了背火面玻璃直接受到火源辐射的时间。因此，相对于左右垂直遮蔽工况，上下水平遮蔽工况有较长的脱落时间和较小的碎片脱落比例。

对于 E11 组实验中出现的背火面玻璃脱落程度大于向火面玻璃的情况，通过观察可以发现，该组中空玻璃的向火面玻璃破裂以后，没有出现竖向的贯穿整个玻璃向火面的大裂纹，导致有一块玻璃被夹持在左右垂直约束良好的框架内，直到实验结束也没有脱落。虽然向火面存在一块面积较大的玻璃未脱落，但是来自火源的热量依然可以通过其他已脱落位置对背火面玻璃进行加热。贯穿玻璃的竖向裂纹导致背火面玻璃全部脱落。

对于四边遮蔽工况，向火面玻璃首次破裂的起裂位置位于左右垂直两边遮蔽区域；在上下遮蔽和左右垂直遮蔽工况中，首次破裂的起裂位置分别位于上下水平遮蔽区域和左右垂直遮蔽区域，见表 5.7。这是由于向火面玻璃在邻近火源的热辐射作用下，非遮蔽区域升温较快，而遮蔽区域升温较慢，导致玻璃板内部温度差和应力累积较快，结果上述区域最先达到临界破裂温度差或应力极限，导致玻璃的首次破裂。而背火面玻璃首次破裂的起裂位置，则没有出现这种规律。这是因为背火面玻璃在向火面玻璃没有较大面积脱落的情况下，受到火源的直接作用比较有限，它的温度差和应力累积没有直接受到火源的影响，因此首次破裂位置较为随机。

表 5.7　6A 中空玻璃破裂参数

安装方式	实验编号	向火面玻璃首次破裂时间 t_e/s	向火面玻璃首次破裂起裂位置(被遮蔽处)	背火面玻璃首次破裂时间 t_b/s	背火面玻璃首次破裂起裂位置	向火面脱落百分比/%	背火面脱落百分比/%	向火面玻璃首次破裂平均时间 $\overline{t}_e$/s	背火面玻璃首次破裂平均时间 $\overline{t}_b$/s
四边遮蔽	E01	96	右边中点	617	左边–0.08L	0	0	88	496
	E02	75	右边 0.14L	366	左边–0.13L	0	0		
	E03	113	右边 0.24L	—	—	0	0		
	E04	69	左边 0.20L	501	左边–0.16L	0	0		
上下水平遮蔽	E05	115	上边 0.20L	435	左边–0.11L	0	0	126	524
	E06	84	上边中点	—	—	0	0		
	E07	157	上边 0.22L	586	左边–0.12L	0.8	0		
	E08	147	下边 0.10L	550	左边 0.15L	49.1	25.8		
左右垂直遮蔽	E09	145	左边–0.10L	—	—	0	0	105	422
	E10	109	右边–0.10L	367	上边中点	94.0	9.4		
	E11	62	左边中点	476	右边中点	55.4	96.6		

注：表中对于起裂位置的“左边”、“右边”、“上边”和“下边”方向的确定原则是从背火面向火源一侧观察时的方位；“—”表示背火面玻璃未破裂。

向火面和背火面玻璃的首次破裂点一般位于被遮蔽边上[−0.25*L*, 0.25*L*]的范围内，并没有出现在矩形玻璃的四个角附近，见表5.7。这主要是由于玻璃的四个角处于两条边的相交处，玻璃内的微单元所受的应力状态相似，各应力作用合成后互相削弱，不易出现较大的单向拉伸应力状态，所以裂纹很少从这四个角附近产生。而各边中部区域由于没有受到框架边缘的机械应力，应力状态则较为简单，玻璃作为脆性材料当受到的拉应力达到其应力极限后就会发生破裂。

从表5.8和表5.9可以发现，6A中空玻璃向火面玻璃首次破裂时向火面S1和S2中心点平均温度差分别为106.8℃、91.9℃和93.4℃，而背火面玻璃首次破裂时的平均温度差分别为99.3℃、63.6℃和111.8℃。向火面玻璃在三种遮蔽工况下具有较一致的实验结果，即向火面玻璃首次破裂的平均温度差在90～110℃。这是由于普通单层玻璃的背火面连接开放环境，热量散失很快，温度差累积较快；而中空玻璃背火面玻璃的存在隔绝了夹层空气与开放环境，向火面的S1和S2面温度差累积较慢。但是由于向火面玻璃离火源较近，热电偶易受到火源影响，故向火面中心点探测到的温度较实际偏大，即向火面玻璃首次破裂的平均温度差略低于实验值。而背火面玻璃上S3面，受向火面玻璃破裂及脱落位置的影响，温度的上下波动较大，实验结果不能够很好地体现背火面玻璃首次破裂时的温度差。而且从表5.8和表5.9中也可以发现，在E03、E06和E09工况中背火面玻璃未发生破裂，在向火面玻璃首次破裂时其向火面的最大温度差为165.7℃。

表5.8　三种遮蔽方式下6A中空玻璃向火面玻璃首次破裂时的部分参数

编号	向火面中心点TC1-1温度T_{01}/℃	热电偶TC2-1的温度T_{02}/℃	向火面玻璃的最大温度差$\Delta T_{max,1}$/℃	向火面S1面与S2面中心点温度差$T_{01}-T_{02}$/℃	向火面S1面与S2面中心点平均温度差/℃
E01	153.5	53.8	134.5	99.7	106.8
E02	164.9	55.6	126.1	109.3	
E03	183.9	87.8	165.7	96.1	
E04	174.6	52.5	125.4	122.1	
E05	126.6	67.5	114.7	59.1	91.9
E06	196.4	60.5	160.1	135.9	
E07	209.9	125.5	127.5	84.4	
E08	192.5	104.4	112.2	88.1	
E09	212.5	81.2	126.5	131.3	93.4
E10	136.8	73.7	82.5	63.1	
E11	128	42.3	96.2	85.7	

表 5.9　三种遮蔽方式下 6A 中空玻璃背火面玻璃首次破裂时的部分参数

编号	TC3-1 的温度 T_{03}/℃	背火面中心点 TC4-1 的温度 T_{04}/℃	S3 面与背火面 S4 面中心点温度差 $T_{01}-T_{02}$/℃	S3 面与背火面 S4 面中心点平均温度差/℃
E01	176.1	111.9	64.2	99.3
E02	223.3	109.2	114.1	
E03	—	—	—	
E04	252.7	133.2	119.5	
E05	188.1	125.1	63	63.6
E06	—	—	—	
E07	225.6	155.1	70.5	
E08	207.5	150.3	57.2	
E09	—	—	—	111.8
E10	222.6	137.9	84.7	
E11	352.5	213.7	138.8	

注：表格中符号“—”表示该组实验中背火面玻璃未破裂。

9A 和 12A 中空玻璃的破裂参数见表 5.10 和表 5.11。从表中可以看出，四边遮蔽工况中首次破裂的起裂位置可能出现在遮蔽区域的任一边上，上下水平遮蔽工况中首次破裂的起裂位置只会出现在被遮蔽的上下边上，左右垂直遮蔽时只会出现在被遮蔽的左右垂直边上，即首次破裂的起裂点位置均位于被遮蔽边上，这一结论与 6A 中空玻璃相同。而且向火面玻璃和背火面玻璃的首次破裂的起裂位置均位于[$-0.25L, 0.25L$]区域内，原因见上文，不再赘述。

表 5.10　9A 中空玻璃破裂参数

安装方式	实验编号	向火面玻璃破裂时间 t_e /s	向火面玻璃首次破裂起裂位置(被遮蔽处)	背火面玻璃首次破裂时间 t_b /s	背火面破裂首次破裂起裂位置	向火面脱落百分比/%	背火面脱落百分比/%	向火面玻璃首次破裂平均时间 $\overline{t_e}$ /s	背火面玻璃首次破裂平均时间 $\overline{t_b}$ /s
四边遮蔽	E12	108	下边 0.16L	322	左边 0.15L	54.5	0	101.75	474.5
	E13	105	上边中点	494	左边−0.07L	0.5	0		
	E14	116	左边−0.02L	674	右边−0.05L	0.1	0		
	E15	129	左边−0.23L	—	—	0	0		
	E16	78	左边中点	408	左边−0.07L	1.3	0		

续表

安装方式	实验编号	向火面玻璃破裂时间 t_e /s	向火面玻璃首次破裂起裂位置(被遮蔽处)	背火面玻璃首次破裂时间 t_b /s	背火面破裂首次破裂起裂位置	向火面脱落百分比/%	背火面脱落百分比/%	向火面玻璃首次破裂平均时间 $\overline{t_e}$ /s	背火面玻璃首次破裂平均时间 $\overline{t_b}$ /s
上下水平遮蔽	E17	81	上边 0.06*L*	606	左边–0.11*L*	0.1	1.0	105.3	476.3
	E18	135	上边 0.07*L*	377	下边 0.13*L*	45.4	0		
	E19	100	上边–0.05*L*	446	左边 0.12*L*	75.3	65.9		
左右垂直遮蔽	E20	97	左边中点	492	右边 0.19*L*	0.4	3.0	137.7	506.3
	E21	142	右边 0.15*L*	467	右边 0.07*L*	94.1	0		
	E22	174	左边 0.12*L*	560	下边 0.11*L*	100	100		

注：表中对于起裂位置的“左边”、“右边”、“上边”和“下边”方向的确定原则是从背火面向火源一侧观察时的方位；“—”表示背火面玻璃未破裂，无相关数据。

对于 9A 中空玻璃，对比三种安装方式下向火面玻璃和背火面玻璃的首次破裂时间和脱落百分比，发现尽管四边遮蔽条件下向火面玻璃平均破裂时间最短，但这种安装方式下的向火面和背火面玻璃脱落百分比比另外两种遮蔽方式都低，这一规律同样适用于 12A 中空玻璃。这与 6A 中空玻璃的情况是相同的。因此，与另外两种遮蔽方式相比，四边遮蔽条件下中空玻璃破裂后脱落比例最小，火灾中可以减少通风口的形成，减慢火势蔓延，利于人员逃生。

对比表 5.10 和表 5.11 中上下水平遮蔽与左右垂直遮蔽的脱落百分比可以发现，上下水平遮蔽方式下的中空玻璃向火面玻璃和背火面玻璃的脱落百分比均比左右垂直遮蔽方式下的脱落百分比更低。

由于受到向火面玻璃破裂及脱落的影响，背火面玻璃的破裂时间不具有明显的规律性。

表 5.11　12A 中空玻璃破裂参数

安装方式	实验编号	向火面玻璃首次破裂时间 t_e/s	向火面玻璃首次破裂起裂位置(被遮蔽处)	背火面玻璃首次破裂时间 t_b/s	背火面玻璃首次破裂起裂位置	向火面脱落百分比/%	背火面脱落百分比/%	向火面玻璃首次破裂平均时间 $\overline{t_e}$ /s	背火面玻璃首次破裂平均时间 $\overline{t_b}$ /s
四边遮蔽	E23	88	左边 0.05*L*	568	右边中点	0	0	103.5	525.75
	E24	102	下边–0.23*L*	622	左边 0.12*L*	0	0		
	E25	110	上边–0.18*L*	475	左边 0.14*L*	3.3	0		
	E26	114	左边 0.19*L*	438	右边 0.14*L*	0	0		

续表

安装方式	实验编号	向火面玻璃首次破裂时间 t_e/s	向火面玻璃首次破裂起裂位置(被遮蔽处)	背火面玻璃首次破裂时间 t_b/s	背火面玻璃首次破裂起裂位置	向火面脱落百分比/%	背火面脱落百分比/%	向火面玻璃首次破裂平均时间 $\overline{t_e}$/s	背火面玻璃首次破裂平均时间 $\overline{t_b}$/s
上下水平遮蔽	E27	113	下边–0.12*L*	315	下边–0.22*L*	98.1	29.0	124.3	406
	E28	126	上边 0.11*L*	446	上边中点	40.3	0		
	E29	134	下边–0.13*L*	457	左边 0.09*L*	93.1	50.0		
左右垂直遮蔽	E30	105	左边–0.07*L*	523	上边–0.17*L*	90.4	56.2	124.7	510.3
	E31	153	左边 0.13*L*	478	左边 0.05*L*	100	100		
	E32	116	左边 0.09*L*	530	左边–0.05*L*	25.1	0		

注：表中对于起裂位置的“左边”、“右边”、“上边”和“下边”方向的确定原则是从背火面向火源一侧观察时的方位。

5.3　空气夹层厚度的影响

本节将对空气夹层厚度对中空玻璃热响应的影响进行研究。通过对向火面玻璃和背火面玻璃首次破裂时间、脱落百分比等方面进行对比分析，探究遮蔽方式对脱落的影响。并通过讨论何种安装方式下的玻璃具有更长的耐火时间及较小的脱落比例等，对不同安装方式下中空玻璃厚度的选择进行分析。

5.3.1　四边遮蔽工况下中空玻璃的热响应

1. 首次破裂时间

四边遮蔽工况下三种不同空气夹层厚度的中空玻璃破裂时间情况见表 5.12。从表中可以看出，三种不同空气夹层厚度中空玻璃的向火面玻璃首次破裂时间如果较长，那么背火面玻璃首次破裂时间就会相应地延后，且向火面玻璃首次破裂时间达到一定程度时，就不一定能够导致背火面玻璃发生破裂，如 E03 和 E15 这两组实验。表 5.12 还列举了背火面玻璃首次破裂平均时间，可以对背火面玻璃破裂时间有直观的认识。通过分别对比每组实验中的背火面玻璃首次破裂时间与背火面玻璃首次破裂平均时间，发现数据的方差很大，即平均时间在此时不能很好地体现耐火性能的优劣。四边遮蔽工况下的 12A 中空玻璃背火面玻璃首次破裂平均破裂时间为 526s，高于 6A 中空玻璃的背火面玻璃首次破裂时间 495s 和 9A 中空玻璃 475s，但这三种不同空气夹层厚度的中空玻璃背火面玻璃首次破裂时间没有表现出与空气夹层厚度有关的明显规律。

表 5.12　四边遮蔽工况下三种不同空气夹层厚度中空玻璃破裂时间参数

中空玻璃类型	实验编号	向火面玻璃首次破裂时间 t_e/s	背火面玻璃首次破裂时间 t_b/s	向火面脱落百分比/%	背火面脱落百分比/%	向火面玻璃首次破裂平均时间 $\overline{t}_{fe}$/s	背火面玻璃首次破裂平均时间 $\overline{t}_{fb}$/s	$\overline{t}_{fb}-\overline{t}_{fe}$/s
6A	E01	96	617	0	0	91	495	404
6A	E02	75	366	0	0			
6A	E03	113	—	0	0			
6A	E04	80	501	0	0			
9A	E12	108	322	54.5	0	107	475	368
9A	E13	105	494	0.5	0			
9A	E14	116	674	0.1	0			
9A	E15	129	—	0	0			
9A	E16	78	408	1.3	0			
12A	E23	88	568	0	0	104	526	422
12A	E24	102	622	0	0			
12A	E25	110	475	3.3	0			
12A	E26	114	438	0	0			

注：表格中符号“—”表示该组实验中背火面玻璃未破裂；最后两列中的部分数据是在排除掉背火面玻璃未破裂的实验组后计算得出的；$\overline{t}_{fb}-\overline{t}_{fe}$ 表示背火面玻璃首次破裂平均时间与向火面玻璃首次破裂平均时间的差值。

为避免由火源导致的向火面玻璃首次破裂时间不一致问题，引入 $\overline{t}_{fb}-\overline{t}_{fe}$。$\overline{t}_{fb}-\overline{t}_{fe}$ 表示背火面玻璃首次破裂平均时间与向火面玻璃首次破裂平均时间的差，即从向火面玻璃首次破裂的那一刻起，到背火面玻璃首次破裂那一刻结束，由来自火源的热辐射、内部空气夹层的热交换与热对流的综合作用使背火面玻璃破裂所需的时间。原则上该差值越大，表示耐火性能越好。从表 5.12 中可以看出，12A 中空玻璃的 $\overline{t}_{fb}-\overline{t}_{fe}$ 为 422s，大于 6A 中空玻璃的 404s 和 9A 中空玻璃的 368s。中空玻璃的失效程度是以背火面玻璃破裂并脱落即形成的新的通风口的大小来判定的，那么耐火性能的好坏就要根据背火面玻璃破裂并脱落的时间来判断。所以综合以上分析可知，在四边遮蔽工况下，12A 中空玻璃比 6A 和 9A 中空玻璃具有更优秀的耐火性能。

2. 脱落面积

四边遮蔽工况下三种不同空气夹层厚度中空玻璃向火面和背火面脱落情况也见表 5.12。从表格中的统计数据可以看出，在四边遮蔽工况下，6A、9A 和 12A 中空玻璃的背火面玻璃均没有脱落情况发生，而向火面玻璃除 6A 中空玻璃未有任何脱落情况发生外，其余的 9A 和 12A 中空玻璃的向火面则有几组实验出现了小面积脱落(E12、E13、E14、E16 和 E25)。相比于 6A 中空玻璃的各实验组未发生任何脱落现象，五组 9A 中空玻璃虽有四组均有脱落，但其中三组的脱落百分比仅为 0.5%(E13)、0.1%(E14)和 1.3%(E16)，该脱落比例相比于整块玻璃，脱落的面积可以忽略不计。但 E12 组实验，9A 中空玻璃的向火面脱落百分比为 54.5%，占据向火面玻璃面积的一半以上。该组中空玻璃向火面首次破裂后的裂纹扩展和交汇致使远离玻璃框架的位置上出现“孤岛”，该“孤岛”处玻璃碎片比较容易发生脱落，如图 5.18 所示。随后新形成的玻璃碎片由于缺少四周玻璃碎片给予的约束，变得更易脱落。同样，四组 12A 中空玻璃中也仅一组有脱落现象发生，且脱落百分比仅为 3.3%，相对于整块玻璃面板，脱落面积较小，脱落区域未对整片玻璃的耐火性能产生明显的影响。

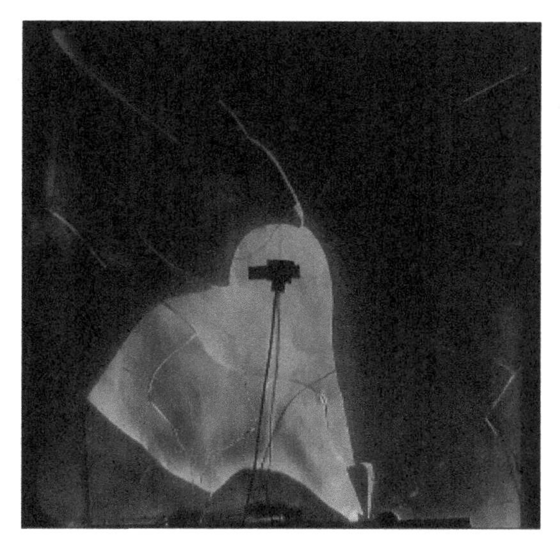

图 5.18 9A 中空玻璃首次破裂后初期裂纹及玻璃碎片脱落情况

四边遮蔽工况下由于框架约束牢固，中空玻璃即使破裂也能够保持很好的完整性，由空气夹层厚度的差异带来的脱落百分比没有明显的差距。此时，中空玻璃空气夹层厚度越大，从向火面到背火面热量的传递需要的时间越长，耐火性能就越好。综合 5.3.1 节的分析结果，得到如下结论：遮蔽方式若为四边遮蔽，12A 中空玻璃因为具有比 6A 和 9A 中空玻璃更长的耐火时间和更小的脱落百分比，是耐火性能最佳的安装方式。

5.3.2 上下水平遮蔽工况下中空玻璃的热响应

1. 首次破裂时间

上下水平遮蔽工况下三种不同空气夹层厚度中空玻璃破裂时间见表 5.13。该系列实验中也出现了当向火面玻璃首次破裂时间较长时，背火面玻璃首次破裂时间的相应延长，且向火面玻璃首次破裂时间达到一定程度时，不能造成背火面玻璃破裂的现象。表 5.13 中列举了背火面玻璃首次破裂平均时间，但该组数据的方差较大，平均时间也不能很好地体现耐火性能的优劣。上下水平遮蔽工况下的 6A 中空玻璃背火面玻璃首次破裂平均时间为 524s，高于 9A 中空玻璃的背火面玻璃首次破裂时间 476s 和 9A 中空玻璃 406s。因此，随着中空玻璃内部空气夹层厚度的增加，背火面玻璃破裂时间逐渐缩短。

这里同样引入表示背火面玻璃首次破裂平均时间与向火面玻璃首次破裂平均时间的差为 $\overline{t}_{hb}-\overline{t}_{he}$。从表 5.13 中可以看出，6A 中空玻璃的 $\overline{t}_{hb}-\overline{t}_{he}$ 为 373s，大于 9A 中空玻璃的 371s 和 12A 中空玻璃的 282s。综合以上分析可知，在上下水平遮蔽工况下，6A 中空玻璃具有比 9A 和 12A 中空玻璃更好的耐火性能。

表 5.13　上下水平遮蔽工况下三种空气夹层厚度中空玻璃破裂时间参数

中空玻璃类型	实验编号	向火面玻璃首次破裂时间 t_e/s	背火面玻璃首次破裂时间 t_b/s	向火面脱落百分比/%	背火面脱落百分比/%	向火面玻璃首次破裂平均时间 $\overline{t}_{he}$/s	背火面玻璃首次破裂平均时间 $\overline{t}_{hb}$/s	$\overline{t}_{hb}-\overline{t}_{he}$/s
6A	E05	115	435	0	0	151	524	373
6A	E06	184	—	0	0			
6A	E07	157	586	0.8	0			
6A	E08	147	550	49.1	25.8			
9A	E17	81	606	0.1	1.0	105	476	371
9A	E18	135	377	45.4	0			
9A	E19	100	446	75.3	65.9			
12A	E27	113	315	98.1	29.0	124	406	282
12A	E28	126	446	40.3	0			
12A	E29	134	457	93.1	50.0			

注：表格中符号“—”表示该组实验中背火面玻璃未破裂；表中最后两列中的部分数据是在排除掉背火面玻璃未破裂的实验组后计算得出的；$\overline{t}_{hb}-\overline{t}_{he}$ 表示背火面玻璃首次破裂平均时间与向火面玻璃首次破裂平均时间的差值。

2. 脱落面积

上下水平遮蔽工况下三种不同空气夹层厚度中空玻璃向火面和背火面脱落情况也如表 5.13 所示。从表格中的统计数据可以看出，在上下水平遮蔽工况下，6A、9A 和 12A 中空玻璃的向火面玻璃和背火面玻璃均有脱落情况发生。6A 中空玻璃仅有一组出现了向火面 49.1%和背火面 25.8%的较大脱落比例，其余重复实验均未出现较大面积的脱落。而9A和12A中空玻璃的向火面则有几组实验出现了大面积脱落(E18、E19、E27、E28和E29)，背火面玻璃也出现了大面积脱落(E19、E27和E29)。相比于6A中空玻璃的各实验组中背火面仅发生了一组脱落(脱落百分比为25.8%)的情况，三组9A中空玻璃E19组脱落较为严重(脱落百分比65.9%)，该脱落百分比占据了整块玻璃约2/3的面积。这样的脱落比例已经形成了很大的通风口，能够卷吸到足够的新鲜空气。得到充足的氧气补充后，若可燃物的量足够，将引起更大程度的火灾，更多的有毒烟气和玻璃碎片脱落以及高温对结构性能的削弱等都为人员逃生造成更大程度的阻碍和伤害。

出现这种结果的原因分析如下。此系列实验采用的中空玻璃遮蔽方式为上下水平遮蔽的安装方式。在这种安装方式下，着火初期，火源从周边卷吸而来的空气尚且能够满足需求时，火焰为标准形态。当火势逐渐增大，正常的火焰形态卷吸而来的空气满足不了燃烧时，火焰会偏向能够卷吸到更多空气的一边。注意到此时火焰已经偏离其竖直中心线，由于中空玻璃只在水平方向上、下各有一个横梁，这两个横梁起到遮蔽作用，避免火焰的直接作用，而左右垂直两边缺少框架的支承，暴露在已偏离其竖直中心线的火焰作用下。中空玻璃向火面和背火面两片玻璃之间采用的密封胶由于不耐高温，受高温氧化后燃烧并脱落，暴露出其在可燃性方面的严重缺陷。密封胶失效带来的是随着中空玻璃内部空气夹层厚度的增加(即从6～12mm的变化)，密封胶燃烧并脱落后形成的间隙，即向火面和背火面两片玻璃之间可活动范围的增加。一旦向火面玻璃破裂、再次破裂或者背火面玻璃破裂发生应力的释放时，玻璃碎片不能够更紧密地保持与其周边的玻璃碎片或框架的接触，更多的碎片将从框架上脱落，出现较大的脱落百分比。

随着中空玻璃内部空气夹层厚度的增加，背火面玻璃破裂时间逐渐缩短，这是由于偏离油盘中心线的火源会向玻璃的一侧倾斜，加速背火面玻璃的破裂；随着中空玻璃内部空气夹层厚度的增加，两片玻璃间的距离越大，破裂后形成的玻璃“孤岛”碎片重心处的弯矩越大，更易脱落。综合5.3.2节的分析结果，可得如下结论：遮蔽方式若为上下水平遮蔽，6A中空玻璃因为具有比9A和12A中空玻璃更长的耐火时间和更小的脱落百分比，是耐火性能最佳的安装方式。

5.3.3 左右垂直遮蔽工况下中空玻璃的热响应

1. 首次破裂时间

左右垂直遮蔽工况下三种不同空气夹层厚度中空玻璃破裂时间情况见表5.14。左右垂直遮蔽工况下的12A中空玻璃背火面玻璃首次破裂平均时间为510s，高于6A中空玻璃的背火面玻璃首次破裂平均时间为422s和9A中空玻璃506s。因此，随着中空玻璃内部空气夹层厚度的增加，背火面玻璃破裂时间逐渐增加。

表 5.14 左右垂直遮蔽工况下三种不同空气夹层厚度中空玻璃破裂时间参数

中空玻璃类型	实验编号	向火面玻璃首次破裂时间 t_e/s	背火面玻璃首次破裂时间 t_b/s	向火面脱落百分比/%	背火面脱落百分比/%	向火面玻璃首次破裂平均时间 $\bar{t}_{ve}$/s	背火面玻璃首次破裂平均时间 $\bar{t}_{vb}$/s	$\bar{t}_{vb}-\bar{t}_{ve}$/s
6A	E09	125	—	0	0			
6A	E10	62	476	94.0	9.4	99	422	323
6A	E11	109	367	55.4	96.6			
9A	E20	97	492	0.4	3.0			
9A	E21	142	467	94.1	0	138	506	368
9A	E22	174	560	100	100			
12A	E30	105	523	90.4	56.2			
12A	E31	153	478	100	100	125	510	385
12A	E32	116	530	25.1	0			

注：表格中符号“—”表示该组实验中背火面玻璃未破裂；表中最后两列中的部分数据是在排除掉背火面玻璃未破裂的实验组后计算得出的；$\bar{t}_{vb}-\bar{t}_{ve}$ 表示背火面玻璃首次破裂平均时间与向火面玻璃首次破裂平均时间的差值。

这里同样引入表示背火面玻璃首次破裂平均时间与向火面玻璃首次破裂平均时间的差 $\bar{t}_{vb}-\bar{t}_{ve}$。从表 5.14 中可以看出，12A 中空玻璃的 $\bar{t}_{vb}-\bar{t}_{ve}$ 为 385s，大于 6A 中空玻璃的 323s 和 9A 中空玻璃的 368s。因此，就背火面玻璃首次破裂时间和背火面玻璃首次破裂与向火面玻璃首次破裂的时间差而言，在左右垂直遮蔽工况下，12A 中空玻璃具有比 6A 和 9A 中空玻璃更优秀的耐火性能。

2. 脱落面积

左右垂直遮蔽工况下三种不同空气夹层厚度中空玻璃向火面和背火面脱落情况也见表 5.14。从表格中的统计数据可以看出，在左右垂直遮蔽工况下，6A、9A 和 12A 中空玻璃的向火面玻璃和背火面玻璃均有大面积脱落现象发生，如实验 E10、E11、E21、E22、E30、E31 和 E32 的向火面玻璃出现了较大面积的脱落，实验 E11、E22、E30 和 E31 的背火面玻璃出现较大面积的脱落，甚至出现了实验 E22 和 E31 中向火面玻璃和背火面玻璃全部脱落(脱落百分比均为 100%)的情况。比较各实验组的脱落百分比可知，三种不同空气夹层厚度中空玻璃的背火面玻璃脱落比例没有明显的差距。

出现这种结果的原因分析如下。这系列实验采用的中空玻璃遮蔽方式为左右垂直遮蔽的安装方式，在这种安装方式下，中空玻璃只在竖直方向左、右各有一个边框，这两个边框起到遮蔽作用，避免火焰对中空玻璃左右两边直接作用。但实验框架上的中空玻璃的上下两个边就直接暴露在火源的直接作用下。中空玻璃密封胶在受到火源的热辐射作用燃烧并脱落后，中空玻璃的向火面玻璃和背火面玻璃一旦破裂，会有自然向下脱落的趋势。而此时采用的遮蔽方式并不能在中空玻璃的重力方向上提供一定的支承和约束作用，所以一旦破裂就会出现大面积脱落的现象，此时空气夹层的厚度差异造成的脱落百分比的变化并不显著。

左右遮蔽安装方式下，中空玻璃缺少重力方向的框架约束，一旦破裂很容易脱落，此时空气夹层厚度差异导致的脱落百分比没有明显差距，但空气夹层厚度越大，传热越慢，背火面玻璃破裂时间越长，耐火性能越好。综合 5.3.3 节的分析结果，可得如下结论：12A 中空玻璃的耐火时间比 6A 和 9A 中空玻璃更长，因此对于 12A 中空玻璃，左右垂直遮蔽是耐火性能最佳的安装方式。

5.4 玻璃厚度的影响

在玻璃厚度因素的研究实验中，按照国家标准选取五种不同厚度的浮法玻璃，厚度分别为 4mm、6mm、10mm、12mm 和 19mm。实验中的其他工况固定不变：玻璃的平面大小为 600mm×600mm；玻璃的边缘通过两侧 4mm 厚的石膏浆固定在铝质边框内；铝质边框的宽度为 20mm；铝质边框的厚度为 0.7mm；热辐射源的升温速率分为两个阶段：首先以 15℃/min 的速率升温至 600℃，然后在 600℃维持 20min。因为每次实验时间较长，实验工作量较大，所以每个平行实验重复一次，如果两次实验结果偏差较大，再重复一次，选取其中两次结果较为相近的数据。表 5.15 列出了浮法玻璃厚度因素研究的实验工况。

表 5.15 浮法玻璃厚度因素实验工况表

序号	玻璃厚度/mm	辐射源升温速率	遮蔽表面宽度/mm	玻璃平面大小/mm×mm
EX.1	4	15℃/min 升温至600℃，恒温 20min	20	600×600
EX.2	4		20	600×600
EX.3	6	15℃/min 升温至600℃，恒温 20min	20	600×600
EX.4	6		20	600×600
EX.5	10	15℃/min 升温至600℃，恒温 20min	20	600×600
EX.6	10		20	600×600
EX.7	12	15℃/min 升温至600℃，恒温 20min	20	600×600
EX.8	12		20	600×600
EX.9	19	15℃/min 升温至600℃，恒温 20min	20	600×600
EX.10	19		20	600×600

实验中通过热电偶、数据采集仪、摄影机等仪器设备采集温度、玻璃破裂位置、玻璃破裂时间等参数。按照设置的实验工况，分别对五种不同厚度的浮法玻璃开展实验。实验中测得玻璃表面(向火面和背火面)的暴露表面温度、遮蔽表面温度、玻璃中心点温度、玻璃的破裂时间、玻璃的起裂位置等参数。

1. 玻璃表面温度

由于玻璃表面和厚度方向上的温度梯度所带来的热应力是玻璃破裂的主要原因，所以玻璃表面各个典型位置的温度是研究热荷载作用下玻璃破裂需要测量的参量之一。其他研究结果表明，玻璃表面的最大温度梯度一般位于玻璃边框遮蔽面和附近暴露面之间，因此本实验测量的玻璃表面温度主要分布在边框遮蔽面和附近暴露面以及玻璃表面中心点处，如图 5.19 所示。

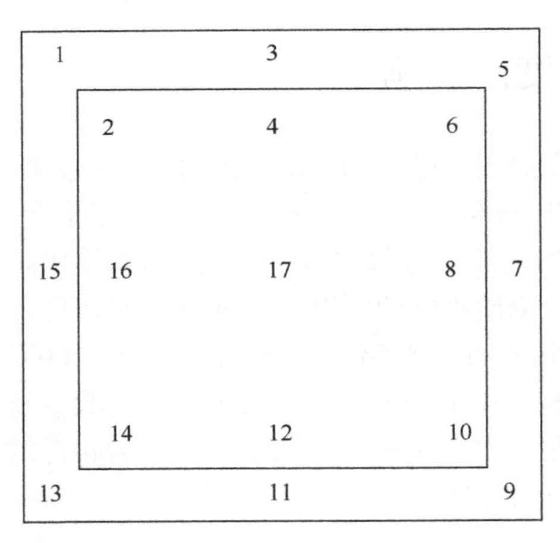

(a) 向火面

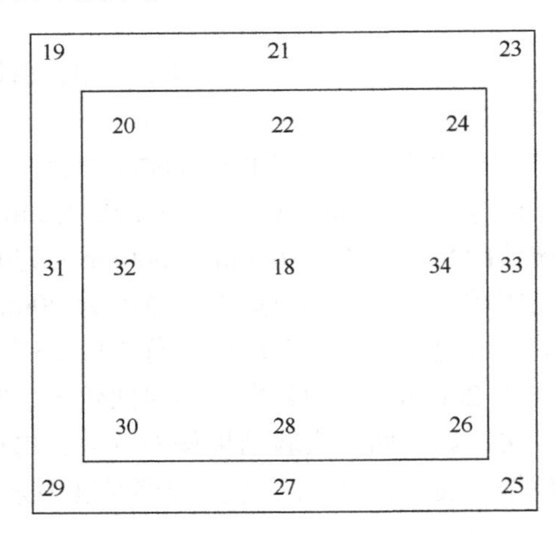

(b) 背火面

图 5.19　玻璃表面热电偶分布图

图 5.20～图 5.24 是热荷载作用下五种不同厚度玻璃表面温度随时间的变化图。从图中可以看出，玻璃向火面暴露区温度高于暴露面遮蔽区，这是由于热辐射源中心与玻璃中心处于同一水平面上，玻璃向火面暴露区的温升直接来源于热辐射源的辐射传热，而遮蔽区玻璃的温升则来源于玻璃边框和暴露区玻璃的热传导。除了图 5.22 和 5.23 这两组实验向火面中心点温度略高于向火面暴露区上部分的温度，其他三组实验中心点温度与暴露区上部分的温度几乎重合；所有图显示玻璃背火面遮蔽区上边缘的温度高于背火面其他位置。理论上，除热辐射源的辐射传热之外，热辐射源会加热腔室内的气体，由于对流作用，腔室内上层气体的温度会略高于下层气体，致使向火面暴露区上部分的温度较中心点高。由于背火面暴露区向周围相对较冷空气的辐射传热和对流换热，而背火面遮蔽区近似绝

热，致使玻璃背火面上边缘遮蔽区的温度高于背火面其他位置。在本组实验中，可能由于实验的偶然性因素导致部分实验中暴露区中心点温度略高于其他测量点温度的现象。

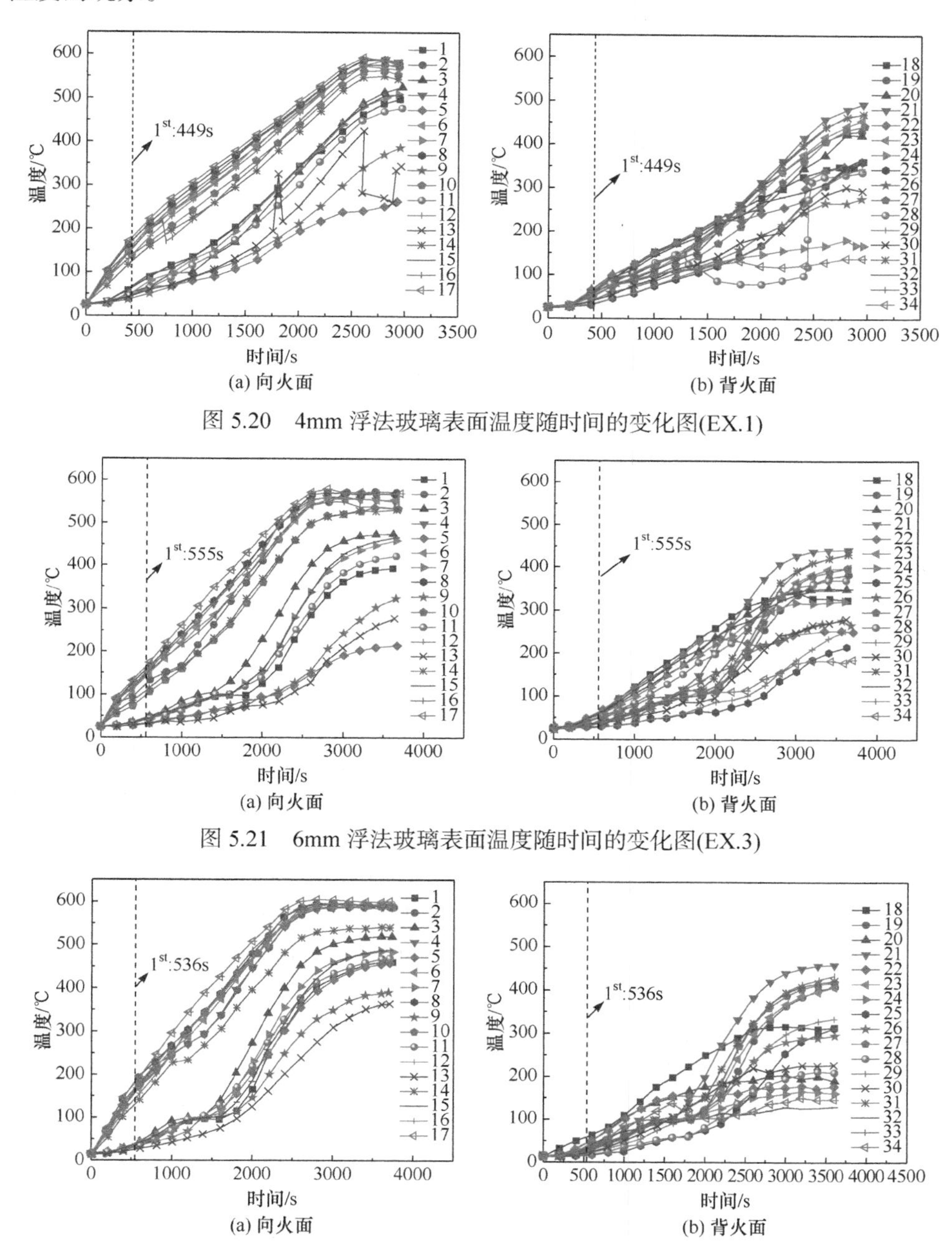

图 5.20　4mm 浮法玻璃表面温度随时间的变化图(EX.1)

图 5.21　6mm 浮法玻璃表面温度随时间的变化图(EX.3)

图 5.22　10mm 浮法玻璃表面温度随时间的变化图(EX.6)

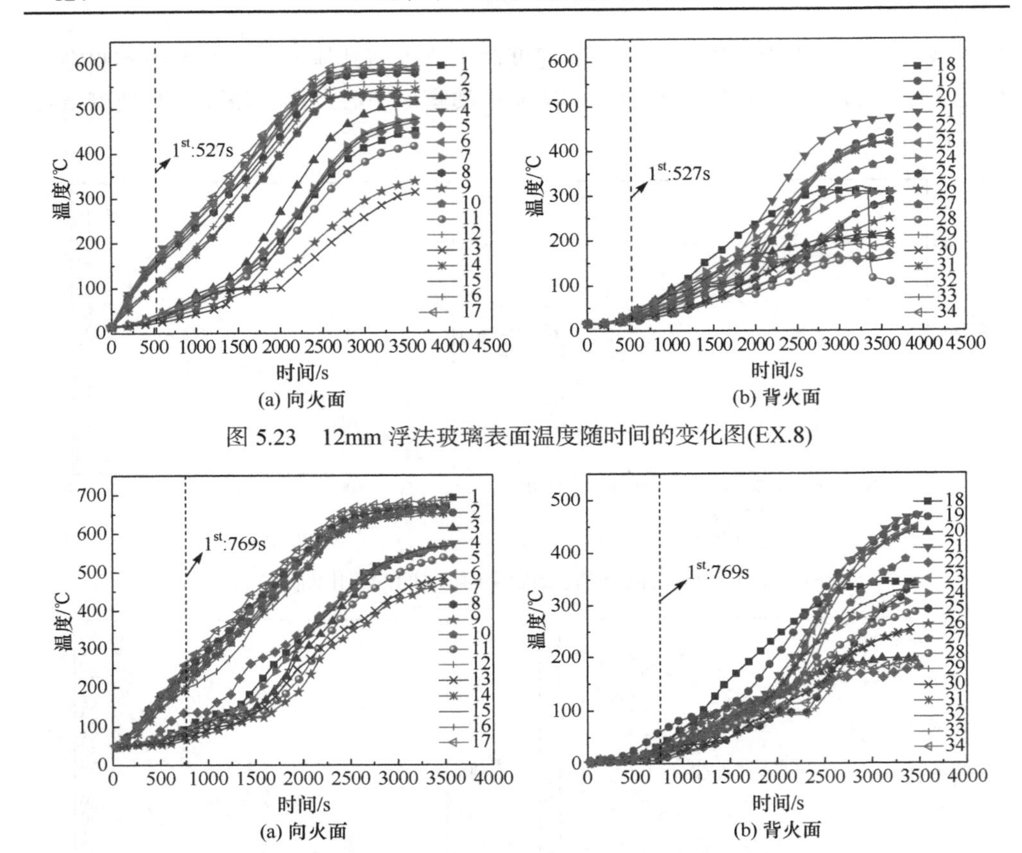

图 5.23　12mm 浮法玻璃表面温度随时间的变化图(EX.8)

图 5.24　19mm 浮法玻璃表面温度随时间的变化图(EX.10)

图 5.20(a)～图 5.24(a)分别是五种不同厚度的玻璃向火面典型位置处的温度曲线。从图中可以看出，向火面温度可分为两类：一类温度增长速率较高，最终能够达到或接近 600℃，这类是玻璃向火面典型位置处暴露点温度，如温度曲线 2、4、6、8、10 等，直接接受热辐射源的辐射加热。另一类温度增长速率较低，一般在实验结束时难以达到 600℃，它们是玻璃向火面典型位置处遮蔽点的温度，如温度曲线 1、3、5、7、9 等，这类点通过暴露表面的热传导和遮蔽边框的热传导来实现温度的不断升高，在同一时刻温度均低于同一位置处暴露点的温度。图 5.20(b)～图 5.24(b)分别是五种不同厚度的玻璃背火面典型位置处的温度曲线。从图中可以看出，背火面温度分层并不是非常明显，也就是说玻璃背火面典型位置处的遮蔽表面温度相差不大，这主要是因为，对同一典型位置来说，背火面无论是暴露点还是遮蔽点的温度升高均是由玻璃向火面该位置处的热传导所引起的，而热辐射源所产生的热辐射对于玻璃的背火面影响较小。

从图 5.20～图 5.24 中还可以得出，五种不同厚度浮法玻璃的首次破裂时间分别为 449s、555s、536s、527s、769s，在玻璃首次破裂时玻璃向火面中心点的温度分别是 184.4℃、161.2℃、181.9℃、163.8℃和 236.9℃，背火面中心点的温度分别是 68.1℃、60.6℃、60.3℃、38.1℃和 42.5℃。不同厚度的浮法玻璃破裂时间分布在 449～769s，首次破裂玻璃表面中心点温度分布在 161.2～236.9℃，首次破裂时背火面中心点的温度分布在 38.1～68.1℃。从上述数据可以看出玻璃的厚度对玻璃破裂有非常重要的影响。随着玻璃厚度的增加，破裂时向火面温度有上升的趋势，背火面中心点的温度有下降的趋势，主要是因为玻璃向火面各暴露表面位置处(包括中心点)的温度由热辐射源直接加热所致，随设定的温度升高而升高，而背火面各位置处温度的升高主要来源于向火面的热传导，玻璃越厚，同一位置从玻璃向火面传向背火面所需时间越长，且热量更少。

2. 玻璃首次破裂位置及表面温度差

在热荷载作用下，随着热源的持续加热，玻璃表面的温度将会不断升高。由于玻璃的厚度、遮蔽边框等因素的影响，玻璃表面上温度分布不均匀。当玻璃表面局部温度差达到一定程度时，温度差所带来的表面应力将会超过玻璃表面局部所能承受的应力，玻璃就会破裂。因此，观测玻璃的首次破裂位置和计算玻璃首次破裂时的表面温度差是热荷载作用下研究玻璃破裂需要开展的工作之一。

实验中玻璃表面典型位置 A～H 如图 5.25 所示。中心点温度差ΔT_c表示向火面和背火面两表面中心点温度之差。图 5.26～图 5.30 分别是五种厚度浮法玻璃首次破裂位置及表面温度差随时间的变化示意图。图 5.26 表示浮法玻璃的厚度为 4mm 时，玻璃首次破裂时间为 449s，首次破裂位于 B 点，中心点温度差 ΔT_c 及向火面中心点到 B 点的温度差分别为 116.3℃和 136.0℃。图 5.27 表示浮法玻璃的厚度为 6mm 时，玻璃首次破裂时间为 555s 时，首次破裂位置为 B 点，中心点温度差 ΔT_c 及向火面中心点到 B 点的温度差分别为 100.6℃和 118.9℃。图 5.28 表示浮法玻璃厚度为 10mm 时，玻璃首次破裂时间为 536s，首次破裂位置为 B，中心点温度差 ΔT_c 及向火面中心点到 B 点的温度差分别为 121.6℃和 149.9℃。图 5.29 表示浮法玻璃厚度为 12mm 时，玻璃首次破裂的时间为 527s，首次破裂位置为 B，中心点温度差 ΔT_c 及向火面中心点到 B 点的温度差分别为 125.7℃和 132.2℃。图 5.30 表示玻璃厚度为 19mm 时，玻璃首次破裂时间为 769s，首次破裂的位置位于 B 点，中心点温度差 ΔT_c 为 205.0℃，向火面中心点到 B 点的温度差为 223.9℃。从图中可以看出，实验中首次破裂均发生在 B 点，这可能由于 B 点位于玻璃表面上部的中心点处，受到箱体内部热空气的加热，导致暴露表面温度升高较快，而遮蔽表面主要是受到暴露表面热传导作用，温度升高相对较慢，导致温度较高。

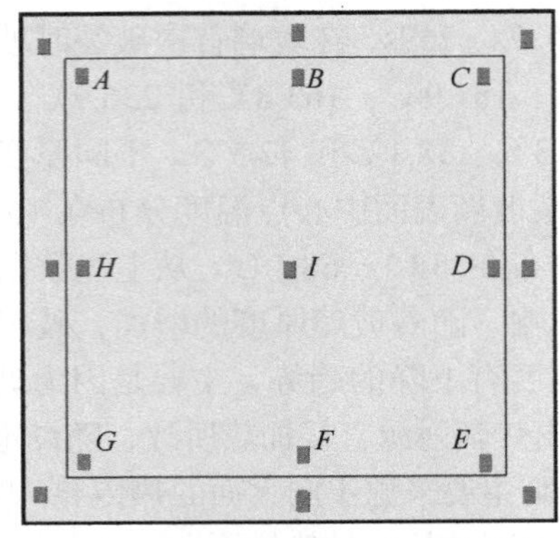

图 5.25　玻璃表面典型位置示意图

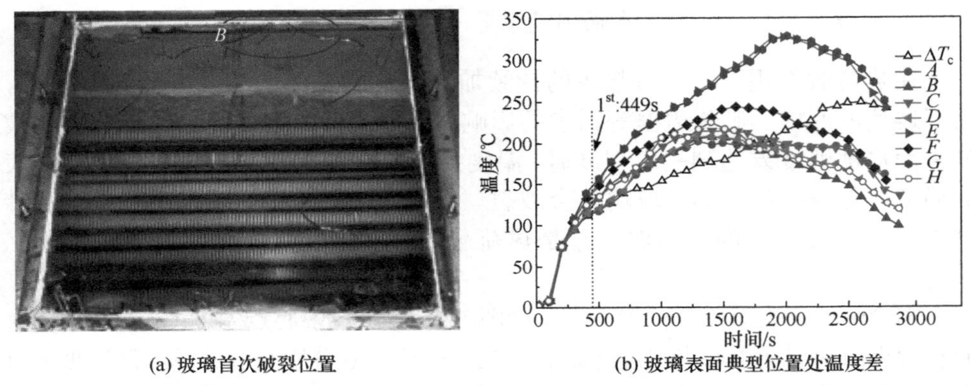

(a) 玻璃首次破裂位置　　(b) 玻璃表面典型位置处温度差

图 5.26　4mm 浮法玻璃首次破裂位置及玻璃表面典型位置处温度差(EX.1)

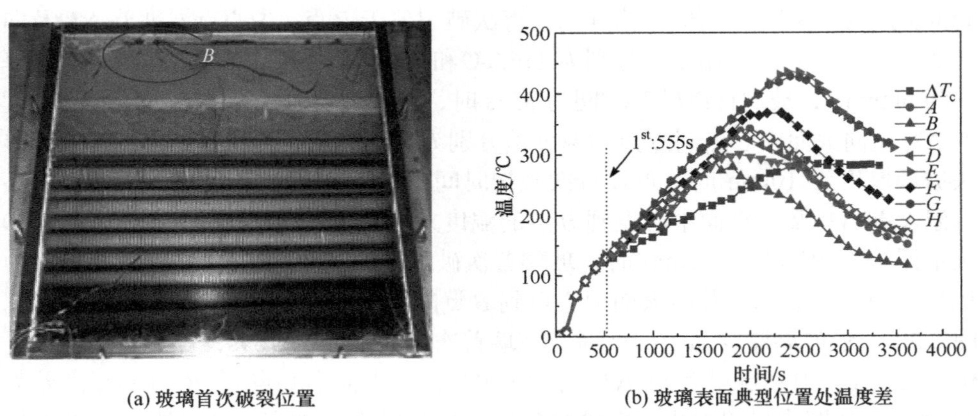

(a) 玻璃首次破裂位置　　(b) 玻璃表面典型位置处温度差

图 5.27　6mm 浮法玻璃首次破裂位置及玻璃表面典型位置处温度差(EX.3)

(a) 玻璃首次破裂位置

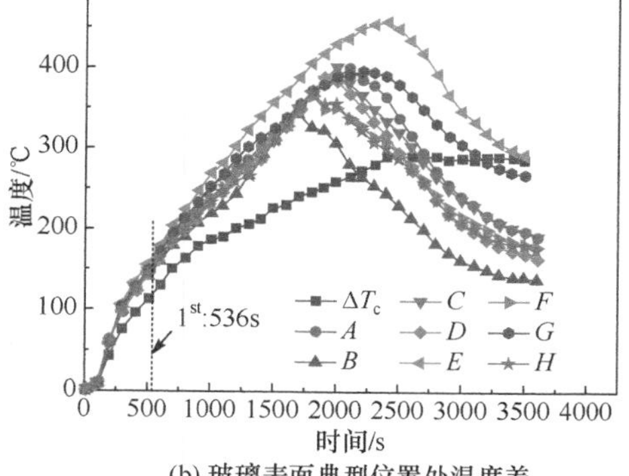

(b) 玻璃表面典型位置处温度差

图 5.28　10mm 浮法玻璃首次破裂位置及玻璃表面典型位置处温度差(EX.6)

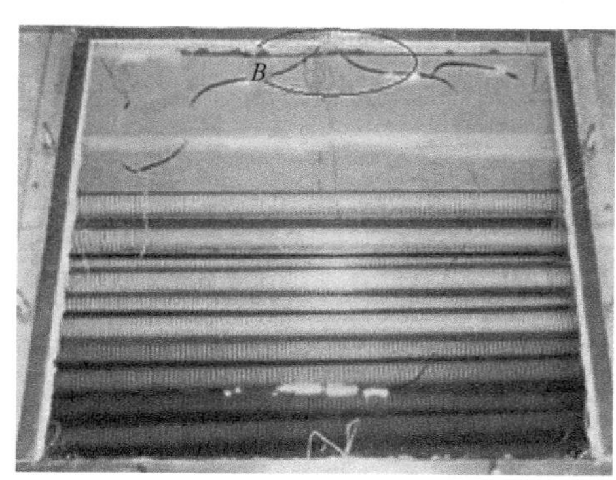

(a) 玻璃首次破裂位置

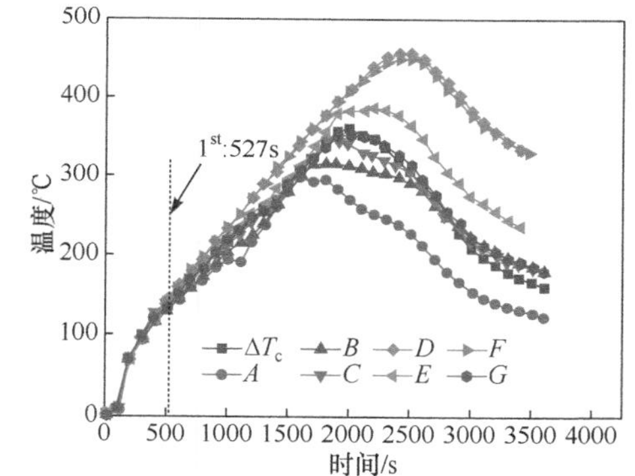

(b) 玻璃表面典型位置处温度差

图 5.29　12mm 浮法玻璃首次破裂位置及玻璃表面典型位置处温度差(EX.8)

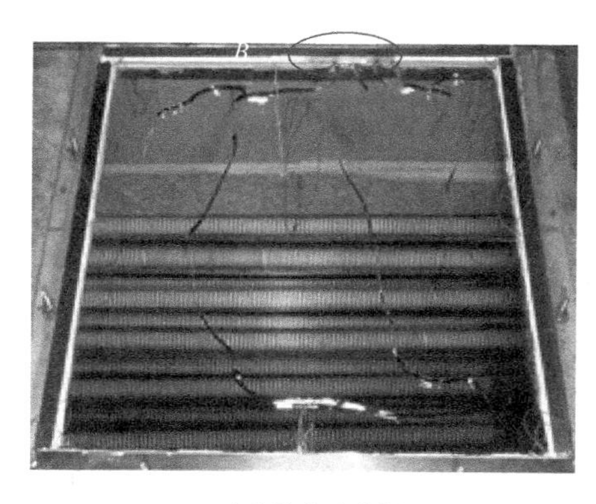

(a) 玻璃首次破裂位置

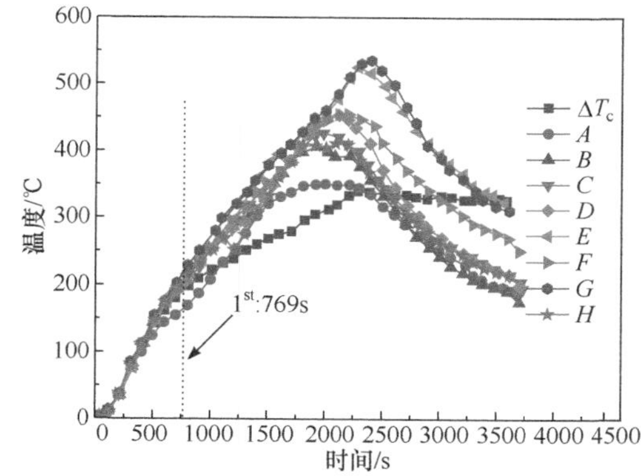

(b) 玻璃表面典型位置处温度差

图 5.30　19mm 浮法玻璃首次破裂位置及玻璃表面典型位置处温度差(EX.10)

3. 玻璃厚度对玻璃首次破裂参数的影响规律

表 5.16 中列出了浮法玻璃五种不同厚度下首次破裂时的一些表征参数，包括玻璃首次破裂时间、首次破裂时向火面和背火面中心点温度、首次破裂时两表面中心点之间的温度差、首次破裂位置、首次破裂时向火面中心点同破裂位置处背火面遮蔽点之间的平均温度差、首次破裂时热应力。从表中可以看出，不同厚度下玻璃首次破裂时间分布在 442～975s，首次破裂时向火面中心点温度分布在 161.2～251.9℃，背火面中心点温度分布在 38.1～68.1℃，首次破裂时两表面中心点之间温度差分布在 100.6～205.0℃，首次破裂时向火面中心点同破裂位置处背火面遮蔽点之间的平均温度差分布在 118.9～223.9℃，首次破裂时热应力分布在 63.62～119.81MPa。从这些主要参量分布的范围看，跨度较大，这种现象表明浮法玻璃的厚度因素对这些参量影响非常大。还可以看出，玻璃首次破裂时的位置主要发生在玻璃的上半部典型位置处，这个可能因为箱体内的空气被热源加热，上层空气温度相对较高，而导致玻璃暴露表面受到热空气的传热，致使该点与遮蔽处温度差较大。

表 5.16　不同厚度浮法玻璃首次破裂时的实验结果

序号	厚度/mm	时间/s	$T_{向}(17)$/℃	$T_{背}(18)$/℃	ΔT_c/℃	$\Delta \overline{T}$/ ℃	首次破裂位置	σ/MPa
EX.1	4	449	184.4	68.1	116.3	136.0	*B*	72.77
EX.2	4	442	173.1	68.1	105.0	136.3	*B*	72.93
EX.3	6	555	161.2	60.6	100.6	118.9	*B*	63.62
EX.4	6	590	182.5	66.3	116.2	135.8	*B*	72.67
EX.5	10	595	188.1	62.5	125.6	144.2	*A*	77.16
EX.6	10	536	181.9	60.3	121.6	149.9	*B*	80.21
EX.7	12	587	183.8	43.1	140.7	161.1	*A*、*G*	86.20
EX.8	12	527	163.8	38.1	125.7	132.2	*B*	70.74
EX.9	19	975	251.9	46.9	194.4	210.2	*G*、*H*	112.48
EX.10	19	769	236.9	42.5	205.0	223.9	*B*	119.81

注：$T_{向}$和 $T_{背}$分别是首次破裂时向火面中心点温度和背火面中心点温度；ΔT_c 是首次破裂时玻璃两表面中心点之间的温度差；$\Delta \overline{T}$ 是首次破裂时向火面中心点同破裂位置处背火面遮蔽点之间的平均温度差；σ 是首次破裂时的热应力，根据公式 $\sigma=E\beta\Delta T$ 进行计算[12-14]，E 是弹性模量，取为 7.3×10^{10}Pa，β 是线膨胀系数，取为 7.33×10^{-6}℃$^{-1}$。

对表 5.16 中同一厚度浮法玻璃的数据取平均值，作出玻璃首次破裂时间同玻璃厚度的关系图、首次破裂时表面温度和温度差同玻璃厚度的关系图、首次破裂玻璃表面温度和温度差的升温速率同玻璃厚度的关系图、玻璃首次破裂位置处热应力同玻璃厚度的关系图，如图 5.31～图 5.34 所示。

从图 5.31 中可以看出，玻璃首次破裂时间随着玻璃厚度增加呈增大的趋势，但是在玻璃厚度分别为 6mm、10mm、12mm 时，玻璃首次破裂时间变化不大。图 5.32 中 $T_{向}$和 $T_{背}$分别是玻璃首次破裂时向火面中心点温度和背火面中心点温度，ΔT_c是玻璃首次破裂时中心点向火面和背火面之间的温度差，$\Delta\overline{T}$ 是首次破裂时向火面中心点同破裂位置处背火面遮蔽点之间的平均温度差。随着厚度的增大，玻璃首次破裂时两表面中心点之间温度差和首次破裂时向火面中心点同破裂位置处背火面遮蔽点之间的平均温度差都增大。温度和温度差是时间和升温速率的函数，因此，为了进一步考察玻璃厚度对玻璃破裂温度和温度差的影响，本节还给出了玻璃厚度同玻璃表面首次破裂时实际升温速率之间的关系，如图 5.33 所示，其中玻璃表面首次破裂时升温速率为首次破裂时温度除以首次破裂时间。从图中可以看出，热辐射源的升温速率一致时，玻璃背火面中心点的升温速率随厚度增加逐步

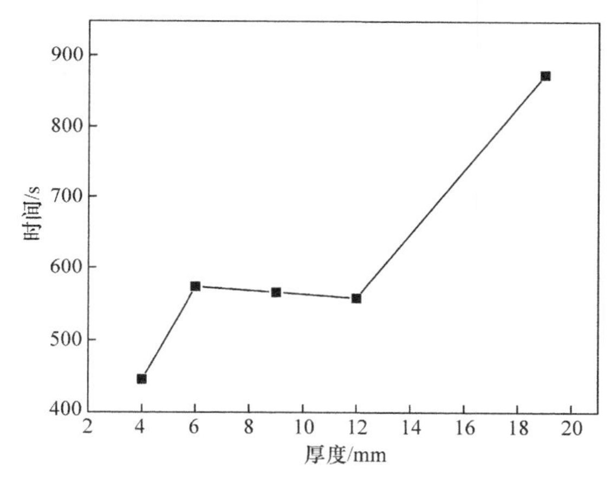

图 5.31　玻璃首次破裂时间与玻璃厚度的关系

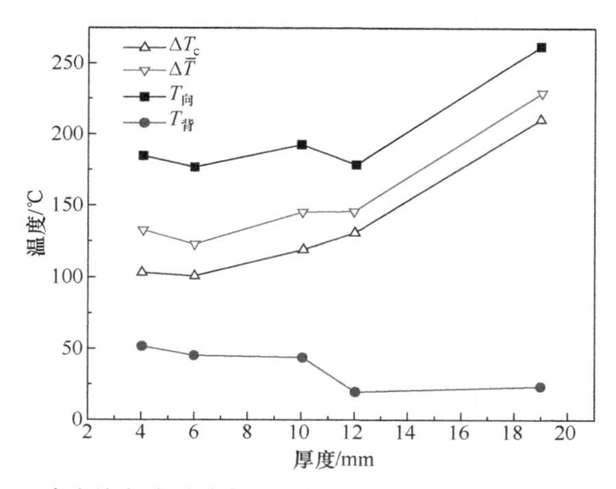

图 5.32　玻璃首次破裂时表面温度、温度差与玻璃厚度之间的关系

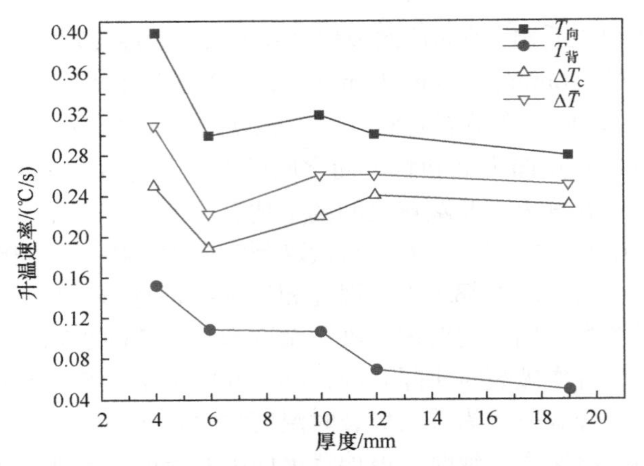

图 5.33　首次破裂时玻璃表面温度的升温速率和温度差的升温速率同玻璃厚度的关系

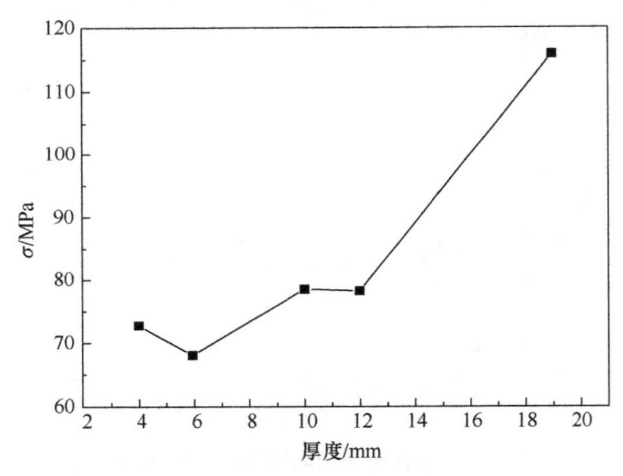

图 5.34　玻璃首次破裂位置处热应力同玻璃厚度的关系

降低，而向火面的中心点升温速率除 4mm 厚度的玻璃外，基本处于同一水平，这种现象表明玻璃厚度对玻璃背火面的升温速率有重要影响，而对向火面中心点的升温速率影响较小。在玻璃厚度为 4mm 时两个表面中心点升温速率和两种温度差的升温速率都较大，这说明玻璃厚度较薄时，玻璃厚度方向的热传导均较快，使得中心点升温速率和温度差升温速率都较大。图 5.34 显示的是玻璃首次破裂位置处热应力同玻璃厚度的关系。可以看出，随着厚度的增加，玻璃首次破裂位置处热应力增加。在厚度为 19mm 时，玻璃首次破裂时间、首次破裂时两种温度差、首次破裂位置处热应力都是最大的，说明厚度为 19mm 的浮法玻璃较难破裂，能够承受更高的温度。

综上所述，玻璃的厚度对玻璃首次破裂的参数影响较大，首次破裂时间随着厚度增加具有增大趋势，首次破裂时两表面中心点温度差、首次破裂时向火面中心点同破裂位置处背火面遮蔽点之间的平均温度差和首次破裂时的热应力随厚度增加而增大。

5.5　热辐射源升温速率的影响

5.5.1　浮法玻璃热破裂行为研究

浮法玻璃是采用浮法工艺生产的平板玻璃,与其他工艺生产的平板玻璃相比,浮法工艺生产的玻璃质量好，没有波筋，厚度均匀，平整度良好，在建筑物中应用十分广泛。本节选用的浮法玻璃有五种不同厚度：4mm、6mm、10mm、12mm和 19mm。

因为玻璃在生产和加工过程中难免存在一些缺陷，所以要研究浮法玻璃在实际热灾害情况下的破裂行为，实验则是必不可少的手段之一。其他学者围绕浮法玻璃做了很多实验，但是系统地研究影响玻璃热破裂的一些主要因素却比较少。针对玻璃热破裂因素显著性的研究成果(第 3 章)，本节主要针对浮法玻璃的厚度、热辐射源升温速率、遮蔽表面宽度三个因素对热荷载作用下玻璃的破裂进行研究。实验中通过热电偶测量玻璃表面各位置处的温度，同时用摄像机拍摄玻璃加热破裂的全过程。对于各个因素的影响性分析中，本节列出了实验工况，讨论实验得到的玻璃首次破裂温度、温度差、破裂时间和位置等结果，并对实验结果进行分析。

在前面的实验研究中，得出了影响玻璃热破裂行为的一些因素。其中，玻璃的厚度、玻璃边缘平整度、热辐射源升温速率、遮蔽表面宽度、玻璃平面大小等都被认为是影响玻璃热破裂行为的显著因素。选取单因素进行多水平实验研究，有利于更加深入地认识该因素对玻璃热破裂行为的影响规律[19]。

在影响玻璃热破裂行为的五个显著性因素中，玻璃边缘平整度因素只存在两种水平：磨边和不磨边。关于这个因素的实验在第 3 章中已经开展过。表 5.3 中列出了在 1 水平(磨边)工况下玻璃首次破裂平均温度差 $\Delta\overline{T}_1$ 为 141.6℃，而在 2 水平(不磨边)工况下玻璃首次破裂平均温度差 $\Delta\overline{T}_2$ 为 123.5℃。实验统计分析表明，玻璃边缘平整度因素是十分重要的影响因素，这就说明玻璃在磨边时比不磨边时首次破裂平均温度差要高，也就是磨边的玻璃更能耐受高温和热应力，因此在本章中不再针对玻璃边缘平整度开展实验。另外，由于玻璃平面大小其他研究较多，并且属于一般重要性因素，考虑到实验的实际工作量，本节也没开展相关方面的研究。因此，本节研究的主要显著性因素为玻璃厚度、热辐射源升温速率和遮蔽表面宽度。通过上述三个因素实验中的表面温度、温度差、破裂时间等参数分析，找出各因素对热荷载作用下浮法玻璃热破裂的影响规律。

热辐射源升温速率是影响玻璃热破裂的重要参数之一。实验中为了考察这一重要参数对玻璃热破裂的影响，通过固定其他实验工况，只改变热辐射源的升温速率，开展热辐射源在不同升温速率下对玻璃热破裂影响的实验。实验中，热辐射源通过控制仪表设定了两个加热阶段，分别为0～600℃升温阶段和600℃的恒温阶段。其中固定在600℃恒温阶段运行的时间为20min，而在0～600℃升温阶段，热辐射源在不同实验工况下设定不同的升温时间来控制热辐射源的升温速率，在该系列实验中该阶段的升温时间分别为120min、60min、40min、30min和24min，对应热辐射源的升温速率分别是5℃/min、10℃/min、15℃/min、20℃/min和25℃/min。

实验中除热辐射源升温速率变动外，其他工况均固定不变：玻璃的平面大小为600mm×600mm；玻璃厚度为6mm；玻璃边缘进行磨边处理；玻璃通过两侧4mm厚的石膏浆固定在铝质边框内；铝质边框的宽度为20mm；铝质边框材质厚度为0.7mm；热辐射源与玻璃之间的距离为500mm等。实验中，主要通过热电偶测量玻璃向火面、背火面的温度，采用摄像机拍摄玻璃破裂的全过程，记录玻璃每次破裂的时间和起裂位置。该系列实验中的工况见表5.17。

表5.17　浮法玻璃热辐射源升温速率因素实验工况表

序号	玻璃厚度/mm	辐射源升温速率	遮蔽表面宽度/mm	玻璃平面大小/mm×mm
EX.11	6	5℃/min 升温至600℃，恒温 20min	20	600×600
EX.12	6		20	600×600
EX.13	6	10℃/min 升温至600℃，恒温 20min	20	600×600
EX.14	6		20	600×600
EX.3	6	15℃/min 升温至600℃，恒温 20min	20	600×600
EX.4	6		20	600×600
EX.15	6	20℃/min 升温至600℃，恒温 20min	20	600×600
EX.16	6		20	600×600
EX.17	6	25℃/min 升温至600℃，恒温 20min	20	600×600
EX.18	6		20	600×600

1. 玻璃表面温度

图5.35～图5.39分别是6mm厚浮法玻璃在五种不同热辐射源升温速率作用下表面温度随时间的变化图。从图中可以看出，玻璃向火面暴露区上部分的温度较中心点高，玻璃背火面上边缘遮蔽区的温度高于背火面中心点温度。正如上文解释的原因，玻璃向火面上部分温度较向火面其他区域高是热辐射源和腔室内上层热空气综合作用的结果；玻璃背火面上边缘遮蔽区的温度较背火面其他区域高是玻璃内部热传导和环境热交换共同作用的结果。随着热辐射源升温速率增加，

玻璃向火面暴露区的温升速率也随着增加。

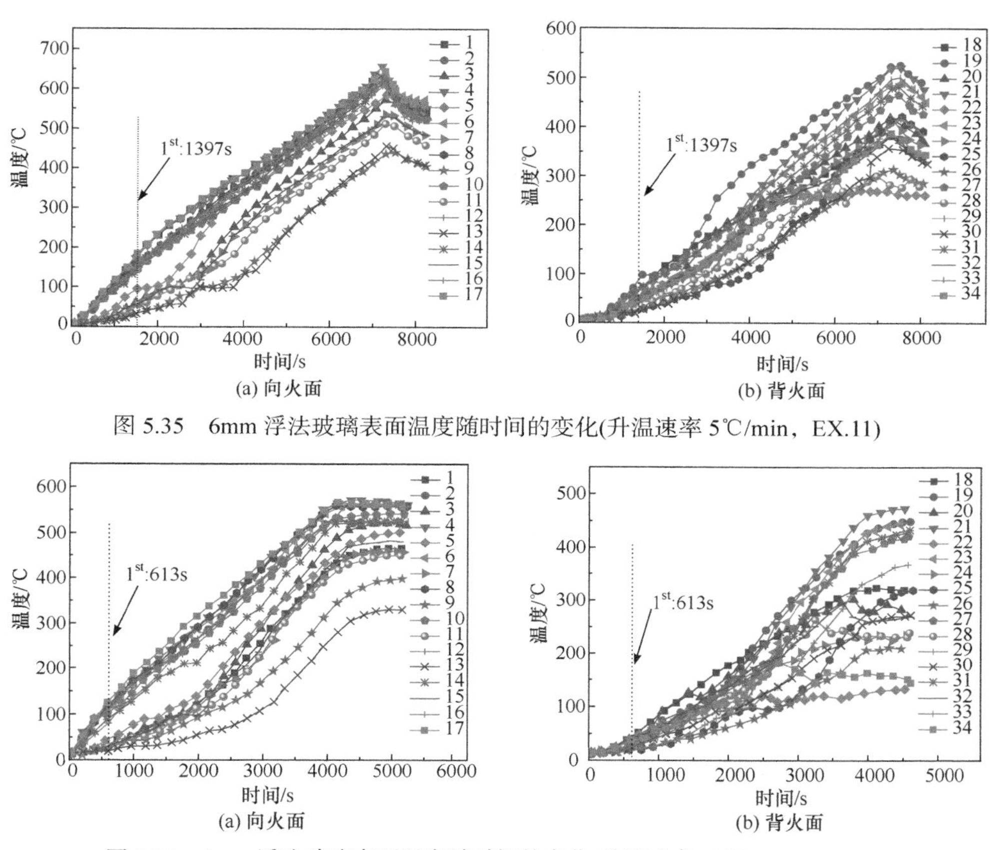

图 5.35 6mm 浮法玻璃表面温度随时间的变化(升温速率 5℃/min，EX.11)

图 5.36 6mm 浮法玻璃表面温度随时间的变化(升温速率 10℃/min，EX.13)

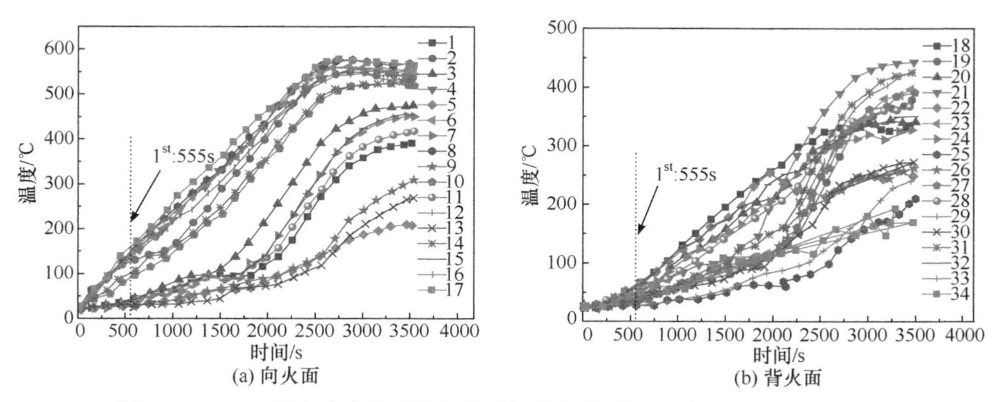

图 5.37 6mm 浮法玻璃表面温度随时间的变化(升温速率 15℃/min，EX.3)

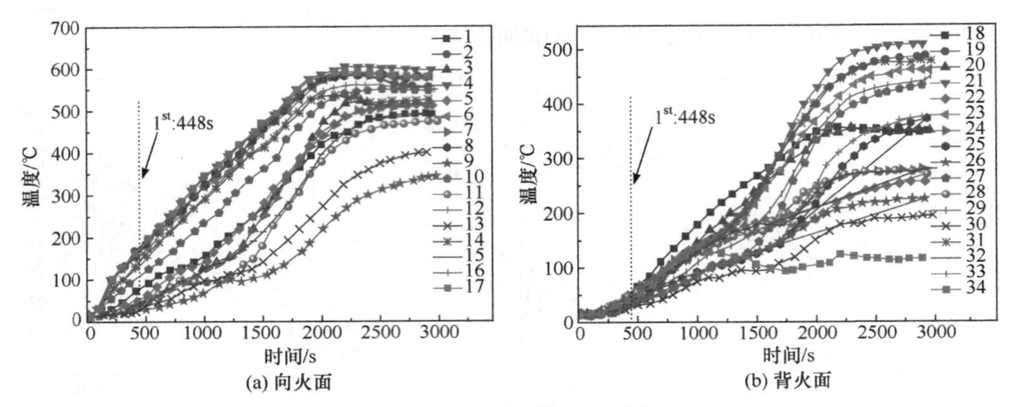

图 5.38 6mm 浮法玻璃表面温度随时间的变化(升温速率 20℃/min，EX.15)

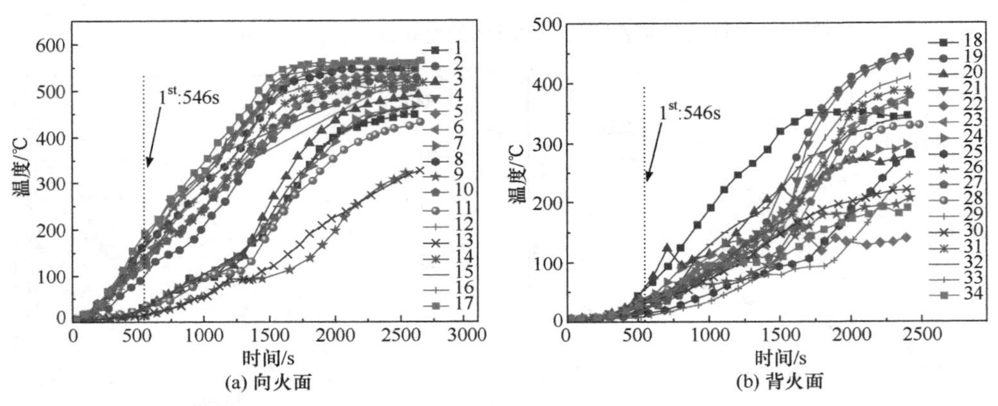

图 5.39 6mm 浮法玻璃表面温度随时间的变化(升温速率 25℃/min，EX.18)

从图 5.35～图 5.39 还可以得出，6mm 厚浮法玻璃的首次破裂时间分别为1397s、613s、555s、448s 和 546s，在玻璃首次破裂时玻璃向火面中心点(17)的温度分别是 169.4℃、142.5℃、161.2℃、183.1℃和 188.8℃，背火面中心点(18)的温度分别是 71.3℃、48.1℃、60.6℃、58.1℃和 57.5℃。从图中可以得出，不同升温速率下的浮法玻璃破裂时间跨度非常大，在 448～1397s 内均有发生，表明升温速率对玻璃首次破裂时间影响很大。在不同的热辐射源升温速率下，玻璃首次破裂时向火面中心点温度分布在 142.5～188.8℃，首次破裂时背火面中心点的温度分布在 48.1～71.3℃，可以看出这两个中心点温度分布区间相对较小，表明不同升温速率对玻璃表面首次破裂时中心点的温度影响较小。

2. 玻璃首次破裂位置及表面温度差

图 5.40～图 5.44 分别表示在浮法玻璃厚度为 6mm 时，玻璃首次破裂位置和玻璃表面温度差随时间变化的图片。从图中可以看出，玻璃首次破裂位置一般位于玻

璃的上部，多数发生在 B 点附近，这是由于实验装置内上层空气温度较高。从图 5.40(b)～图 5.44(b)中可以得出，当热辐射源升温速率分别为 5℃/min、10℃/min、15℃/min、20℃/min 和 25℃/min 时，玻璃首次破裂时间相应为 1397s、613s、555s、448s 和 546s，两表面中心点温度差 ΔT_c 相应为 98.1℃、94.4℃、100.6℃、125.0℃和 131.3℃，玻璃首次破裂时向火面中心点同破裂位置处背火面遮蔽点之间的平均温度差相应为 119.4℃、108.0℃、118.9℃、131.9℃和 162.0℃。从数据中可以初步推论：随着热辐射源升温速率的增加，玻璃的首次破裂时间有缩短的趋势，中心点的温度差和首次破裂时向火面中心点同破裂位置处背火面遮蔽点之间的平均温度差有升高的趋势。从图 5.40(b)～图 5.44(b)中还可以看出，玻璃表面边缘各典型位置处(A～H)的最大温度差并不是发生玻璃向火面温度达到最高值时(热辐射源升温阶段温度达到 600℃)，而是发生在温度最高值之前，此时玻璃已经发生了多次破裂。

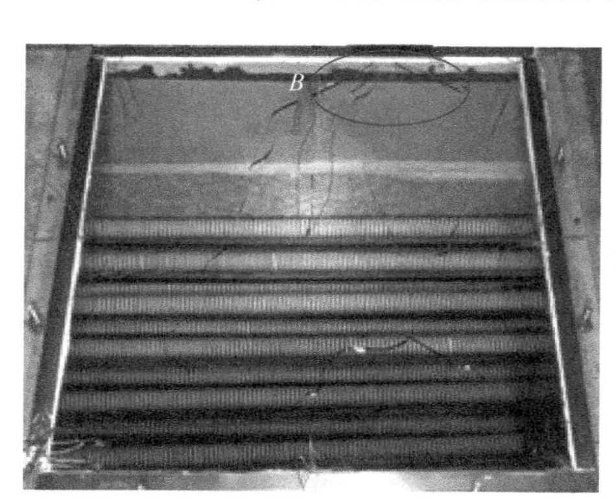

(a) 玻璃首次破裂位置

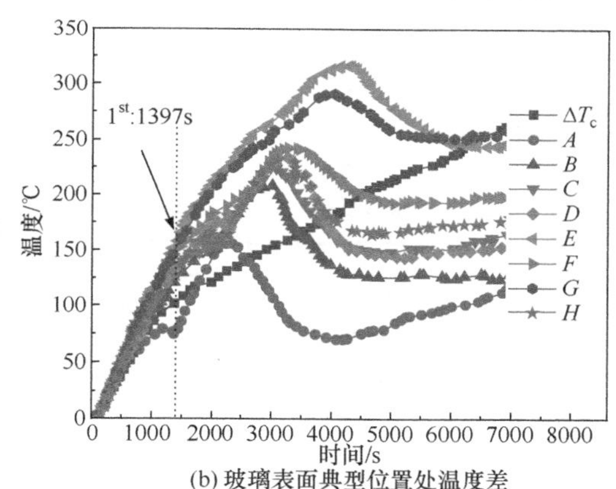

(b) 玻璃表面典型位置处温度差

图 5.40　6mm 浮法玻璃首次破裂位置及玻璃表面典型位置处温度差

(升温速率：5℃/min，EX.11)

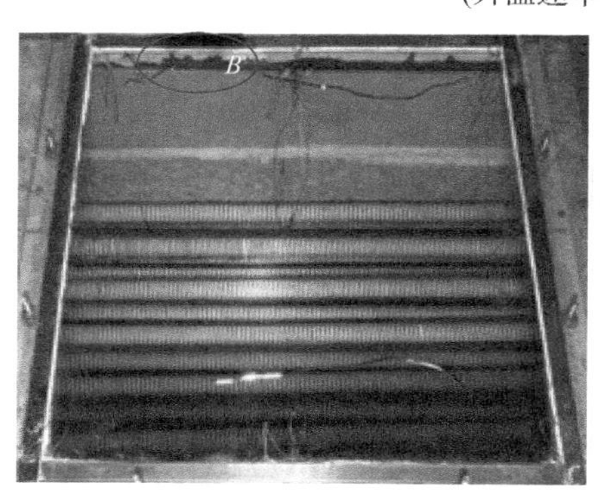

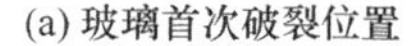

(a) 玻璃首次破裂位置

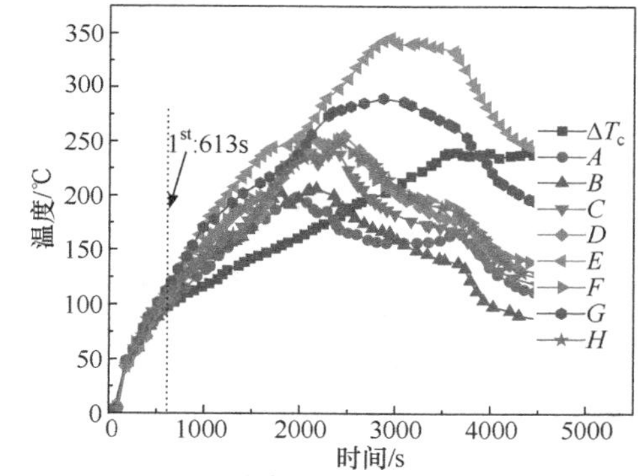

(b) 玻璃表面典型位置处温度差

图 5.41　6mm 浮法玻璃首次破裂位置及玻璃表面典型位置处温度差

(升温速率：10℃/min，EX.13)

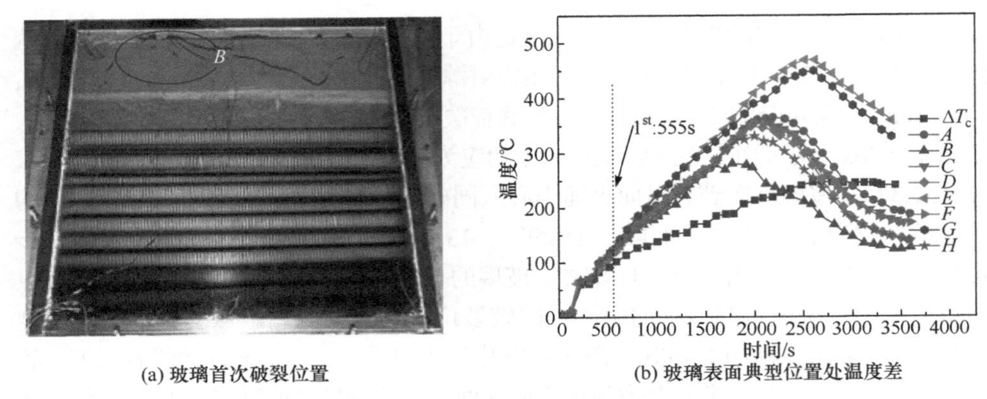

(a) 玻璃首次破裂位置　　(b) 玻璃表面典型位置处温度差

图 5.42　6mm 浮法玻璃首次破裂位置及玻璃表面典型位置处温度差

(升温速率：15℃/min，EX.3)

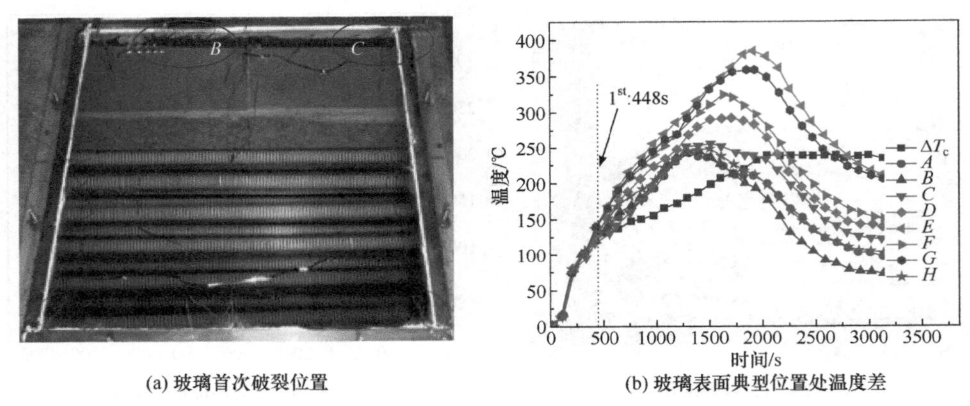

(a) 玻璃首次破裂位置　　(b) 玻璃表面典型位置处温度差

图 5.43　6mm 浮法玻璃首次破裂位置及玻璃表面典型位置处温度差

(升温速率：20℃/min，EX.15)

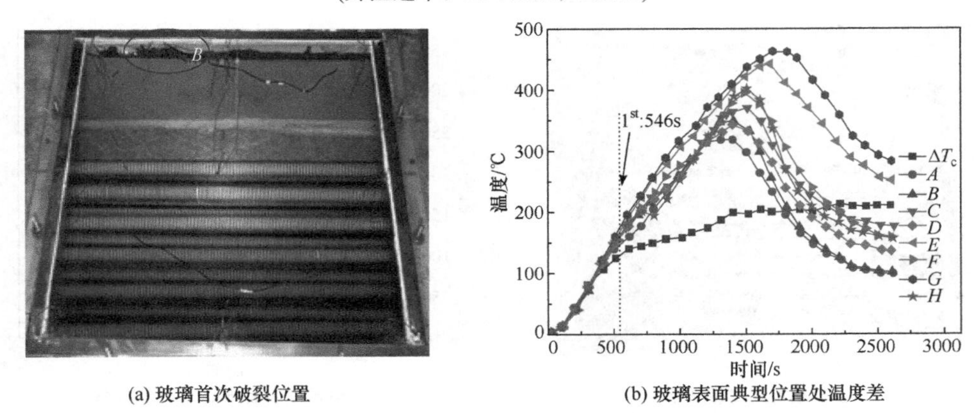

(a) 玻璃首次破裂位置　　(b) 玻璃表面典型位置处温度差

图 5.44　6mm 浮法玻璃首次破裂位置及表面温度差随时间变化示意图

(升温速率：25℃/min，EX.18)

3. 热辐射源升温速率对玻璃首次破裂参数的影响规律

表 5.18 中列出了 6mm 厚浮法玻璃在五种不同热辐射源升温速率下首次破裂时的一些表征参数，包括玻璃首次破裂时间、首次破裂时向火面和背火面中心点温度、首次破裂时两表面中心点之间温度差、首次破裂位置、首次破裂时向火面中心点同破裂位置处背火面遮蔽点之间的平均温度差、首次破裂时热应力。从表中可以看出，玻璃首次破裂位置多数还是位于 B 点附近，这是由于实验装置内上层空气温度较高，导致玻璃上部表面温度也较高；首次破裂时间分布在 372～1397s；首次破裂时向火面中心点温度分布在 142.5～192.5℃；首次破裂时背火面中心点温度分布在 45.6～71.3℃；首次破裂时两表面中心点之间温度差分布在 85.0～137.5℃；首次破裂时向火面中心点同破裂位置处背火面遮蔽点之间的平均温度差分布在 100.5～162.0℃；首次破裂的热应力分布在 53.78～86.68MPa。从上述数据中可以看出，玻璃的首次破裂时间分布范围较大、首次破裂两表面中心点温度分布范围较小，表明玻璃在热荷载作用下，如果玻璃首次破裂时表面温度固定，那么玻璃表面的升温速率跟首次破裂时间呈反方向的变化趋势。

表 5.18　不同升温速率下浮法玻璃首次破裂时的实验结果

序号	升温速率 /(℃/min)	时间/s	$T_{向}$ /℃	$T_{背}$ /℃	ΔT_c /℃	$\Delta\overline{T}$ /℃	首次破裂位置	σ /MPa
EX.11	5	1397	169.4	71.3	98.1	119.4	B	63.89
EX.12	5	1076	145.6	60.6	85.0	100.5	B	53.78
EX.13	10	613	142.5	48.1	94.4	108.0	B	57.79
EX.14	10	679	171.9	61.3	110.6	143.9	D	77.00
EX.3	15	555	161.2	60.6	100.6	118.9	B	63.62
EX.4	15	590	182.5	66.3	116.2	135.8	B	72.67
EX.15	20	448	183.1	58.1	125.0	131.9	B、C	70.58
EX.16	20	542	192.5	61.9	130.6	158.8	B	84.97
EX.17	25	372	183.1	45.6	137.5	156.0	B	83.47
EX.18	25	546	188.8	57.5	131.3	162.0	B	86.68

注：$T_{向}$和 $T_{背}$分别是首次破裂时向火面中心点温度、背火面中心点温度；ΔT_c 是首次破裂时玻璃表面中心点的温度差；$\Delta\overline{T}$ 是首次破裂时向火面中心点同破裂位置处背火面遮蔽点之间的平均温度差；σ 是首次破裂位置处的热应力，根据公式 $\sigma = E\beta\Delta T$ 进行计算[12-14]，E 是弹性模量，取为 7.3×10^{10}Pa，β 是线膨胀系数，取为 7.33×10^{-6}℃$^{-1}$。

对表 5.18 中同一升温速率下浮法玻璃的实验数据取平均值，作出玻璃首次破裂时间同热辐射源升温速率的关系图、首次破裂时玻璃表面温度和温度差同热辐射源升温速率的关系图，如图 5.45 和图 5.46 所示。

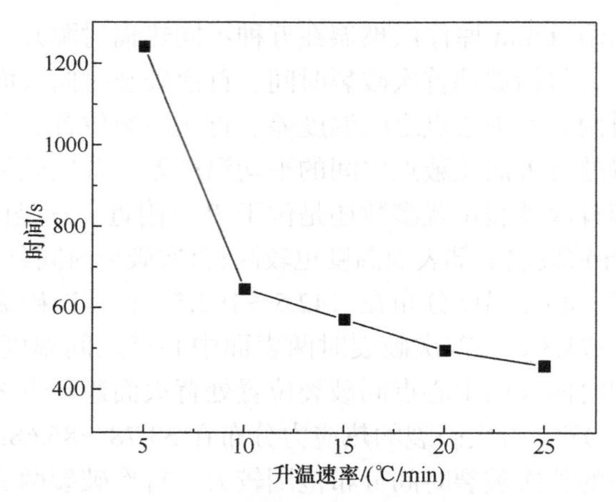

图 5.45 玻璃首次破裂时间与热辐射源升温速率的关系图

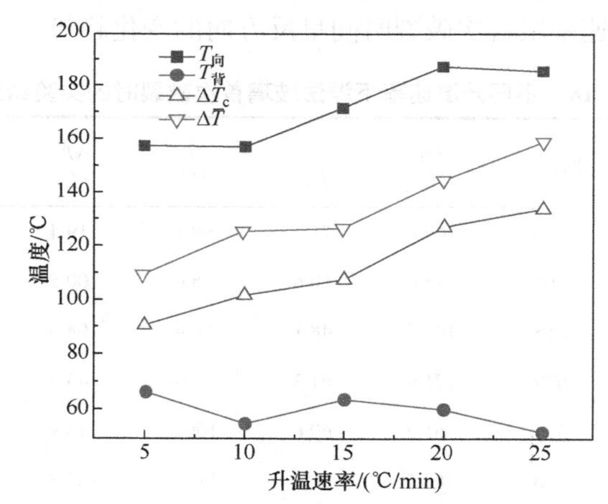

图 5.46 玻璃首次破裂时表面温度、温度差与热辐射源升温速率的关系图

从图 5.45 中可以看出，玻璃首次破裂时间随着热辐射源升温速率的提高不断降低，特别是当热辐射源升温速率在 5℃/min 上升到 10℃/min 时，玻璃的首次破裂时间前者是后者的将近两倍，差别非常明显。从图 5.46 中看出，随着热辐射源升温速率的增大，玻璃首次破裂时向火面中心点温度略有增大，而背火面中心点温度变化较小，这就使得玻璃首次破裂时两表面中心点温度差随着热辐射源升温速率的增大而增大。首次破裂时向火面中心点同破裂位置处背火面遮蔽点之间的平均温度差同样也是随着热辐射源升温速率的增大而增大。

综上所述，随着热辐射源升温速率的不断增大，玻璃首次破裂时向火面和背火面中心点温度差，以及首次破裂时向火面中心点同破裂位置处背火面遮蔽点之间的平均温度差随之同方向变化，而玻璃首次破裂时间呈反方向变化。

5.5.2 Low-E 玻璃热破裂行为研究

热辐射源升温速率是影响玻璃破裂的重要参数之一。实验中为了考察这一重要参数对玻璃破裂的影响，通过固定其他实验工况，只改变热辐射源的升温速率，开展热辐射源在不同升温速率下对玻璃破裂影响的实验。实验中热辐射源通过控制仪表设定了两个加热阶段，分别为 0～600℃的升温阶段和固定在 600℃的恒温阶段。其中固定在 600℃的恒温阶段运行的时间为 20min；而在 0～600℃的升温阶段，在不同实验工况下设定不同的升温时间来控制热辐射源的升温速率，在此系列实验中该阶段的升温时间分别为 120min、60min、40min、30min 和 24min，对应的热辐射源的升温速率分别是 5℃/min、10℃/min、15℃/min、20℃/min 和 25℃/min。

实验中除热辐射源升温速率变动外，其他工况均固定不变：玻璃的平面大小为 600mm×600mm；玻璃厚度为 6mm；Low-E 玻璃的镀膜面在背火面；玻璃边缘进行磨边处理；玻璃通过两侧 4mm 厚的石膏浆固定在铝质边框内；铝质边框的宽度为 20mm；铝质边框材质厚度为 0.7mm；热辐射源与玻璃之间的距离为 500mm 等。实验中，主要通过热电偶测量玻璃向火面、背火面的温度，采用摄像机拍摄玻璃破裂的全过程，记录玻璃每次破裂的时间和起裂位置。该系列实验中的工况见表 5.19。

表 5.19 Low-E 玻璃热辐射源升温速率因素实验工况

序号	玻璃厚度/mm	热辐射源升温速率/(℃/min)	遮蔽表面宽度/mm	玻璃平面大小/mm×mm
LX.1	6	5℃/min 升温至600℃，恒温 20min	20	600×600
LX.2	6		20	600×600
LX.3	6	10℃/min 升温至600℃，恒温 20min	20	600×600
LX.4	6		20	600×600
LX.5	6	15℃/min 升温至600℃，恒温 20min	20	600×600
LX.6	6		20	600×600
LX.7	6	20℃/min 升温至600℃，恒温 20min	20	600×600
LX.8	6		20	600×600
LX.9	6	25℃/min 升温至600℃，恒温 20min	20	600×600
LX.10	6		20	600×600

1. 玻璃表面温度

由于玻璃表面和厚度方向上的温度梯度所带来的热应力是玻璃破裂的主要原因，所以玻璃表面各个典型位置处的测量是研究热荷载作用下玻璃破裂需要测量的参量之一。其他研究结果表明，玻璃表面的最大温度梯度一般位于玻璃边框遮蔽面和附近暴露面之间，因此本实验测量玻璃表面温度主要分布在边框遮蔽面和附近暴露面以及玻璃表面中心点处，实验中热电偶的布设方法、热电偶布设点的具体位置(1～34)及玻璃表面各典型位置处的编号(*A*～*H*)与之前相同。

图 5.47～图 5.51 分别是 6mm 厚 Low-E 玻璃在五种不同热辐射源升温速率作用下表面温度随时间的变化图。结果表明，随着热辐射源升温速率增加，玻璃向火面暴露区的温升速率也增加。玻璃向火面暴露区上部分的温度较向火面其他区域高，玻璃背火面上边缘遮蔽区的温度较背火面其他区域高。原因已在上文中解释，这里不再赘述。

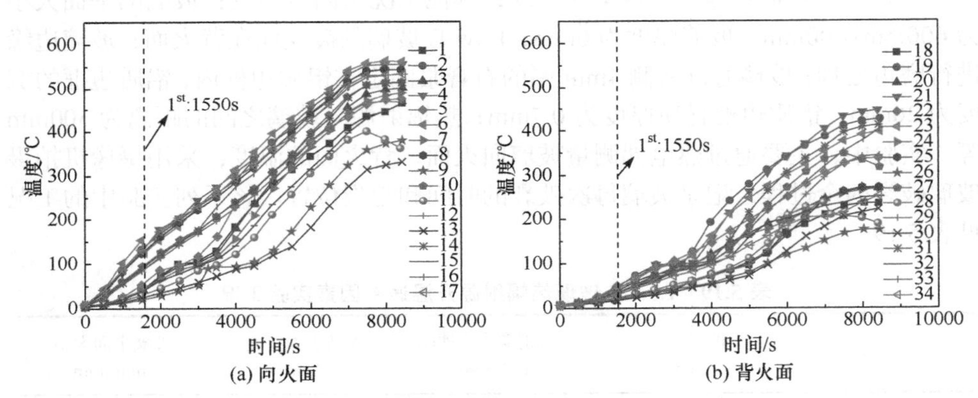

图 5.47　6mm 厚 Low-E 玻璃表面温度随时间的变化图(升温速率：5℃/min，LX.1)

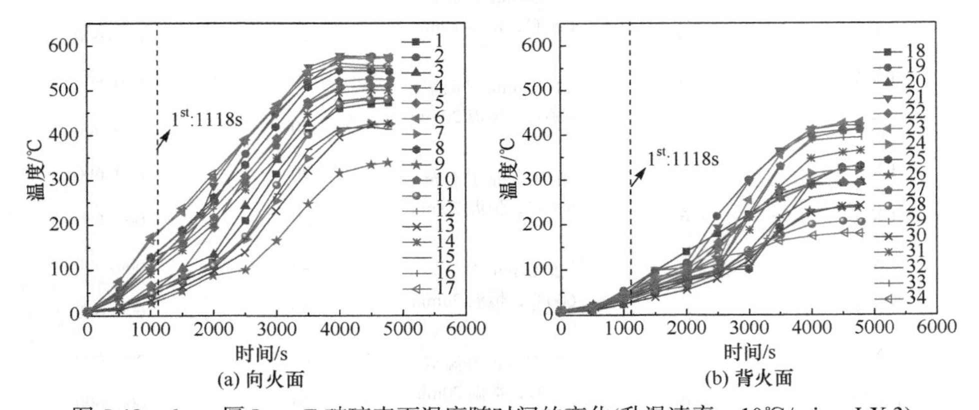

图 5.48　6mm 厚 Low-E 玻璃表面温度随时间的变化(升温速率：10℃/min，LX.3)

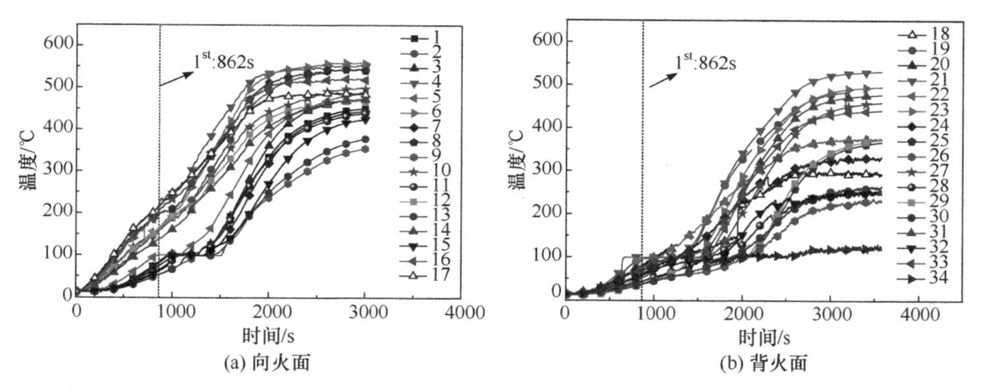

(a) 向火面　(b) 背火面

图 5.49　6mm 厚 Low-E 玻璃表面温度随时间的变化(升温速率：15℃/min，LX.5)

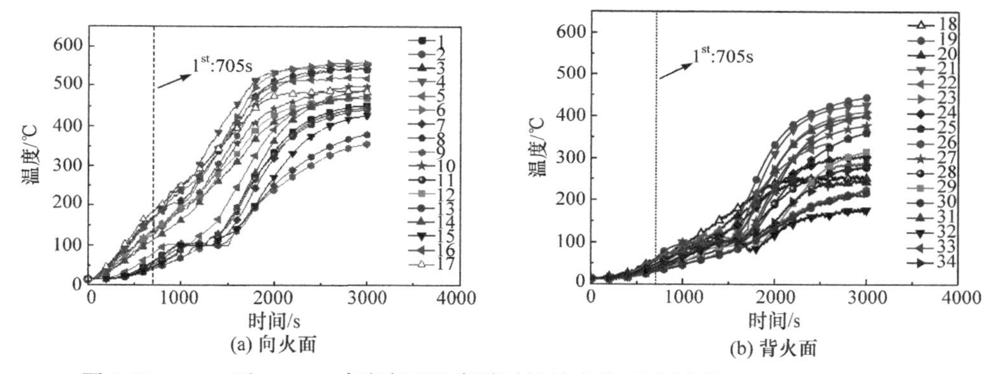

(a) 向火面　(b) 背火面

图 5.50　6mm 厚 Low-E 玻璃表面温度随时间的变化(升温速率：20℃/min，LX.8)

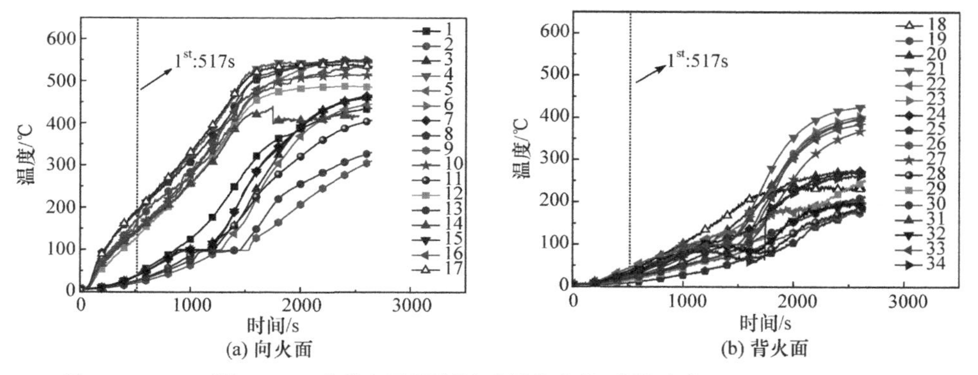

(a) 向火面　(b) 背火面

图 5.51　6mm 厚 Low-E 玻璃表面温度随时间的变化(升温速率：25℃/min，LX.10)

从图 5.47～图 5.51 中还可以得出，6mm 厚 Low-E 的首次破裂时间分别为 1550s、1118s、862s、705s 和 517s，在玻璃首次破裂时玻璃向火面中心点的温度分别是 138.1℃、188.8℃、243.8℃、183.1℃和 191.1℃，背火面中心点的温度分别是 43.8℃、62.5℃、80℃、56.3℃和 39.4℃。从图中可以得出，不同升温速率下的浮法玻璃破裂时间跨度非常大，分布在 517～1550s，表明升温速率对于玻璃首次破裂时间影响很大。同时玻璃首次破裂时间随着热辐射源升温速率的提高而相应减少。在不同的热辐射源升温速率下，玻璃首次破裂时向火面中心点温度分布在 138.1～243.8℃，首次破裂时背火面中心点的温度分布在 39.4～80℃，温度分布区间较大，表明热辐射源升温速率对于玻璃首次破裂时向火面和背火面的中心点温度影响很大。

2. 玻璃首次破裂位置及表面温度差

图 5.52～图 5.56 分别表示在 Low-E 玻璃厚度为 6mm 时，玻璃首次破裂位置和玻璃表面温度差随时间的变化。从图中看出，玻璃首次破裂位置较为分散，但

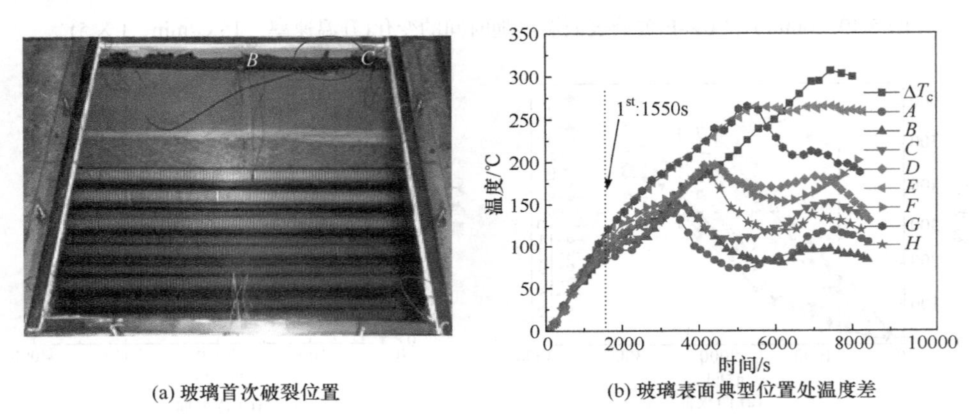

(a) 玻璃首次破裂位置　　(b) 玻璃表面典型位置处温度差

图 5.52　6mm 厚 Low-E 玻璃首次破裂位置及玻璃表面典型位置处温度差

(升温速率：5℃/min，LX.1)

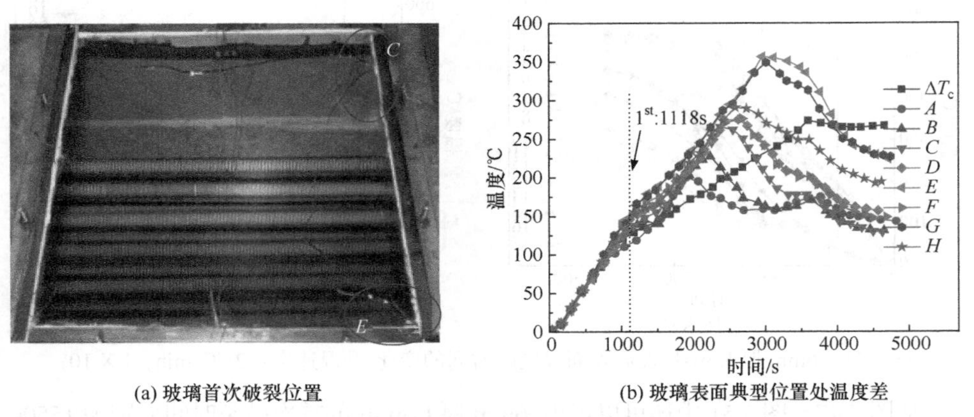

(a) 玻璃首次破裂位置　　(b) 玻璃表面典型位置处温度差

图 5.53　6mm 厚 Low-E 玻璃首次破裂位置及玻璃表面典型位置处温度差

(升温速率：10℃/min，LX.3)

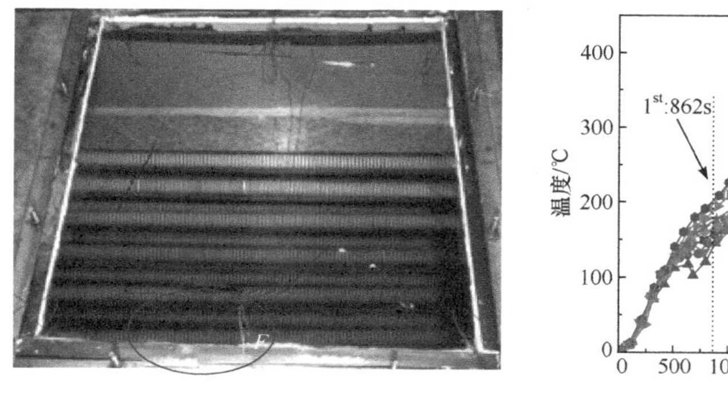

(a) 玻璃首次破裂位置　　(b) 玻璃表面典型位置处温度差

图 5.54　6mm 厚 Low-E 玻璃首次破裂位置及玻璃表面典型位置处温度差

(升温速率：15℃/min，LX.5)

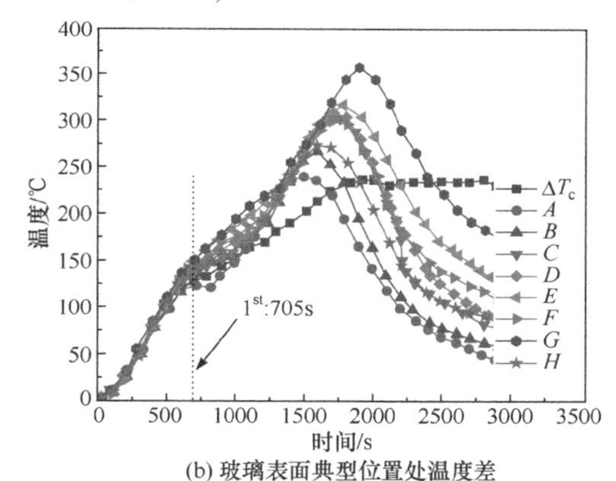

(a) 玻璃首次破裂位置　　(b) 玻璃表面典型位置处温度差

图 5.55　6mm 厚 Low-E 玻璃首次破裂位置及玻璃表面典型位置处温度差

(升温速率：20℃/min，LX.8)

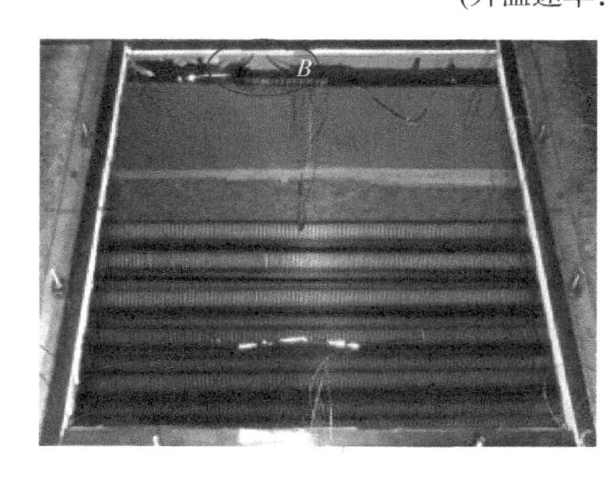

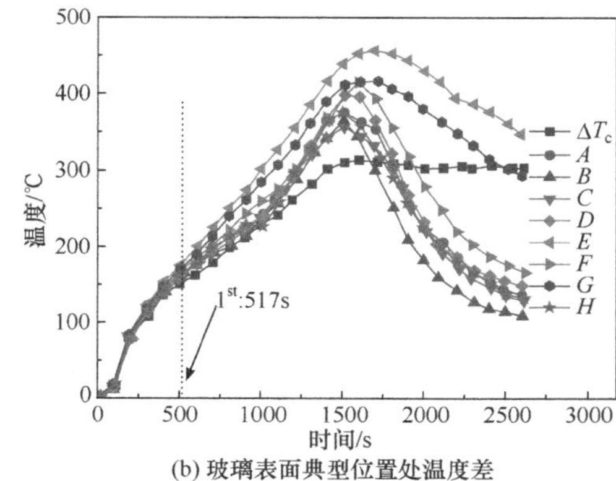

(a) 玻璃首次破裂位置　　(b) 玻璃表面典型位置处温度差

图 5.56　6mm 厚 Low-E 玻璃首次破裂位置及玻璃表面典型位置处温度差

(升温速率：25℃/min，LX.10)

是玻璃上部依然是破裂容易发生的位置。从图 5.52(b)～图 5.56(b)中可以得出，当热辐射源升温速率为 5℃/min、10℃/min、15℃/min、20℃/min 和 25℃/min 时，首次破裂时间分别为 1550s、1118s、862s、705s 和 517s，两表面中心点温度差(ΔT_c)相应为 94.4℃、126.3℃、163.8℃、126.8℃和 151.9℃，玻璃首次破裂时向火面中心点同破裂位置处背火面遮蔽点之间的平均温度差相应为 93.1℃、147.5℃、191.5℃、153.0℃和 162.6℃。从数据中看出，虽然随着热辐射源升温速率的增加，玻璃的首次破裂时间缩短，但是两表面中心点的温度差和首次破裂时向火面中心点同破裂位置处背火面遮蔽点之间的平均温度差($\Delta\overline{T}$)在升温速率为 15℃/min 时最大。

3. 热辐射源升温速率对玻璃首次破裂参数的影响规律

表 5.20 中列出了 6mm 厚 Low-E 玻璃在五种不同热辐射源升温速率下首次破裂时的一些表征参数，包括玻璃首次破裂时间、首次破裂时向火面和背火面中心点温度、首次破裂时两表面中心点之间温度差、首次破裂位置、首次破裂时向火面中心点同破裂位置处背火面遮蔽点之间的平均温度差、首次破裂时热应力。从表中得出，玻璃首次破裂位置分布在 *B* 点(五次)、*C* 点(两次)和其他四个点(各一次)，表明玻璃的首次破裂主要发生在玻璃上部，而且多数位于 *B* 点附近，这是由于 *B* 点位于玻璃表面上部中心处，受实验装置内上层热空气温度影响，导致玻璃上部 *B* 点附近暴露表面和遮蔽表面之间的温度差较高；玻璃首次破裂时间分布在 517～1550s，跨度很大，表明热辐射源的升温速率对于首次破裂时间有明显的影响；玻璃首次破裂时向火面中心点温度($T_{向}$)分布在 138.1～250.6℃；背火面中心点温度($T_{背}$)分布在 38.1～80.0℃，表明热辐射升温速率对于玻璃向火面温度的影响要高于背火面温度的影响；玻璃首次破裂时两表面中心点之间温度差(ΔT_c)分布在 86.2～194.3℃，首次破裂时向火面中心点同破裂位置处背火面遮蔽点之间的平均温度差($\Delta\overline{T}$)分布在 76.5～199.8℃，首次破裂的应力(σ)分布在 49.57～129.47MPa，这些温度差和应力分布范围均较大，表明玻璃首次破裂时两表面中心点之间温度差、首次破裂时向火面中心点同破裂位置处背火面遮蔽点之间的平均温度差和首次破裂位置处平均应力受热辐射源升温速率的影响均较大。

对表 5.20 中同一热辐射源升温速率下 Low-E 玻璃的实验数据取平均值，作出玻璃首次破裂时间同热辐射源升温速率之间的关系图和首次破裂时温度和温度差同热辐射源升温速率之间的关系图，如图 5.57 和图 5.58 所示。

表 5.20　不同升温速率下 Low-E 玻璃首次破裂时的实验结果

序号	升温速率 /(℃/min)	时间 /min	$T_{向}$ /℃	$T_{背}$ /℃	ΔT_c /℃	$\Delta\overline{T}$ /℃	首次破裂位置	σ /MPa
LX.1	5	1550	138.1	43.8	94.4	93.1	*C*	60.33
LX.2	5	1370	140.6	54.4	86.2	76.5	*B*	49.57

续表

序号	升温速率/(℃/min)	时间/min	$T_{向}$/℃	$T_{背}$/℃	ΔT_c/℃	$\Delta\overline{T}$/℃	首次破裂位置	σ/MPa
LX.3	10	1118	188.8	62.5	126.3	147.5	*C*，*E*	95.58
LX.4	10	1077	191.9	66.9	125.0	123.7	*B*	80.16
LX.5	15	862	243.8	80.0	163.8	191.5	*F*	124.09
LX.6	15	828	250.6	56.3	194.3	199.8	*B*	129.47
LX.7	20	699	218.8	52.5	166.3	180.2	*D*	116.77
LX.8	20	705	183.1	56.3	126.8	153.0	*G*	99.14
LX.9	25	565	178.8	38.1	140.7	152.5	*B*	98.82
LX.10	25	517	191.3	39.4	151.9	162.6	*B*	105.36

注：$T_{向}$和 $T_{背}$分别是首次破裂时向火面中心点温度、背火面中心点温度；ΔT_c 是首次破裂时玻璃表面中心点的温度差；$\Delta\overline{T}$ 是首次破裂时向火面中心点同破裂位置处背火面遮蔽点之间的平均温度差；σ 是首次破裂位置处的热应力，根据公式 $\sigma=E\beta\Delta T$ 进行计算，E 是弹性模量，取为 7.2×10^{10}Pa，β 是线膨胀系数，取为 9×10^{-6}℃$^{-1}$。

从图 5.57 中可以看出，随着热辐射源升温速率的提高，玻璃首次破裂时间随之降低。从图 5.58 中可以看出，热辐射源升温速率为 15℃/min 时，首次破裂时向火面中心点的温度($T_{向}$)达到最大，相应的玻璃首次破裂时背火面中心点温度($T_{背}$)也达到最大，而玻璃首次破裂时两表面中心点温度差(ΔT_c)和首次破裂时向火面中心点同破裂位置处背火面遮蔽点之间的平均温度差($\Delta\overline{T}$)同样也在热辐射源升温速率为 15℃/min 时最大。

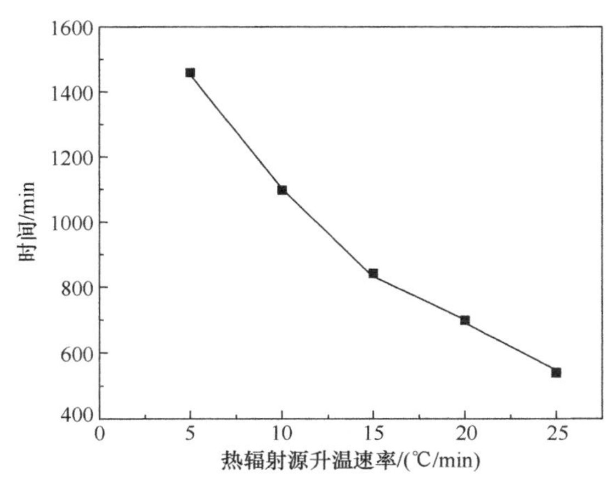

图 5.57　玻璃首次破裂时间同热辐射源升温速率的关系

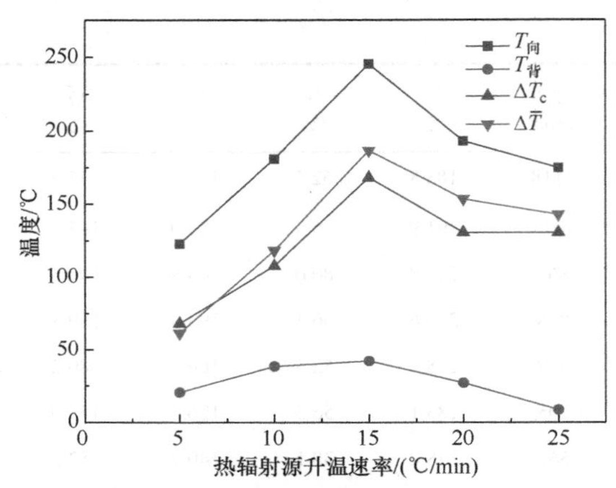

图 5.58　玻璃首次破裂时表面温度、温度差同热辐射源升温速率的关系

综上所述，热辐射源升温速率对于 Low-E 玻璃首次破裂时间、首次破裂时向火面和背火面中心点温度、首次破裂时两表面中心点温度差、首次破裂时向火面中心点同破裂位置处背火面遮蔽点之间的平均温度差、首次破裂时应力均有非常大的影响。首次破裂时间随着热辐射源升温速率的提高而降低，首次破裂两表面中心点温度和温度差、首次破裂时向火面中心点同破裂位置处背火面遮蔽点之间的平均温度差均随着热辐射源升温速率的提高而不断增大，并在升温速率为 15℃/min 时达到最大，随后降低。玻璃首次破裂位置主要分布在玻璃上部中心点附近。

5.6　表面遮蔽宽度的影响

在建筑物中，玻璃一般是采用边框固定在墙壁上，因此玻璃表面存在两种区域：一种是暴露区域，是指直接暴露在外部环境中的区域；另一种是遮蔽区域，是被边框所遮蔽，不直接暴露在外部环境中的区域。在建筑物承受热荷载时，向火面受到热源的直接辐射加热，温度升高较快，而背火面不直接受到热源的热辐射加热，温度升高主要靠暴露区域的热传导和边框的热传导。研究不同宽度的遮蔽表面(不同宽度的边框)对玻璃破裂的影响具有十分重要的现实意义。

5.6.1　浮法玻璃热破裂行为研究

在实验中，采用 0.7mm 厚不锈钢质玻璃边框，通过每侧 4mm 厚石膏粉兑水把玻璃固定在边框内，在边框的宽度对玻璃遮蔽表面宽度影响因素的实验中，选取五种不类型的宽度，分别为 10mm、20mm、30mm、40mm、50mm。其他工况不变：玻璃的平面大小为 600mm×600mm；玻璃的边缘通过两侧 4mm 厚的石膏固定在铝质边框内；铝质边框的宽度为 20mm；热源采用实验中的电阻丝热源加热，热源的升温速率分为两个阶段：从 0℃以 15℃/min 的速率升温至 600℃，然后在 600℃恒温 20min。表 5.21 列出了浮法玻璃遮蔽表面宽度影响因素实验工况。

表 5.21　浮法玻璃遮蔽表面宽度影响因素实验工况表

序号	玻璃厚度/mm	辐射源升温速率	遮蔽表面宽度/mm	玻璃平面大小/mm×mm
EX.19	6	15℃/min 升温至 600℃，恒温 20min	10	600×600
EX.20	6		10	600×600
EX.3	6	15℃/min 升温至 600℃，恒温 20min	20	600×600
EX.4	6		20	600×600
EX.21	6	15℃/min 升温至 600℃，恒温 20min	30	600×600
EX.22	6		30	600×600
EX.23	6	15℃/min 升温至 600℃，恒温 20min	40	600×600
EX.24	6		40	600×600
EX.25	6	15℃/min 升温至 600℃，恒温 20min	50	600×600
EX.26	6		50	600×600

1. 玻璃表面温度

图 5.59～图 5.62 分别是 6mm 厚浮法玻璃在不同遮蔽表面宽度（10mm、30mm、40mm、50mm）下的表面温度随时间的变化。需要说明的是，每种工况选取一组实验为代表，遮蔽表面宽度为 20mm 的玻璃表面温度随时间的变化如图 5.37 所示，这里不再展示。由图可以看出，玻璃向火面暴露区上部分的温度较向火面其他区域高，玻璃背火面上边缘遮蔽区的温度较背火面其他区域高。玻璃向火面遮蔽区域升温速率开始较慢，1500s 后升温速率变快，可能是边框和暴露区玻璃导热增加共同作用的结果。

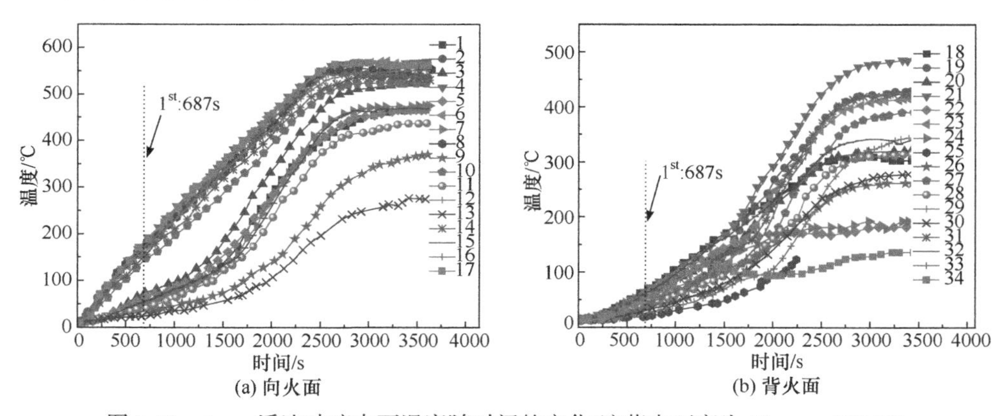

图 5.59　6mm 浮法玻璃表面温度随时间的变化(遮蔽表面宽为 10mm，EX.19)

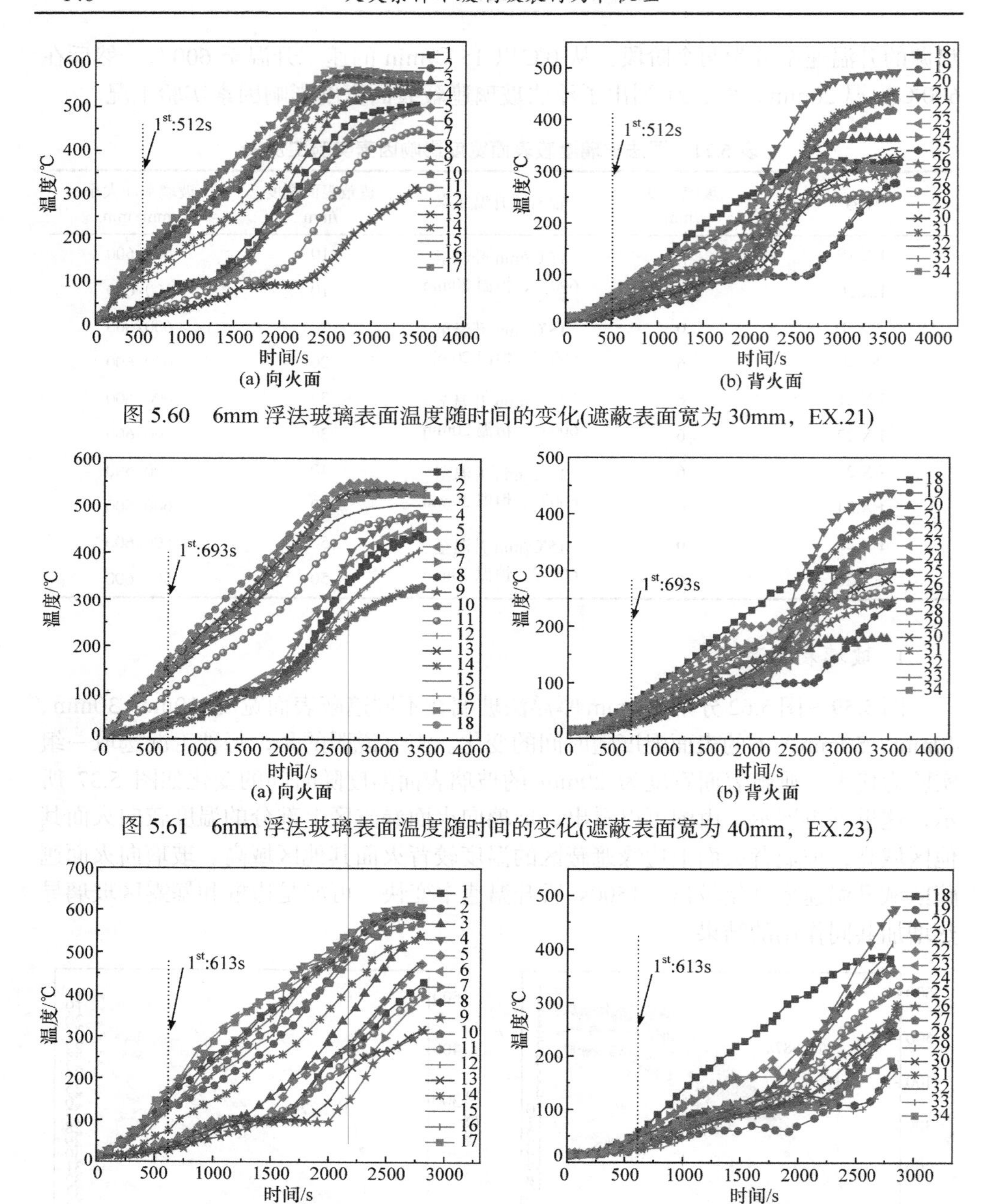

图 5.60　6mm 浮法玻璃表面温度随时间的变化(遮蔽表面宽为 30mm，EX.21)

图 5.61　6mm 浮法玻璃表面温度随时间的变化(遮蔽表面宽为 40mm，EX.23)

图 5.62　6mm 浮法玻璃表面温度随时间的变化(遮蔽表面宽为 50mm，EX.26)

2. 玻璃首次破裂位置、裂纹类型及表面温度差

图 5.63～图 5.66 分别表示在遮蔽表面宽度为 10mm、30mm、40mm、50mm 时，玻璃首次破裂位置和温度差随时间变化的关系。遮蔽表面宽度为 20mm 的玻璃首次破裂位置和温度差随时间的变化如图 5.42 所示，这里不再展示。从图中看出，首次破裂位置在玻璃平面上主要分布在玻璃中上部，多数首次破裂位置仍然发生在 B 点附近。当遮蔽表面宽度在 10mm、20mm、30mm、40mm、50mm 变化时，玻璃首次破裂时间相应为 687s、555s、512s、693s 和 613s，中心点温度差 ΔT_c 相应为 125.0℃、100.6℃、116.9℃、116.2℃和 113.2℃，首次破裂时向火面中心点同破裂位置处背火面遮蔽点之间的平均温度差相应为 123.6℃、118.9℃、134.2℃、145.4℃、145.1℃。

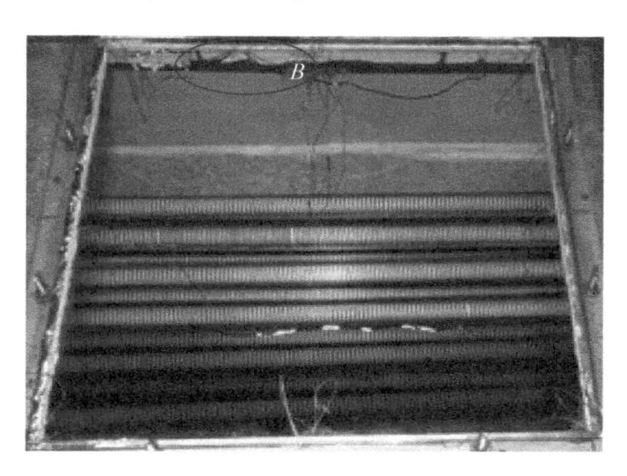

(a) 玻璃首次破裂位置

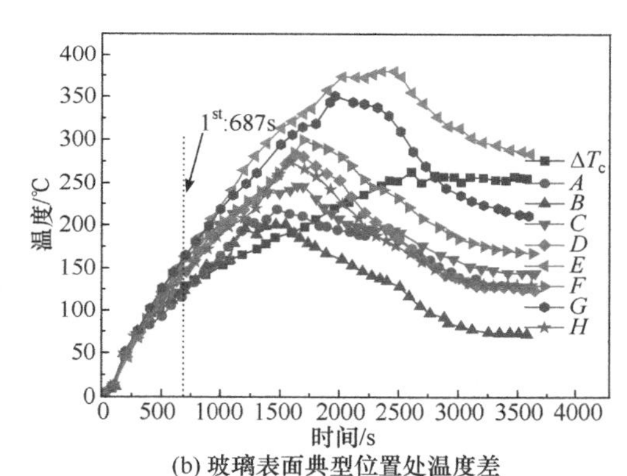

(b) 玻璃表面典型位置处温度差

图 5.63　6mm 浮法玻璃首次破裂位置及玻璃表面典型位置处温度差

(遮蔽表面宽度 10mm，EX.19)

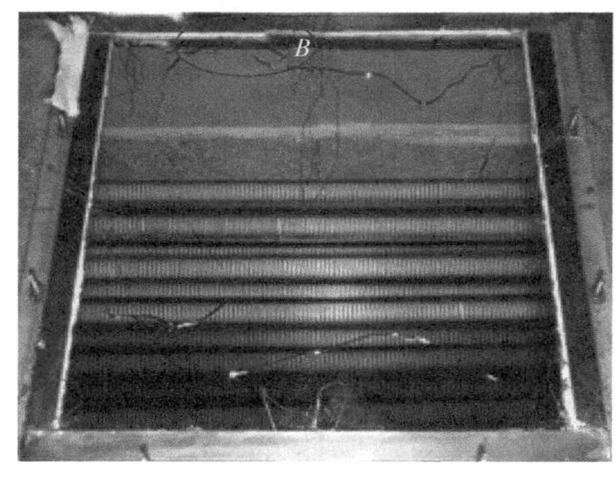

(a) 玻璃首次破裂位置

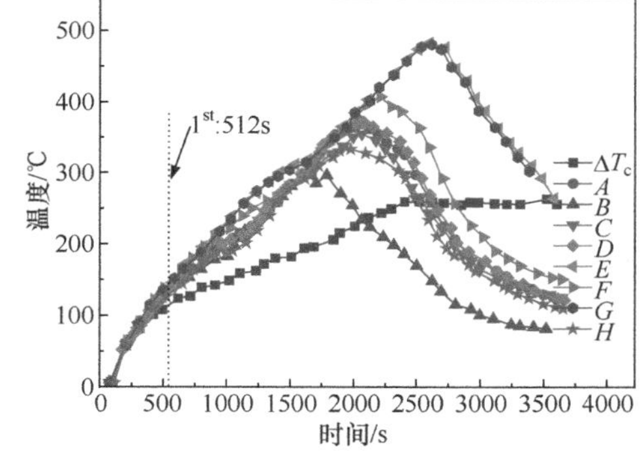

(b) 玻璃表面典型位置处温度差

图 5.64　6mm 浮法玻璃首次破裂位置及玻璃表面典型位置处温度差

(遮蔽表面宽度 30mm，EX.21)

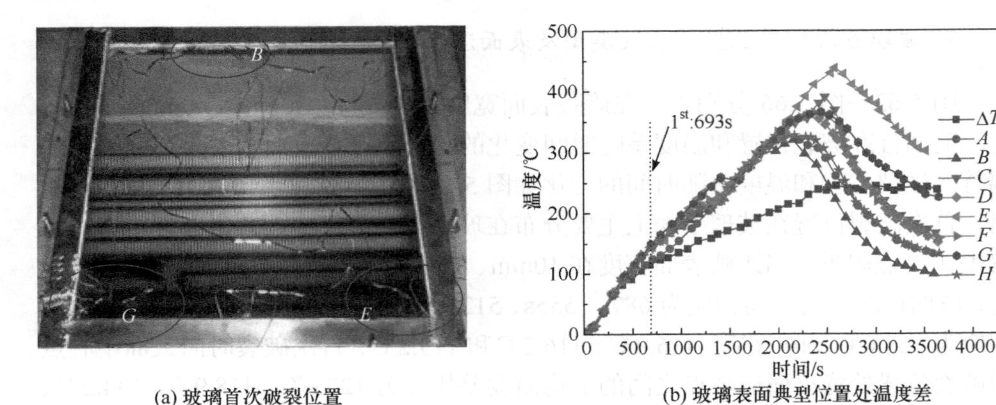

(a) 玻璃首次破裂位置　(b) 玻璃表面典型位置处温度差

图 5.65　6mm 浮法玻璃首次破裂位置及玻璃表面典型位置处温度差

(遮蔽表面宽度 40mm，EX.23)

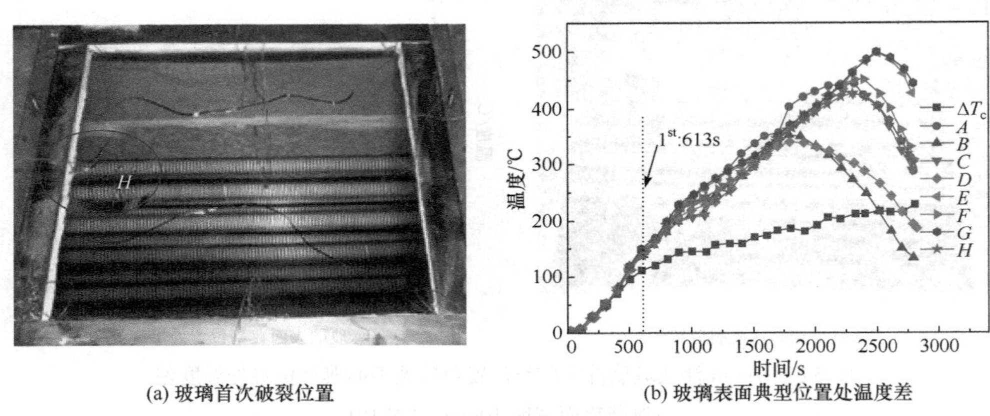

(a) 玻璃首次破裂位置　(b) 玻璃表面典型位置处温度差

图 5.66　6mm 浮法玻璃首次破裂位置及玻璃表面典型位置处温度差

(遮蔽表面宽度 50mm，EX.26)

3. 遮蔽表面对玻璃首次破裂的参数影响规律研究

表 5.22 中列出了 6mm 厚浮法玻璃在不同遮蔽表面宽度下的实验结果，包括玻璃首次破裂时间、首次破裂时向火面和背火面中心点温度、首次破裂时两表面中心点之间温度差、首次破裂位置、首次破裂时向火面遮蔽点温度、首次破裂时向火面中心点同破裂位置处背火面遮蔽点之间的平均温度差、首次破裂时热应力。从表中可以看出，6mm 厚浮法玻璃首次破裂位置主要还是位于 B、H、D 点，仍然在玻璃表面上半部分，说明实验装置内上层热空气对玻璃具有一定的影响；玻璃首次破裂时间分布在 512～728s；首次破裂时向火面中心点温度分布在 161.2～188.1℃；首次破裂时背火面中心点温度分布在 52.5～66.3℃；首次破裂时两表面中心点之间温度差分布在 100.6～125.0℃，首次破裂时向火面中心点同破裂位置

处背火面遮蔽点之间的平均温度差分布在 113.8～150.4℃；向火面首次破裂位置处遮蔽点的平均温度分布在 34.0～75.2℃；首次破裂时热应力分布在 60.89～80.48MPa。从上述数据的统计中看出，跟玻璃厚度的影响和热辐射源升温速率的影响比较，遮蔽表面宽度对玻璃破裂的时间、中心点温度等影响相对较小，但是对向火面首次破裂位置处遮蔽点的平均温度影响较大，这主要是由于中心点的温度取决于热辐射源的升温速率，而遮蔽点的温度不仅跟该点对应的暴露点温度有关，而且跟暴露点到遮蔽点的热传导距离有关，因此遮蔽表面宽度主要影响的是玻璃向火面遮蔽点的温度。

表 5.22　不同遮蔽表面宽度浮法玻璃破裂的测量结果

序号	宽度/mm	时间/s	$T_{向}$/℃	$T_{背}$/℃	ΔT_c/℃	$\Delta\overline{T}$/℃	T_{zb}/℃	首次破裂位置	σ/MPa
EX.19	10	687	188.1	63.1	125.0	123.6	75.2	B	66.14
EX.20	10	600	176.3	58.1	118.2	113.8	73.2	A、B	60.89
EX.3	20	555	161.2	60.6	100.6	118.9	44.2	B	63.62
EX.4	20	590	182.5	66.3	116.2	135.8	52.8	B	72.66
EX.21	30	512	171.3	54.4	116.9	134.2	44.3	B	71.81
EX.22	30	648	163.1	52.5	110.6	129.5	42.5	C、D	69.29
EX.23	40	693	175.0	58.8	116.2	145.4	39.9	B、E、G	77.80
EX.24	40	507	172.5	58.8	113.7	144.0	42.2	D	77.05
EX.25	50	728	181.3	60.0	121.3	150.4	37.3	H	80.48
EX.26	50	613	171.3	58.1	113.2	145.1	34.0	H	77.64

注：$T_{向}$和 $T_{背}$分别是首次破裂时向火面中心点温度、背火面中心点温度；ΔT_c是首次破裂时玻璃表面中心点的温度差；$\Delta\overline{T}$ 是首次破裂时向火面中心点同破裂位置处背火面遮蔽点之间的平均温度差；T_{zb} 为向火面首次破裂位置处遮蔽点的平均温度；σ 是首次破裂时的应力，根据公式 $\sigma = E\beta\Delta T$ 进行计算[12-14]，E 是弹性模量，取为 7.3×10^{10}Pa，β 是线膨胀系数，取为 7.33×10^{-6}℃$^{-1}$。

对表 5.22 中同一遮蔽表面宽度的浮法玻璃实验数据取平均值，作出玻璃首次破裂时间同玻璃遮蔽表面宽度之间的关系图和玻璃首次破裂时温度和温度差同玻璃遮蔽表面宽度之间的关系图，如图 5.67 和图 5.68 所示。

从图 5.67 中可以看出，玻璃首次破裂时间受遮蔽表面宽度影响，在较小的范围(100s 左右)内波动，随着遮蔽表面宽度增加，首次破裂时间呈现先下降后上升的过程，当遮蔽面宽度为 20mm 左右时首次破裂时间存在一个最小值。从图 5.68 中看出，玻璃向火面首次破裂位置处遮蔽点的平均温度(T_{zb})随着玻璃遮蔽表面宽度的增加而减小；由于实验中热辐射源升温速率固定，对于首次破裂时玻璃表面中心点的温度($T_{向}$和 $T_{背}$)，遮蔽表面宽度对它几乎没有影响；首次破裂时向火面中心点同破裂位置处背火面遮蔽点之间的平均温度差($\Delta\overline{T}$)随着遮蔽表面宽度的增加而增大。

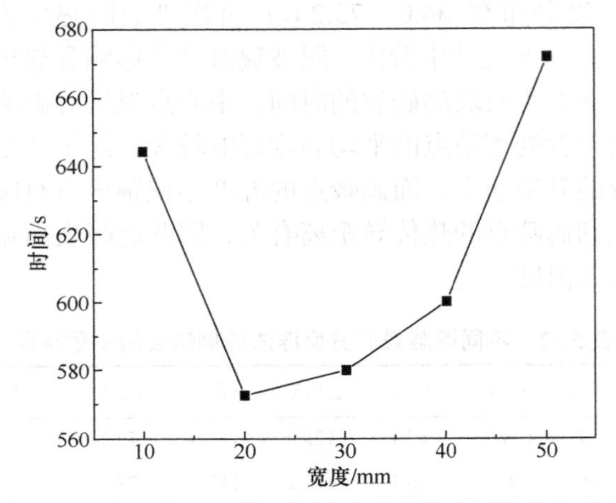

图 5.67 玻璃首次破裂时间同玻璃遮蔽表面宽度的关系

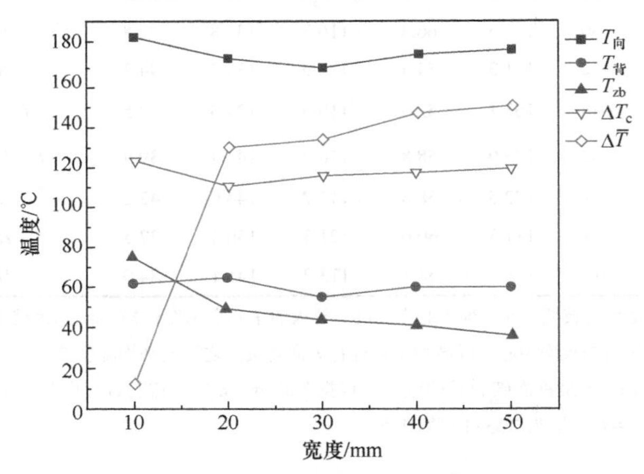

图 5.68 首次破裂时温度和温度差同玻璃遮蔽表面宽度的关系

综上所述，对于 6mm 厚浮法玻璃，遮蔽表面宽度对于玻璃首次破裂时间、首次破裂时玻璃表面中心点的温度及温度差、首次破裂时向火面中心点同破裂位置处背火面遮蔽点之间的平均温度差、首次破裂位置处热应力影响相对较小，也验证了遮蔽表面宽度是重要的影响因素，而玻璃厚度、热辐射源升温速率是十分重要的影响因素。但是玻璃向火面首次破裂位置处遮蔽点的平均温度受遮蔽表面宽度影响较大，随着遮蔽表面宽度的增加，该点温度升高。首次破裂时间、首次破裂时玻璃表面中心点的温度及中心点的温度差受遮蔽表面宽度的影响很小，而首次破裂时向火面中心点同破裂位置处背火面遮蔽点之间的平均温度差随着遮蔽表面宽度的增加而增大。

5.6.2　Low-E 玻璃热破裂行为研究

随着国家节能规划的实施和公众节能意识的增强，Low-E 玻璃的产量不断增加，玻璃在新建建筑物中的使用更加广泛。研究 Low-E 玻璃在热荷载作用下的热破裂行为有利于加深对这种玻璃热破裂规律的认识，能为建筑物中 Low-E 玻璃的设计和安装提供参考。考虑到浮法玻璃热破裂行为实验中采用的是单片的浮法玻璃，为了更方便实验结果比较，选用能作为单片使用的在线高透型 Low-E 玻璃。它的光学性能参数和力学性能参数见表 5.23。

表 5.23　在线高透型 Low-E 玻璃部分性能参数

性能参数	数值
光透射率/%	82
可见光内向反射率/%	11
可见光外向反射率/%	10
遮阳系数/%	81
U(传热系数)/(W/(m^2·K))	3.7
E(弹性模量)/Pa	7.2×10^{10}
β(线膨胀系数)/℃$^{-1}$	9×10^{-6}

在实验中，采用 0.7mm 厚的不锈钢质玻璃边框，每侧通过 4mm 厚石膏粉兑水将玻璃固定在边框内，边框的宽度在玻璃遮蔽表面宽度影响因素的实验中，选取五种不同类型的边框宽度，分别为 10mm、20mm、30mm、40mm、50mm。其他工况不变，分别为：Low-E 玻璃的镀膜面位于背火面；玻璃的平面大小为 600mm×600mm；玻璃的边缘通过两侧 4mm 厚的石膏浆固定在铝质边框内；铝质边框的宽度为 20mm；热源采用实验中的电阻丝热源加热，热源的升温速率分为两个阶段：从 0℃以 15℃/min 的速率升温 600℃，然后在 600℃恒温 20min。由于每次实验时间较长，实验工作量较大，所以每个平行实验重复一次，如果两次实验结果偏差较大，再重复一次，选取其中两次结果较为相近的数据。表 5.24 列出了 Low-E 玻璃遮蔽表面宽度影响因素实验工况。

表 5.24　Low-E 玻璃遮蔽表面宽度影响因素实验工况表

序号	玻璃厚度/mm	辐射源升温速率	遮蔽表面宽度/mm	玻璃平面大小/mm×mm
LX.11	6	15℃/min 升温至	10	600×600
LX.12	6	600℃，恒温 20min	10	600×600
LX.5	6	15℃/min 升温至	20	600×600
LX.6	6	600℃，恒温 20min	20	600×600

续表

序号	玻璃厚度/mm	辐射源升温速率	遮蔽表面宽度/mm	玻璃平面大小/mm×mm
LX.13	6	15℃/min 升温至	30	600×600
LX.14	6	600℃，恒温 20min	30	600×600
LX.15	6	15℃/min 升温至	40	600×600
LX.16	6	600℃，恒温 20min	40	600×600
LX.17	6	15℃/min 升温至	50	600×600
LX.18	6	600℃，恒温 20min	50	600× 600

1. 玻璃表面温度

图 5.69～图 5.72 分别是 6mm 厚 Low-E 玻璃在不同遮蔽表面宽度（10mm、30mm、40mm、50mm）下的表面温度随时间的变化图。需要说明的是，每种工况选取一组实验为代表，遮蔽表面宽度为 20mm 的玻璃表面温度随时间的变化如图 5.49 所示，这里不再展示。由图可以看出，玻璃向火面暴露区上部分的温度较向火面其他区域高，玻璃背火面上边缘遮蔽区的温度较背火面其他区域高。原因不再赘述。

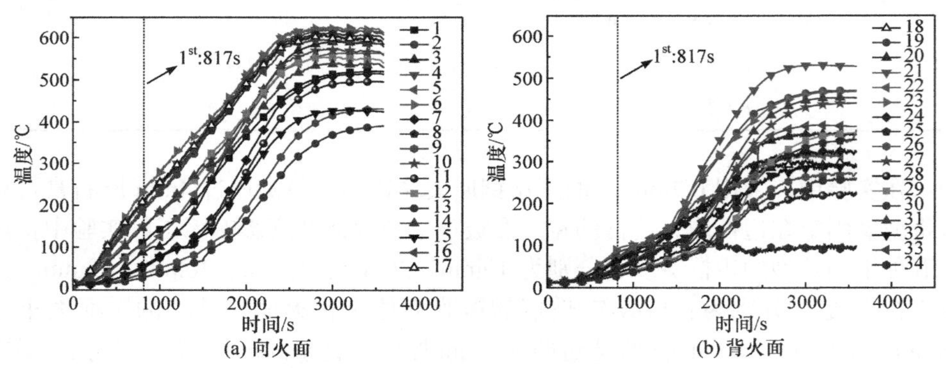

图 5.69　6mm 厚 Low-E 玻璃表面温度随时间的变化(遮蔽表面宽度 10mm，LX.11)

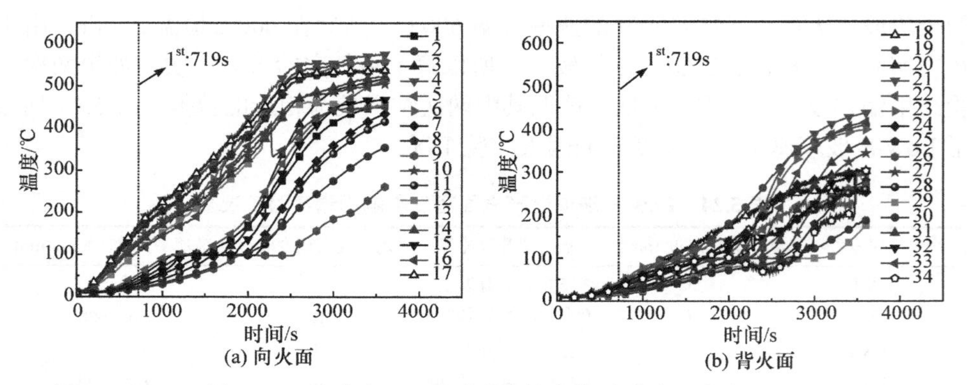

图 5.70　6mm 厚 Low-E 玻璃表面温度随时间的变化(遮蔽表面宽度 30mm，LX.14)

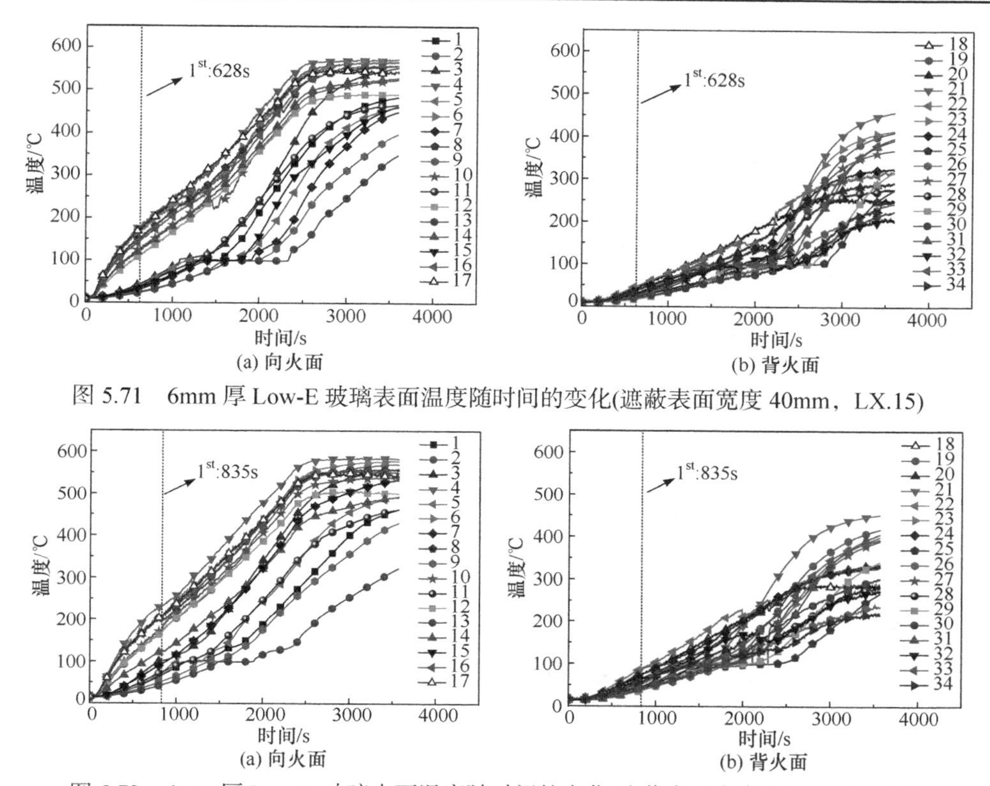

图 5.71　6mm 厚 Low-E 玻璃表面温度随时间的变化(遮蔽表面宽度 40mm，LX.15)

图 5.72　6mm 厚 Low-E 玻璃表面温度随时间的变化(遮蔽表面宽度 50mm，LX.17)

2. 玻璃首次破裂位置、裂纹类型及表面温度差

图 5.73～图 5.76 分别表示遮蔽表面宽度为 10mm、30mm、40mm、50mm 时，玻璃首次破裂位置和温度差随时间的变化关系。遮蔽表面宽度为 20mm 的玻璃首

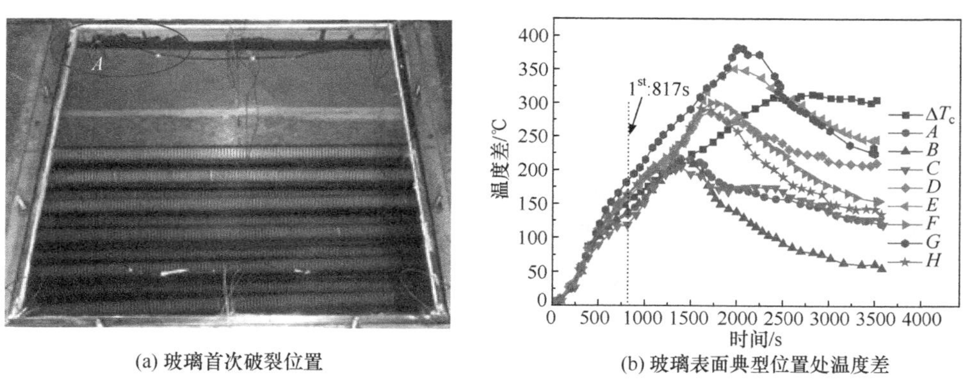

(a) 玻璃首次破裂位置　　(b) 玻璃表面典型位置处温度差

图 5.73　6mm 厚 Low-E 玻璃首次破裂位置及玻璃表面典型位置处温度差

(遮蔽表面宽度 10mm，LX.11)

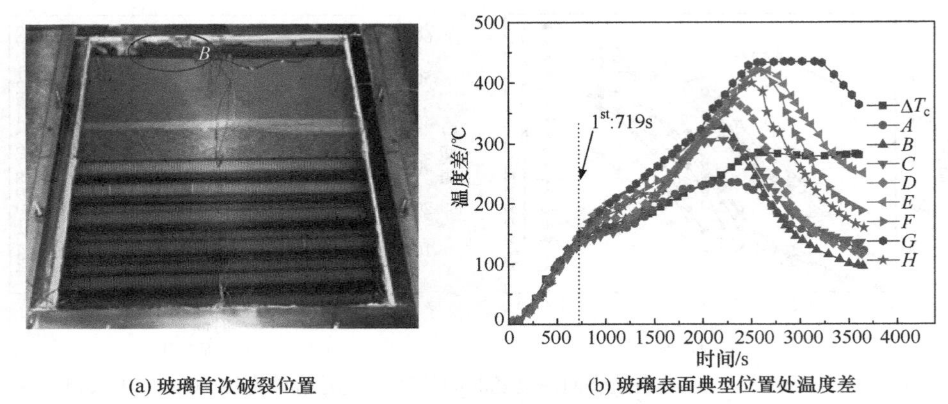

(a) 玻璃首次破裂位置　　(b) 玻璃表面典型位置处温度差

图 5.74　6mm 厚 Low-E 玻璃首次破裂位置及玻璃表面典型位置处温度差

(遮蔽表面宽度：30mm，LX.14)

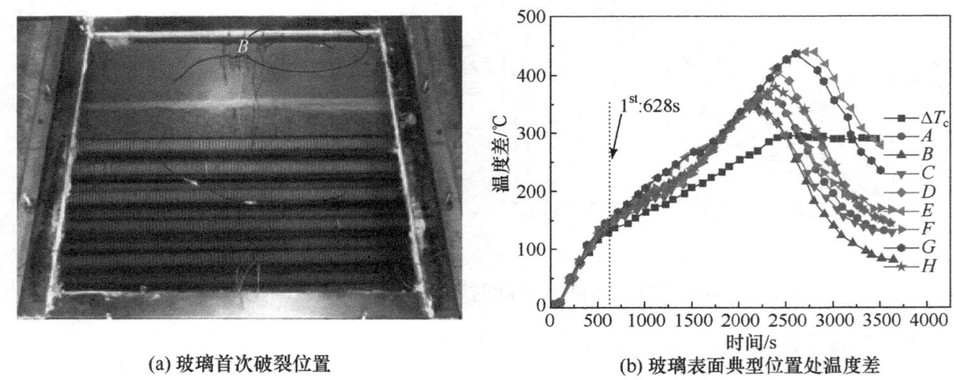

(a) 玻璃首次破裂位置　　(b) 玻璃表面典型位置处温度差

图 5.75　6mm 厚 Low-E 玻璃首次破裂位置及玻璃表面典型位置处温度差

(遮蔽表面宽度：40mm，LX.15)

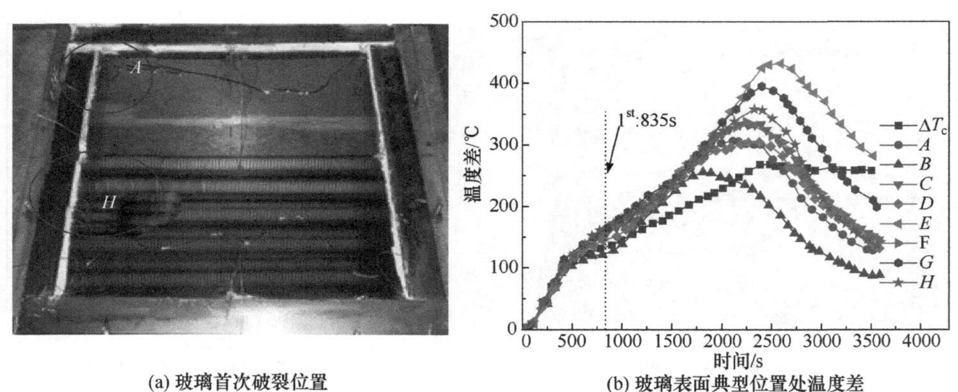

(a) 玻璃首次破裂位置　　(b) 玻璃表面典型位置处温度差

图 5.76　6mm 厚 Low-E 玻璃首次破裂位置及玻璃表面典型位置处温度差

(遮蔽表面宽度：50mm，LX.17)

次破裂位置和温度差随时间变化如图 5.54 所示，这里不再展示。从图中看出，首次破裂位置分别发生在玻璃表面 A、B、B、A 和 H 之间。当遮蔽表面宽度在 10mm、20mm、30mm、40mm、50mm 变化时，玻璃首次破裂时间相应为 817s、862s、719s、628s 和 835s，两表面中心点温度差(ΔT_c)相应为 155.0℃、163.8℃、125.6℃、131.9℃和 133.7℃，首次破裂时向火面中心点同破裂位置处背火面遮蔽点之间的平均温度差($\Delta\overline{T}$)相应为 136.7℃、191.5℃、136.1℃、144.5℃、159.3℃。从图中看出，两表面中心点温度差(ΔT_c)分布在 125.6～163.8℃，首次破裂时向火面中心点同破裂位置处背火面遮蔽点之间的平均温度差($\Delta\overline{T}$)分布在 136.1～191.5℃，同样表明遮蔽表面宽度对于两种温度差的影响相对较小。

3. 遮蔽表面对玻璃首次破裂的参数影响规律研究

表 5.25 中列出了 6mm 厚 Low-E 玻璃在不同遮蔽表面宽度下的实验结果，包括玻璃首次破裂时间、首次破裂时向火面和背火面中心点温度、首次破裂时两表面中心点之间温度差、首次破裂位置、首次破裂时向火面中心点同破裂位置处背火面遮蔽点之间的平均温度差、首次破裂时热应力。从表中可以看出，6mm 厚 Low-E 玻璃首次破裂位置在 B 点(4 次)、A 点(3 次)、G 点(2 次)及其他几点(各 1 次)，其中主要分布在 B 点和 A 点，它们均位于玻璃上部，说明实验装置内上层热空气对玻璃具有一定的影响；玻璃首次破裂时间分布在 628～988s；首次破裂时向火面中心点温度($T_{向}$)分布在 166.9～250.6℃；首次破裂时背火面中心点温度($T_{背}$)分布在 41.2～80.0℃；首次破裂时两表面中心点之间温度差(ΔT_c)分布在 125.6～194.3℃，首次破裂时向火面中心点同破裂位置处背火面遮蔽点之间的平均温度差($\Delta\overline{T}$)分布在 136.1～199.8℃；首次破裂时热应力分布在 88.19～129.47MPa。从上述数据的统计中看出，与热辐射源升温速率的影响比较，遮蔽表面宽度对玻璃破裂的时间、中心点温度、温度差等影响相对较小，这也跟之前得出的遮蔽表面宽度是重要影响因素而热辐射源升温速率等是十分重要的影响因素结论相吻合。

对表 5.25 中同一遮蔽表面宽度的 Low-E 玻璃实验数据取平均值，作出玻璃首次破裂时间同玻璃遮蔽表面宽度之间的关系图和玻璃首次破裂时温度和温度差同玻璃遮蔽表面宽度之间的关系图，如图 5.77 和图 5.78 所示。

表 5.25　不同遮蔽表面宽度 Low-E 玻璃破裂的测量结果

序号	宽度/mm	时间/s	$T_{向}$/℃	$T_{背}$/℃	ΔT_c/℃	$\Delta\overline{T}$/℃	T_{zb}/℃	首次破裂位置	σ/MPa
LX.11	10	817	215.0	60.0	155.0	136.7	99.2	A	88.58
LX.12	10	988	221.9	70.0	151.9	149.6	75.7	A、G	96.94
LX.5	20	862	243.8	80.0	163.8	191.5	69.0	F	124.09

续表

序号	宽度/mm	时间/s	$T_{向}$/℃	$T_{背}$/℃	ΔT_c/℃	$\Delta\bar{T}$ /℃	T_{zb}/℃	首次破裂位置	σ/MPa
LX.6	20	828	250.6	56.3	194.3	199.8	61.2	*B*	129.47
LX.13	30	664	182.5	48.8	133.7	157.2	29.6	*D*	101.87
LX.14	30	719	166.9	41.3	125.6	136.1	38.0	*B*	88.19
LX.15	40	628	173.1	41.2	131.9	144.5	43.7	*B*	93.64
LX.16	40	752	196.9	46.9	150.0	166.5	46.2	*B*	107.89
LX.17	50	835	207.5	73.8	133.7	159.3	72.0	*A*	103.23
LX.18	50	712	211.3	75.1	136.2	161.2	70.0	*G*	104.46

注：$T_{向}$和$T_{背}$分别是首次破裂时向火面中心点温度、背火面中心点温度；ΔT_c是首次破裂时玻璃表面中心点的温度差；T_{zb}为向火面首次破裂位置处遮蔽点的平均温度；$\Delta\bar{T}$ 是首次破裂时向火面中心点同破裂位置处背火面遮蔽点之间的平均温度差；σ是首次破裂位置处的应力，根据公式$\sigma = E\beta\Delta T$ 进行计算，E是弹性模量，取为7.3×10^{10}Pa，β是线膨胀系数，取为7.2×10^{-6}℃$^{-1}$。

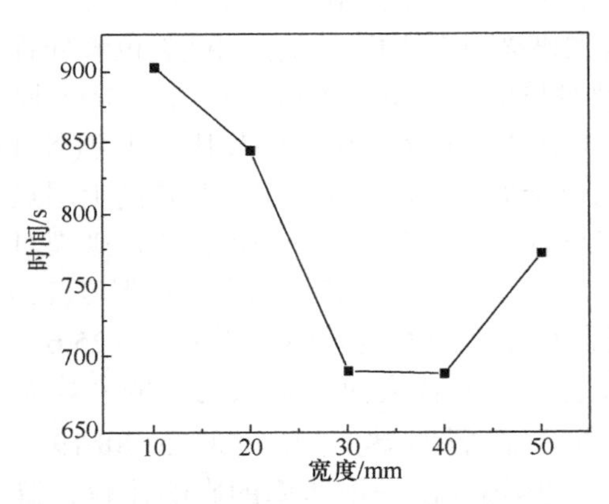

图 5.77　玻璃首次破裂时间同玻璃遮蔽表面宽度的关系

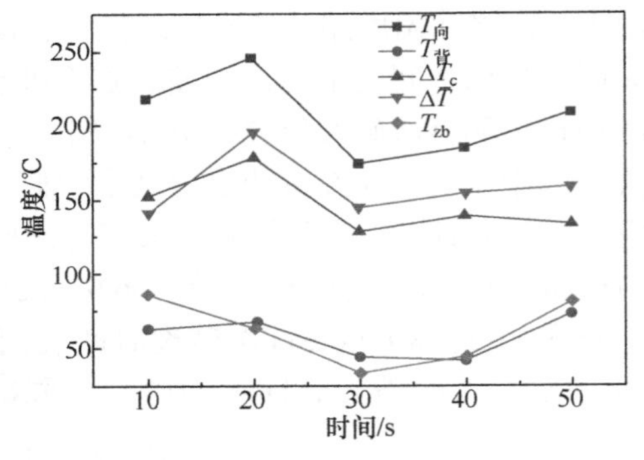

图 5.78　玻璃首次破裂时温度和温度差同玻璃遮蔽表面宽度的关系

从图 5.77 中可以看出，玻璃首次破裂时间受遮蔽表面宽度的影响较小，在一个较小的范围(200s 左右)内波动，随着遮蔽表面宽度的增加存在一个先下降后上升的过程，在遮蔽表面宽度为 20～30mm 时较低，这跟浮法玻璃的研究相类似。从图 5.78 中看出，首次破裂时玻璃表面中心点的温度($T_{向}$和 $T_{背}$)及温度差(ΔT_c)、首次破裂时向火面中心点同破裂位置处背火面遮蔽点之间的平均温度差($\Delta\bar{T}$)受遮蔽表面宽度的影响也很小。玻璃向火面首次破裂位置处遮蔽点的平均温度(T_{zb})受玻璃遮蔽表面宽度因素影响较大(33.8～87.5℃，最大值约为最小值的 3 倍)，它随着遮蔽表面宽度的增大先减小后增大，在遮蔽表面宽度为 30mm 时达到最小。

综上所述，对于 6mm 厚 Low-E 玻璃，遮蔽表面宽度对于玻璃首次破裂时间、首次破裂时玻璃表面中心点的温度及温度差、首次破裂时向火面中心点同破裂位置处背火面遮蔽点之间的平均温度差、首次破裂位置处热应力的影响相对较小，也验证了遮蔽表面宽度是重要影响因素而玻璃厚度、热辐射源升温速率是十分重要的影响因素的结论。但是玻璃向火面首次破裂位置处遮蔽点的平均温度受遮蔽表面宽度影响较大，随着遮蔽表面宽度的增加，该点温度先减小后增大。

5.7 本章小结

本章主要分析了玻璃在火灾条件下发生热破裂的影响因素，分别从玻璃自身参数、玻璃的安装方式、空气夹层厚度、玻璃厚度、热辐射源升温速率及表面遮蔽宽度等角度对玻璃破裂过程进行了分析。所涉及的三种安装方式分别为四边遮蔽型、上下水平遮蔽型和左右垂直遮蔽型，比较了 6A、9A 和 12A 三种不同中空玻璃在不同安装方式下破裂脱落的差异，对空气夹层厚度对中空玻璃热响应的影响进行了研究。通过对向火面玻璃和背火面玻璃首次破裂时间、脱落面积等方面进行对比分析，探究了遮蔽方式对脱落的影响。并通过讨论何种安装方式下的玻璃具有更长的耐火时间及较小的脱落百分比等，对不同安装方式下中空玻璃厚度的选择进行了分析。

参考文献

[1] Hassani S K S, Shields T J, Silcock G W. An experimental investigation into the behaviour of glazing in enclosure fire. Journal of Applied Fire Science, 1994, 4(4): 303-323.

[2] Yuse A, Sano M. Instabilities of quasi-static crack patterns in quenched glass plates. Physica D, 1997, 108(4): 365-378.

[3] Chow W K. Experimental study on smoke movement leading to glass damages in double-skinned façade. Construction and Building Materials, 2007, 21(3): 556-566.

[4] Xie Q Y, Zhang H P, Wan Y T. Full-scale experimental study on crack and fallout of toughened glass with different thicknesses. Fire and Materials, 2008, 32(5): 293-306.

[5] Wu C W, Lin T H, Lei M Y, et al. Fire test on a non-heat-resistant fireproof glass with down-flowing water film. Fire Science and Technology, 2005, 8: 327-338.

[6] Shields T J, Silcock G W H, Hassani S K S. Behavior of glazing in a large simulated office block in a muti-story building. Journal of Applied Fire Science, 1997, 7(4): 333-352.

[7] Shields T J, Silcock G W H, Hassani S K S. The behavior of double glazing in an enclosure fire. Journal of Applied Fire Science, 1997, 7(3): 267-286.

[8] Shields T J, Silcock G W H, Hassani S K S. The behavior of single glazing in an enclosure fire. Journal of Applied Fire Science, 1997, 7(2): 145-163.

[9] Mowrer F W. Window Breakage Induced by Exterior Fires. Gaithersburg: The Society of Fire Protection Engineers, 1997: 404-415.

[10] Cuzzillo B R, Pagni P J. Thermal breakage of double-pane glazing by fire. Journal of Fire Protection Engineering, 1998, 9(1): 1-11.
[11] 张庆文. 受限空间火灾环境下玻璃破裂行为研究. 合肥: 中国科学技术大学, 2006.
[12] Keski-Rahkonen O. Breaking of window glass close to fire. Fire and Materials, 1988, 12(2): 61-69.
[13] Emmons H W. Window glass breakage by fire. Home Fire Project Technical Report No. 77. Cambridge: Harvard University, 1988.
[14] Pagni P J, Joshi A A. Fire physics-Promises, problems, and progress. Fire Safety Science, 1989, 2: 49-66.
[15] Skelly M J, Roby R J, Beyler C L. An experimental investigation of glass breakage in compartment fires. Journal of Fire Protection Engineering, 1991, 3(1): 25-34.
[16] 苏燕飞. 中空玻璃在火灾环境下的破裂行为规律研究. 合肥: 中国科学技术大学, 2015.
[17] Lönnermark A, Ingason H. The effect of cross-sectional area and air velocity on the conditions in a tunnel during a fire. SP Report 2007: 05, Borås: SP Technical Research Institute of Sweden, 2007.
[18] Wong D, Li K Y, Spearpoint M. A probabilistic model for the fallout area of single glazing under radiant heat exposure. Fire Safety Science, 2014, 11: 444-457.
[19] 张毅. 热荷载作用下浮法玻璃和低辐射镀膜玻璃破裂行为研究. 合肥: 中国科学技术大学, 2011.

第 6 章　水幕保护下的玻璃热破裂行为

6.1　玻璃爆裂概述

现代建筑物内大多配备水喷淋设施，当建筑物发生火灾时玻璃在水幕(水喷淋)的作用下可能会保持其完整性，也有可能会因为喷淋开启时间不当导致玻璃受到冷水冲击而破裂脱落，从而形成新的通风口，进而加剧火势蔓延，影响人员疏散。因此，研究火灾场景中水幕(水喷淋)作用下玻璃的响应特性是当前安全工程领域尤其是火灾科学领域的热点之一。

Chen 等[1]对水幕作用下玻璃向火面的传热特性进行了数值计算，使用最小二乘法逆运算、有限差分法等，结合实验数据求解二维瞬态逆向热传导问题，预测了水幕作用下玻璃向火面的温度及热应力分布。该方法首先假设水幕作用下玻璃向火面的温度为空间三次多项式与时间线性乘积的复合函数，再将实验测得的温度数据与预测温度进行最小二乘法运算，迭代修正至收敛后，预测出向火面温度及热应力分布。作者把整个传热过程分为两个阶段，并给出玻璃向火面的瞬时总热通量和总体传热系数的表达式。结果表明，水幕流速对传热系数的影响不可忽略且下游区的总体传热系数比上游区的要明显高很多。

Wu 等[2-4]通过大量实验(包括小尺寸、全尺寸和实际尺寸)证明了玻璃表面施加水幕来保证防火性能的可行性。结果表明，在玻璃表面施加水幕可以有效地阻挡火源释放的热量，而且玻璃保持完整性的时间由原来的 6min 延长到 100min；同时还发现水幕的效果要比水喷淋系统的效果好，尽管水喷淋系统的流速要比水幕系统大。Kim 等[5, 6]通过大量的实验研究了喷头对窗玻璃的保护作用。他们的研究中包括火源位于窗玻璃外侧时喷头对玻璃的保护。结果表明，一个专门安装在玻璃背火面的喷头可以自动启动，从而降低火源热辐射，且不会危害窗玻璃的完整性。然而，如果外部火源形成羽流或辐射强度很大，安装在玻璃背火面的喷头有可能不能在钢化玻璃破裂前及时启动。Richardson 等[7]进行了自动喷头保护下防火玻璃的全尺寸实验。实验结果表明，防止玻璃表面形成干燥区的水喷淋最低流速可达 70～90L/(min · m)，但也能更低。窗玻璃高度对最低流速也有很大影响。Beason[8]研究了喷头作用下玻璃幕墙的防火性能。对钢化玻璃、平板玻璃、夹层玻璃分别施加大功率火源(250kW)和小功率火源(40kW)辐射。Kim 等[9]研究了水幕对平板玻璃和热强化玻璃的保护效果。此外，Ng 等[10]总结了世界不同国家和地区对水喷淋系统的设计规范，包括英国、美国、澳大利亚，这为水幕系统或水喷淋系统的设计提供了科学依据。

综上所述研究，虽然众多学者对玻璃在火灾中的破裂行为及机理进行了一定的研究，但是关于水幕(水喷淋)对受热玻璃的破裂脱落行为影响的研究不多。而且目前仅有的少数研究成果主要从理论和实验方面验证了火灾环境中水幕可以对玻璃起到良好的降温冷却作用，从而延长玻璃的耐火时间。但是几乎所有结论都是建立在水幕能够在玻璃温度较低时(火灾初期)及时启动这一假设之上，上述部分实验甚至是在点火的同时开启水幕。在这种条件下水幕或水喷淋确实可以对玻璃起到很好的保护作用。但这一假设并不总是成立，因为真实火灾发生时建筑物中配备的水幕或水喷淋设施并不能保证一定在火灾初期及时启动。另外，火灾中消防救援人员会人为地喷洒冷水灭火，冷水可能会喷溅到高温玻璃上而导致玻璃破裂。因此，研究水幕在火灾不同阶段开启对各种玻璃破裂脱落行为的影响，尤其是对高温下玻璃的影响，显得非常必要和有现实意义。本章拟将玻璃加热到不同温度(火灾不同阶段)后开启水幕，介绍不同类型玻璃的响应情况，这对实际工程应用中水幕(水喷淋)系统的设计、玻璃幕墙防火设计等具有借鉴和参考意义。

6.2　水幕实验设计

6.2.1　相关国家标准、规范

目前，水幕产生装置的实验台主要是根据研究需要自行设计，其规格大小不一，一般以大尺寸为主，这类实验台可以改变的实验工况不多，且绝大多数难以满足水幕回收并准确测温的要求。为了使实验工况与实际工程应用更加接近，作者课题组在实验台设计过程中参考了大量的相关国家标准及规范，如《自动喷水灭火系统设计规范》(GB 50084—2017)[11]、《建筑设计防火规范(2018 版)》(GB 50016—2014)[12]等。

《自动喷水灭火系统设计规范》中对供水系统，包括水箱尺寸、管径、水泵扬程、设计流速及压力都进行了明确规定。例如，该规范中规定竖直管路、末端连接管路管径不小于 25mm，喷淋系统喷水强度和水压应符合表 6.1 的要求。本实验台水压可以在 0～0.3MPa 调节，本章所有实验水压均控制在 0.15MPa。喷水强度经过计算也接近 0.5L/(s · m)。

6.2.2　实验台总体设计

实验台由供水系统、水幕喷淋系统、火源模拟系统、测量控制系统及水幕回收系统等组成。图 6.1 为实验系统连接示意图[13]。

表 6.1　水幕系统基本参数

水幕类型	喷水强度/(L/(s·m))	水压/MPa
防火分隔型	2	0.1
防护冷却型	0.5	0.1

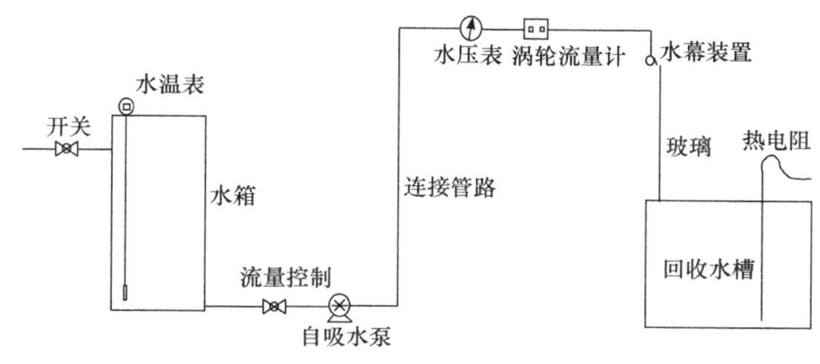

图 6.1　实验系统连接示意图

1. 供水系统

供水系统由水源、水箱(长 500mm×宽 500mm×高 1200mm)、水温表、连接管路、控制阀门、自吸水泵(型号：DBZ-35)、涡轮流量计、水压表等组成。水箱与水源连接，水箱中布置有水温表，可记录水幕初始温度。实验中通过水泵将水输送至水幕系统，并通过水泵与水箱之间的球阀控制出水速度及压力。水泵与水幕装置之间的管路中安装有水压表及流量计。水压表用于显示管路中的水压，实验中采用指针式水压表(量程为 0.6MPa，精度为 0.01MPa)。实验中采用的流量计为涡轮流量计(型号：LWGY-25，精度为±0.5%，量程为 0.5～10m^3/h)，可记录实验中用水的累积流量及瞬时流速。

2. 水幕喷淋系统

水幕喷淋系统主要由水幕产生装置、固定支架、旋转支架构成。水幕产生装置主体为一根长 600mm、外径 25mm 两端封闭的钢管，钢管一侧打 6 个大小不一、疏密相间的出水口，每个出水口外侧焊接一片扇形薄钢片，这样水从每个出水口流出时经过扇形钢片的分散作用就会形成一个小型水幕，6 个小型水幕连接在一起就会在玻璃上形成均匀完整的水幕，覆盖整块玻璃。出水口的间距、扇形钢片的形状都是经过大量的预实验及不断改进最终确定的，详见图 6.2。

固定支架直接用于固定水幕产生装置，通过旋转支架则可以将水幕产生装置在 0°～90°旋转，以改变水幕与玻璃之间的角度，也可以使水幕不与玻璃直接接触，即在玻璃与火源之间形成一道水幕(防火分隔型水幕)。水幕出水管安装在距离玻璃向火面 70mm、玻璃上边缘 50mm 处，如图 6.3 所示。

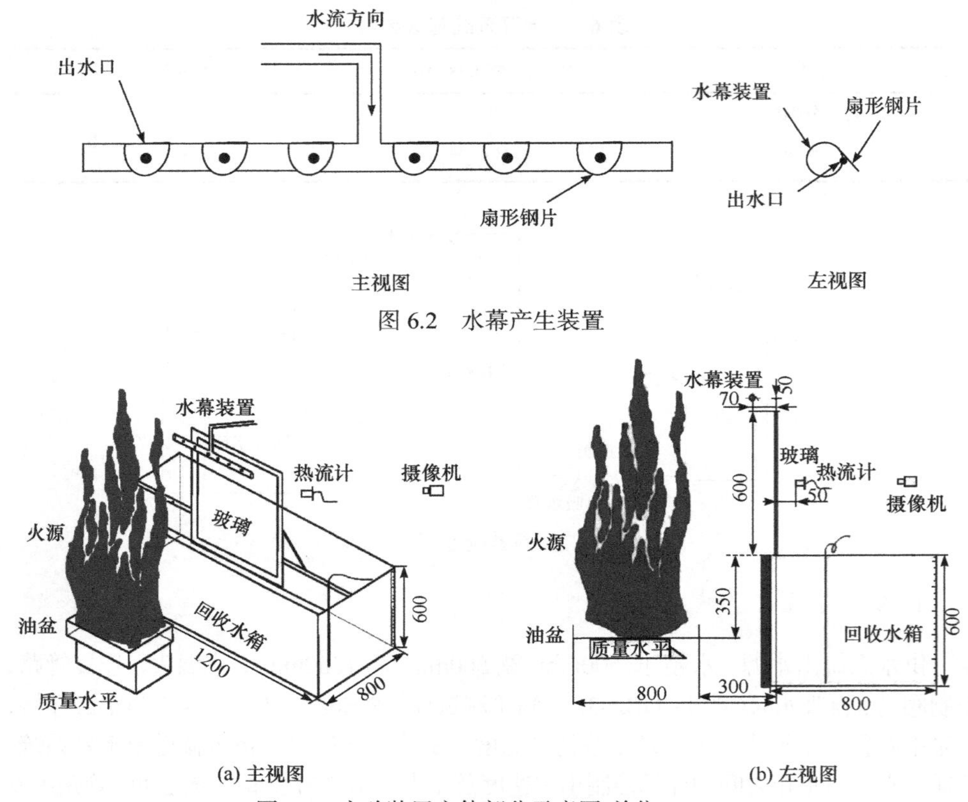

主视图　　左视图

图 6.2　水幕产生装置

(a) 主视图　　(b) 左视图

图 6.3　实验装置主体部分示意图(单位：mm)

3. 火源模拟系统

实验中采用正庚烷油池火模拟火灾真实场景，使用的正庚烷纯度为 99%，可保证所有实验火源的一致性。所用油盘尺寸为 500min×500mm，燃烧稳定阶段火源热释放速率可达 300～400kW。油盆中心距离玻璃向火面 550mm，油盆底面距离玻璃下边缘 350mm。实验中油盆下面布置一台质量天平(量程：32kg，型号：METTLER TOLEDO XA32001L)，用于记录燃料质量损失情况。通过燃料质量损失情况，可以计算出火源热释放速率。

4. 水幕回收系统

水幕回收系统主要用于回收从玻璃上流下的水，这部分水通过升温的方式吸收玻璃的热量，是使玻璃降温的主要方式。因此，充分回收这部分水并测量水升温前后的温度(用于计算水幕吸收的热量)就显得非常重要，这是验证水幕对玻璃保护作用的有力证据。水幕回收系统主要由回收水槽构成，尺寸为 1200mm(长)×

800mm(宽)×600mm(高)。水槽内表面竖直方向安装一根毫米刻度尺用于读取回收水的高度(用于计算回收水的体积，水槽底面积已知)。回收水槽长度方向等距离布置三根热电阻(Pt-100，型号：WRNM-01t 铠装热电阻，测温范围为–200～450℃)，用于测量回收水的温度。水槽底面和向火面分别有一个排污口，用于实验后排出收集的水。为防止实验过程中火源影响回收水温度的测量，回收水槽外侧包裹一层保温材料。

5. 玻璃框架

玻璃框架用于固定玻璃，实验中采用边框固定方式。玻璃框架通过卡槽和螺丝固定于回收水槽之上，玻璃与火源之间距离可以通过卡槽调节。玻璃通过框架背火面的螺栓和角铁形状固定片(四边各有一个)固定，如图 6.4 所示。玻璃向火面四周 20mm 被框架遮蔽，背火面除固定点外暴露于空气中。实验中玻璃尺寸均为 600mm×600mm×6mm，为便于安装玻璃，玻璃框架尺寸比玻璃略大(四周留有 1.5mm 左右空隙)，空隙由高温玻璃密封胶填充(ST-1250)。通过这种方式，玻璃在平面方向和厚度方向均被框架固定，从而在升温过程中不能自由膨胀。

图 6.4　玻璃固定方式

本实验台在实验过程中通过多重调节，可实现模拟火灾发生后不同时间开启水幕对玻璃的保护(破坏)作用、升温过程中不同玻璃类型对冷水冲击反应、单喷头(多喷头)可保护玻璃的最大宽度、玻璃厚度及边缘平整度、遮蔽宽度及遮蔽边框材质、水幕形式(包括防护冷却型水幕、防火分隔型水幕)、水幕位置(向火面、背火面或两面都有)、水幕角度、出水压力、水幕喷射流量、喷头种类(水幕喷头、水喷淋喷头或细水雾喷头)、模拟火源类型(气体火、油池火、均匀辐射板等)及火源热释放速率和距离等实验工况的研究，较为全面地考虑火灾场景中水幕(水喷淋)作用下玻璃破裂的影响因素。同时，该实验台可形成更均匀的水幕，降低了溅出水的比例，提高了水的利用率，可以方便地将水幕产生装置更换为其他喷头。此外，本装置克服了其他实验台水幕难以回收的缺陷且便于准确测量回收水温，使计算水幕蒸发及升温吸收的热量和水的利用率成为可能。

6.2.3　实验方案设计

本章选取目前工程中常用的钢化玻璃及非钢化玻璃开展研究，其中非钢化玻璃选用的分别是浮法玻璃和 Low-E 玻璃。实验的玻璃尺寸均为 600mm× 600mm× 6mm，出厂前均进行磨边处理。实验中当玻璃温度升高到不同值时施加水幕，其中钢化玻璃分别在温度达到 75℃、150℃、200℃、230℃、250℃、280℃和 310℃时施加水幕；浮法玻璃和 Low-E 玻璃分别在温度达到 60℃、70℃、80℃、90℃和 100℃时施加水幕。实验中的玻璃温度指的是玻璃最高温度。

实验中采用两种 K 型热电偶测量玻璃表面及周围空气温度，分别为贴片热电偶和点式热电偶。两种热电偶均为镍铬-镍硅热电偶，测温范围为 0～800℃。贴片热电偶用于测量玻璃表面温度，普通点式热电偶用于测量玻璃周围空气温度。贴片热电偶尺寸为 1cm×1.5cm，贴片通过锡纸胶带粘贴于玻璃表面之上。实验中采用热流计测量玻璃表面或透过玻璃和水幕的热流，所用热流计为 MEDTHERM 64 系列水冷型热流传感器(型号：64-10-20，量程为 50kW/m^2)，如图 6.5 所示，所测热流包括全波段辐射及对流热量。

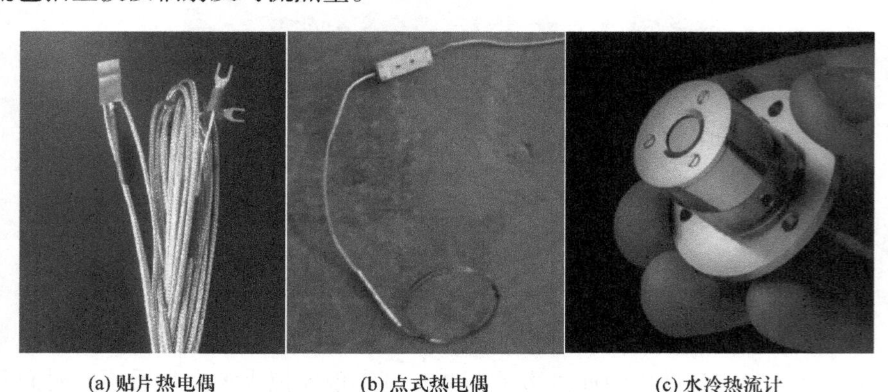

(a) 贴片热电偶　(b) 点式热电偶　(c) 水冷热流计

图 6.5　热电偶及热流计实物图

图 6.6(a)为钢化玻璃实验对照组中热电偶及热流计布置图。其中 TC1～TC5 布置在玻璃向火面非遮蔽区域，TC6～TC10 布置在玻璃背火面，TC11 布置在距离玻璃向火面中心点 5mm 处用于测量空气温度。热流计布置在距玻璃背火面中心处 5cm 处，用于测量透过玻璃与水幕的热辐射值。图 6.6(b)为钢化玻璃实验中实验组中热电偶及热流计布置图。为防止热电偶影响水幕的均匀性，玻璃向火面只布置两根热

电偶(TC10 和 TC11)，通过预实验验证 TC11 处是玻璃最高温度点，此处温度作为开启水幕的参考温度。TC1～TC9 均布置在玻璃背火面，包括遮蔽区域和非遮蔽区域。

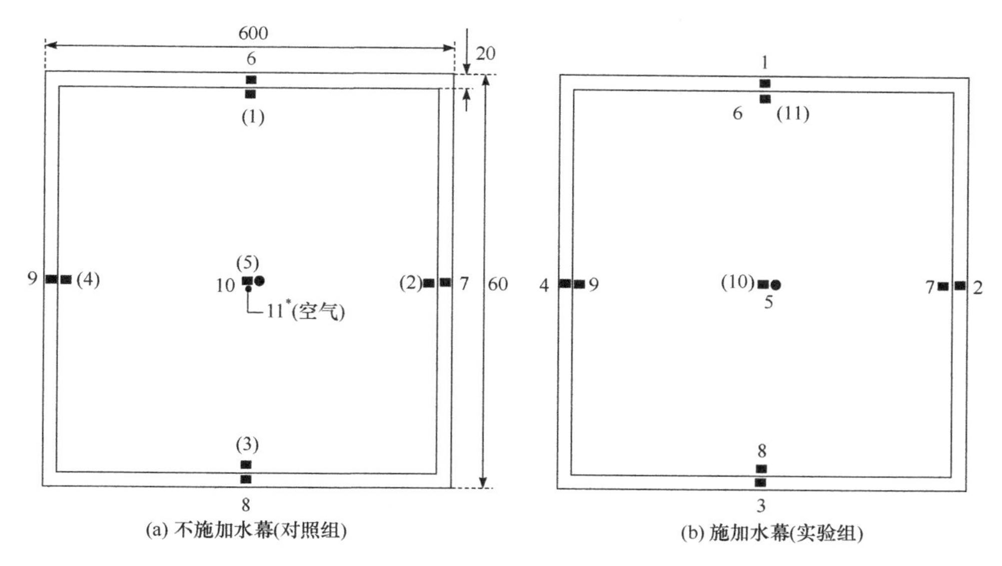

图 6.6　钢化玻璃实验热流计及热电偶布置(单位：mm)

图 6.7 为非钢化玻璃实验热流计及热电偶布置图。背火面布置 5 根热电偶(TC1～TC5)，其中 TC1～TC4 位于玻璃遮蔽区域，TC5 位于玻璃背火面非遮蔽区域。对照实验(不施加水幕)中，在距离玻璃向火面中心点 5mm 处布置一根热电偶

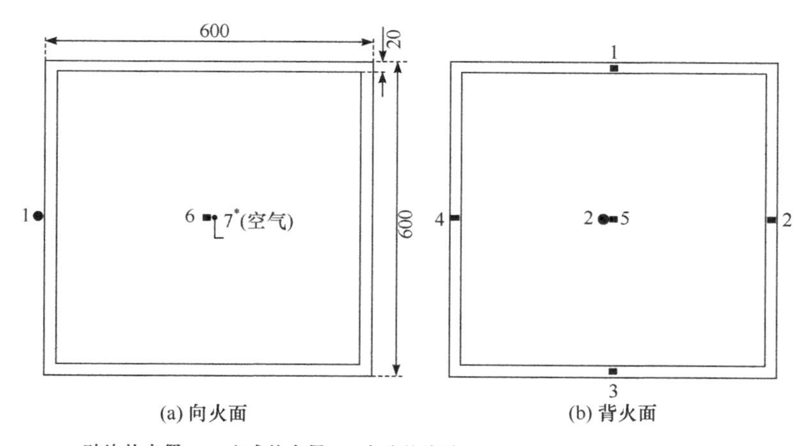

图 6.7　非钢化玻璃实验热流计及热电偶布置(单位：mm)

TC7 用于测量周围空气温度。TC6 依然作为玻璃最高温度点，是开启水幕的参考温度。对照实验中热流计 1 表面与玻璃向火面水平中心线平齐，用于测量玻璃向火面受到的热辐射，有水幕的实验工况中热流计 2 位于距玻璃背火面中心处 5cm 处，用于测量透过玻璃与水幕的热辐射值。

6.3 水幕对受热钢化玻璃破裂行为的影响

6.3.1 总体实验现象及结果

对钢化玻璃共进行了 26 次实验，可依次分为 10 个工况(1～10)，分别为不施加水幕，在 75℃、150℃、200℃、230℃、250℃、280℃和 310℃时施加防护冷却型水幕，在 250℃和 280℃时施加防火分隔型水幕。本章所用钢化玻璃是经物理钢化法生产的，相关力学和光学参数如下：密度 $\rho=2507\text{kg/m}^3$，弹性模量 $E=67.6\text{GPa}$，泊松比 $\nu=0.215$，剪切模量 $G=29.78\text{GPa}$，维氏硬度 $H_\text{v}=5.99\text{GPa}$，可见光透射率 $\tau_\text{v}=0.77$，传热系数 $U=5.70\text{W/(m}^2\cdot℃)$。

防护冷却型水幕，是水幕直接与玻璃向火面接触从而使得玻璃快速降温的水幕形式；防火分隔型水幕，是水幕不与玻璃直接接触，而是在玻璃与火源之间形成(本章中水幕与玻璃向火面之间的距离为 2cm)，通过阻隔火源热辐射间接起到降低玻璃温度的作用。本章涉及的水幕若无特别说明指的是防护冷却型水幕。实验工况概述见表 6.2。

表 6.2 实验工况概述

工况	水幕开启时玻璃温度/℃	重复次数	玻璃破裂次数	火源距离/cm
1	—	3	0	55
2*	75	2	0	55
3*	150	2	0	55
4*	200	2	0	55
5*	230	3	0	55
6*	250	4	1	55
7*	280	3	3	55
8*	310	3	3	55
9**	250	2	0	55
10**	280	2	0	55

*工况 2～8 中施加的是防护冷却型水幕(水幕直接与玻璃向火面接触)。

**工况 9、10 中施加的是防火分隔型水幕(水幕不与玻璃直接接触)。

对照实验(不施加水幕)中，3 次测试玻璃均没有破裂。在施加防护冷却型水幕的工况中，当玻璃温度低于 230℃(包括 230℃)时施加水幕，玻璃均没有破裂；但当玻璃温度高于 250℃(不含 250℃)时施加水幕，玻璃均立即破裂并脱落；工况 6(当玻璃温度为 250℃时施加水幕)中共进行了 4 次实验，其中有一块玻璃破裂，其余三块均没有破裂。也就是当玻璃温度超过某一临界值后(本实验条件下 6mm 钢化玻璃为 250℃)，防护冷却型水幕不再对其起保护作用，需要寻找新的方法。因此进行了工况 9 和 10 两组验证性实验，实验中将水幕装置旋转使得水幕与玻璃向火面之间距离为 2cm。实验结果表明在玻璃温度超过 250℃后施加防火分隔型水幕，玻璃不会破裂。

6.3.2 不施加水幕实验

1. 玻璃温度、空气温度

图 6.8 是不施加水幕实验中玻璃表面及周围空气温度随时间的变化曲线。从图中可以看出，点火后空气温度(TC11 测得的温度，用 T_{11} 表示，余同)迅速上升且升温速率高于玻璃，这个阶段维持了 150s，直到玻璃温度达到 100℃左右时超过空气温度，在这一阶段火源主要通过对流的方式向玻璃传热。此后，玻璃温度一直高于空气温度，并在 560s 达到最大值 400℃(T_1)，其间空气温度缓慢升温到 200℃。因此，在这段时间内火源向玻璃的传热的主要方式是辐射而不再是对流。因为后一阶段持续时间占整个燃烧过程时间的 75%，所以整个实验过程中辐射都是传热的主要方式。

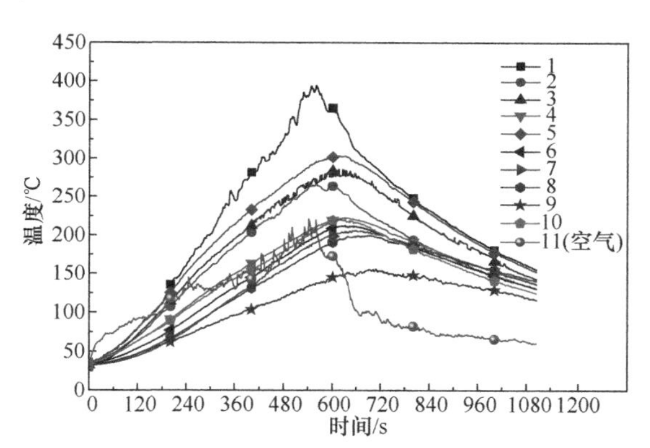

图 6.8 玻璃表面及周围空气温度随时间变化曲线(工况 1)

TC1 的温度在所有测点中温度最高，因为热烟气在浮力作用下向上流动，所以玻璃向火面上部温度最高。TC3 和 TC5 的温度仅次于 TC1，因为这两点位于玻璃向火面中心线上，与火源距离最近。从整体看，向火面非遮蔽区域温度 T_1～T_5 要高于背火面遮蔽区域温度 T_6～T_9，主要因为来自火源的辐射热被玻璃框架阻挡因而背火面遮蔽区域主要通过玻璃框架以热传导的方式向其传热。值得说明的是，图中 TC9 的温度要明显比对应点 TC7 的温度低，主要原因是实验过程中火源向 TC7 的方向偏移一段时间。而造成这一现象的主要原因是实验空间并不完全密闭，实验空间内的空气流动会一定程度上受到外界的影响。火源熄灭后，玻璃和空气温度均缓慢降至室温。工况 1 中共进行 3 次重复实验，玻璃最高温度达到 500℃，3 次实验中玻璃均没有破裂。所以在没有水幕作用的情况下，6mm 钢化玻璃至少可以承受 400～500℃高温而不破裂。

图 6.9 是工况 1 中玻璃表面温度差随时间的变化曲线。其中，ΔT_1 代表向火面和背火面之间的平均温度差，即向火面平均温度与背火面平均温度之差；ΔT_2 代表向火面与背火面之间的最大温度差，即向火面最高温度与背火面最低温度之差；ΔT_3 代表向火面最高温度与背火面遮蔽区域平均温度之差。工况 1 中向火面和背火面之间最大温度差达到 260℃而没有破裂，所以 6mm 钢化玻璃的临界破裂温度差应该大于 260℃。

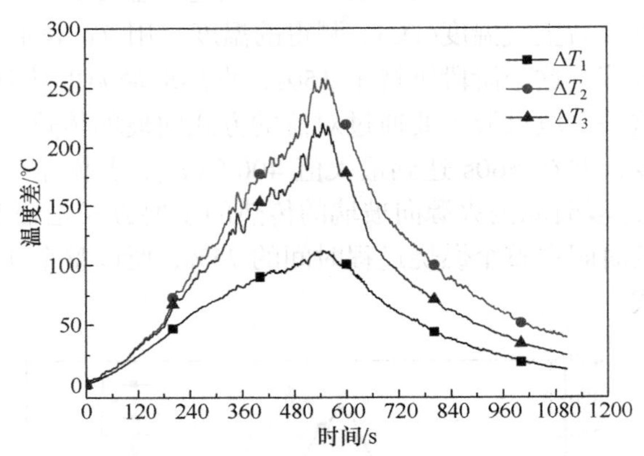

图 6.9 工况 1 中玻璃表面温度差随时间的变化曲线

2. 火源热释放速率及透过玻璃的热流

本章采用质量损失法研究火源热释放速率与玻璃破裂的关系。实验中质量天平置于油盆之下记录燃料质量变化情况。热释放速率通过式(6.1)计算：

$$\dot{Q} = \alpha \dot{m}_{\mathrm{exp}} \Delta H \tag{6.1}$$

式中，α 为燃烧效率因子，本章取 0.75[14]；$\dot{m}_{\mathrm{exp}}$ 为正庚烷的质量损失速率，实验中通过质量天平测得，kg/s；ΔH 为燃料燃烧热，正庚烷燃烧热为 48066kJ/kg。

所有工况中，正庚烷的质量均为 5200g 左右，这些燃料可以燃烧 10min 以上。图 6.10 是选取的一组火源热释放速率随时间的变化曲线，图中虚线是通过软件拟合出的结果，可以更好地反映火源热释放速率随时间的变化情况。正如实际火灾一样，正庚烷的热释放速率在点火后迅速上升，然后大部分时间保持在一个相对稳定的范围内，最后快速衰减。所以整个过程可以划分为三个阶段：快速增长阶段、相对稳定阶段(280～390kW)、衰减阶段。如图所示，火源在 90s 之内达到稳定阶段，然后保持稳定燃烧 450s，其中在 270s 达到最大值 390kW。由于每组实验中火源燃烧情况大致相同，在此不再赘述。但是列出了工况 1～10 中水幕开启时的平均火源热释放速率，见表 6.3。工况 1 中玻璃没有发生破裂。工况 2～10 中，水幕开启时火源热释放速率为 251～386kW，除工况 2 以外，均在火源相对稳定阶段(280～390kW)。因此，玻璃不一定是在火源功率达到最大时破裂，但通常是在火源达到相对稳定阶段以后破裂。

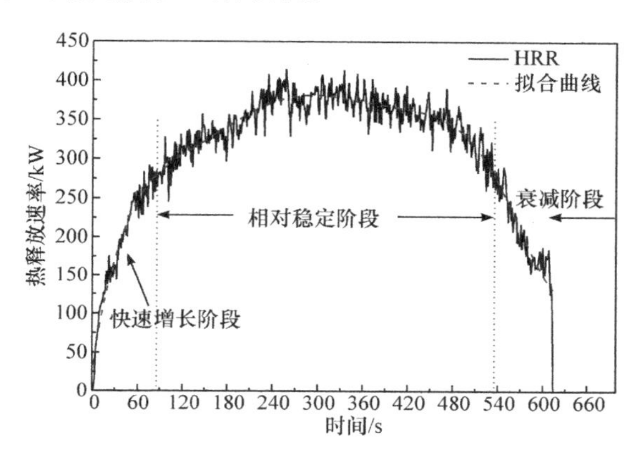

图 6.10 火源热释放速率(HRR)随时间的变化曲线

表 6.3 水幕开启时火源热释放速率

工况	1	2	3	4	5	6	7	8	9	10
水幕开启时 HRR/kW	—	251	312	374	381	377	375	364	386	379

图 6.11 是透过玻璃的热通量随时间的变化曲线，图中数据是距离玻璃背火面中心点 5cm 处的热通量。点火后热通量迅速上升，在 520s 达到最大值 13.3kW/m²，

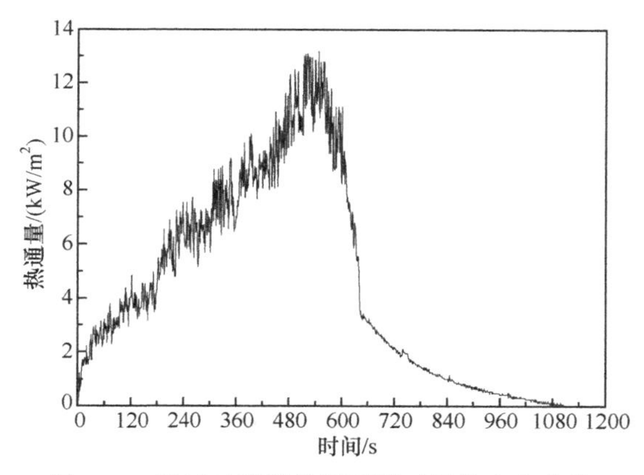

图 6.11 透过玻璃的热通量随时间的变化曲线

然后迅速衰减到 3kW/m^2。火源熄灭后缓慢降至 0kW/m^2，因为空气温度降至室温需要很长一段时间。不难发现，热通量曲线存在一定程度的波动，主要是因为燃料在非密闭空间中燃烧会受到空气流动的影响。

6.3.3　防护冷却型水幕实验

开展了19次防护冷却型水幕实验,包括工况2～8,分别当玻璃温度达到75℃、150℃、200℃、230℃、250℃、280℃和310℃时施加防护冷却型水幕。实验结果表明，当玻璃温度达到 75℃、150℃、200℃和 230℃时施加水幕，玻璃均没有发生破裂，且水幕对玻璃起到很好的降温作用；当玻璃温度达到 250℃时施加水幕，第二次重复实验中玻璃破裂，为排除偶然因素的可能，工况 6 补加一次重复实验，4 次测试中其余 3 次玻璃均没有发生破裂；当玻璃温度达到 280℃、310℃时再施加水幕，所有玻璃立即破裂并脱落。因此，对于钢化玻璃存在一个临界温度(或临界温度范围)，超过此温度防护冷却型水幕对玻璃不再起保护作用，而是会加速玻璃的破裂脱落，因为相同工况下不施加水幕时玻璃可以承受 400℃以上高温而不破裂。实验中还可以发现，钢化玻璃通常是在快速降温过程中碎裂的，而不是在快速升温过程中。这与 Lentini[15]的观点一致，他认为导致玻璃热破裂的主要原因是快速降温。

因此，当玻璃温度超过上述临界温度以后，防护冷却型水幕对钢化玻璃不再起保护作用，而是反作用。考虑到实际情况，当玻璃温度超过 230℃以后，应寻求新的方法确保玻璃完整性。

1. 玻璃温度及透过玻璃的热流

图6.12是工况2中玻璃表面温度及透过玻璃热通量随时间的变化曲线。图6.12(a)中热电偶 TC10 在实验过程中停止工作，所以 TC10 的数据没有列在图中。当玻璃温度达到 75℃时立即手动开启水幕，水幕开启后向火面温度立即下降，而背火面温度并没有立即下降而是继续升温约 20s 后才开始降温。玻璃背火面温度下降幅度比较小且很快趋于平稳。水幕开启后很快玻璃整体温度都下降到 70℃以下，并一直保持到实验结束，这说明如果水幕能在玻璃温度较低时开启可以很好地保护玻璃。热通量曲线图从另一个角度验证了水幕的保护效果，水幕开启后透过玻璃的热通量从 4.7kW/m^2 迅速下降到 1.5kW/m^2，到实验结束一直保持在 2kW/m^2 以下。

图 6.13 是工况 2 实验过程中拍摄的实物照片(从背火面一侧拍摄)。从图中可以看到火源位置、玻璃表面水幕分布情况、热电偶及热流计布置、玻璃框架等整体情况。整块玻璃向火面覆盖有一薄层水幕，水幕通过升温吸收大量热量来降低玻璃温度，从而保证玻璃温度维持在一个较低值。水幕在玻璃达到 75℃、150℃、200℃和 230℃时开启均未破裂且温度迅速降低到安全范围，说明防护冷却型水幕只要能在火灾初期及时启动，就可以对玻璃形成很好的保护。也可以说明在本实

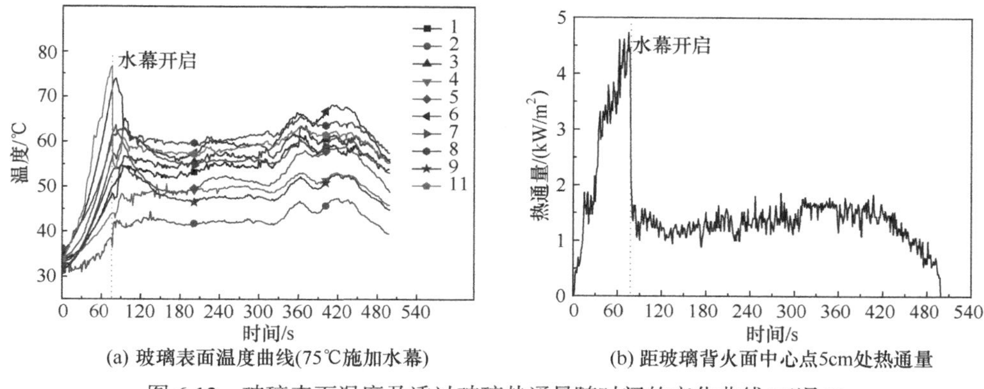

(a) 玻璃表面温度曲线(75℃施加水幕)　(b) 距玻璃背火面中心点5cm处热通量

图 6.12 玻璃表面温度及透过玻璃热通量随时间的变化曲线(工况 2)

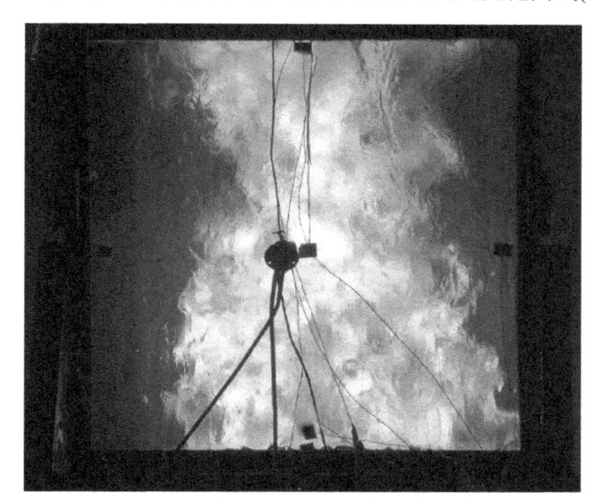

图 6.13 水幕实物图(工况 2，从玻璃背火面拍摄)

验工况条件下，实验中设定的水幕流速、流量、厚度可以有效地保护玻璃。

图 6.14 是工况 6 第 1 次实验数据，本次实验中水幕在 250℃开启，玻璃没有破裂。玻璃温度随时间的变化曲线与前面几组实验并无很大差异。值得一提的是，在点火后 150～180s，T_{10} 和 T_{11} 各出现了较大程度的波动。通过分析实验视频发现，这是由于水幕装置中一滴冷水滴落到玻璃向火面，导致两处温度出现瞬时降低。但这并没有影响玻璃的整体升温趋势，因为在火源作用下水滴很快蒸发。玻璃背火面遮蔽区域温度 T_1～T_4 相对其他区域温度最低，其中 T_2～T_4 变化趋势基本完全一致，T_1 相对略高，这可能是由于实验过程中火源受到空气流动的影响暂时偏离了玻璃中心线。玻璃最高温度达到 250℃以后，手动开启水幕，向火面温度 T_{10} 和 T_{11} 立即直线下降，背火面温度则没有立即下降，而是继续升温 15s 才开始下降且温降曲线更加平缓。玻璃整体温度很快降低到 100℃以下，直至实验结束，

玻璃没有发生破裂。图 6.14(b)是透过玻璃热通量随时间的变化曲线。水幕开启后玻璃背火面 5cm 处热通量迅速从 $9kW/m^2$ 下降到 $4kW/m^2$，降为原来的 44%。这充分说明水幕对热辐射的阻挡效果非常明显，也正是因为水幕阻挡了大量热辐射才使得玻璃在较短时间内降温到安全范围。由于水幕不能完全阻挡所有热辐射，即仍有小部分辐射热透过水幕和玻璃，水幕开启后玻璃背火面热通量基本维持在 $3\sim4kW/m^2$。

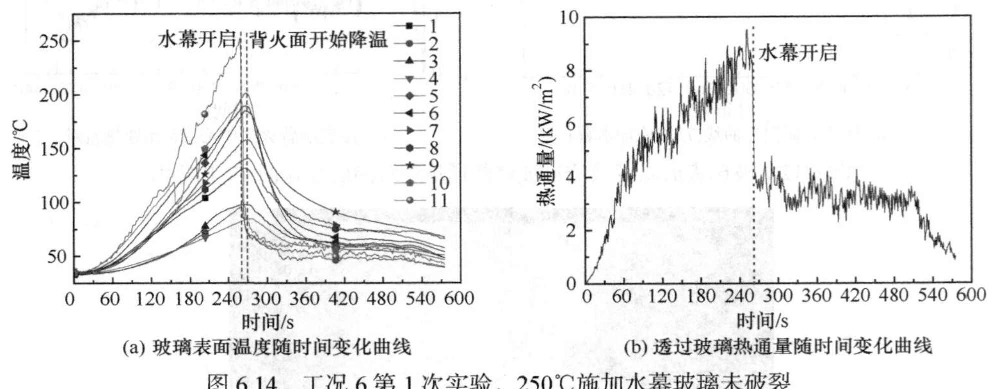

(a) 玻璃表面温度随时间变化曲线　　(b) 透过玻璃热通量随时间变化曲线

图 6.14　工况 6 第 1 次实验，250℃施加水幕玻璃未破裂

图 6.15 是工况 6 第 2 次实验数据，本次实验中水幕同样在 250℃开启，玻璃破裂。从图 6.15(a)中可以看出，水幕开启后所有测点温度立即直线下降，这也就意味着玻璃破裂后水幕直接与热电偶接触，之后数据没有实际意义。水幕开启后热通量曲线波动较大，因为失去了玻璃的阻挡作用，火源的辐射更加直接地与热流计接触。同样在 250℃开启水幕，第 1 次实验中没有破裂，第 2 次实验中破裂，第 3 次和第 4 次实验中也没有破裂。这说明 250℃左右为 6mm 钢化玻璃的临界温度，低于这一临界温度开启水幕玻璃不会破裂，等于或高于这一临界温度开启水幕玻璃会发生破裂。因为高温玻璃遇到冷的水幕会产生巨大的热应力从而导致破裂。

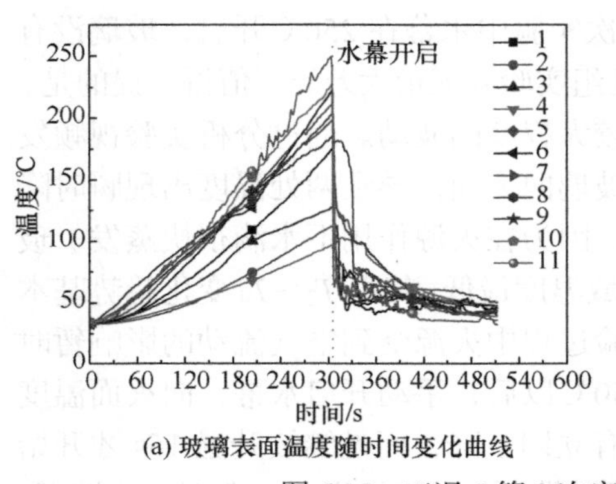

(a) 玻璃表面温度随时间变化曲线

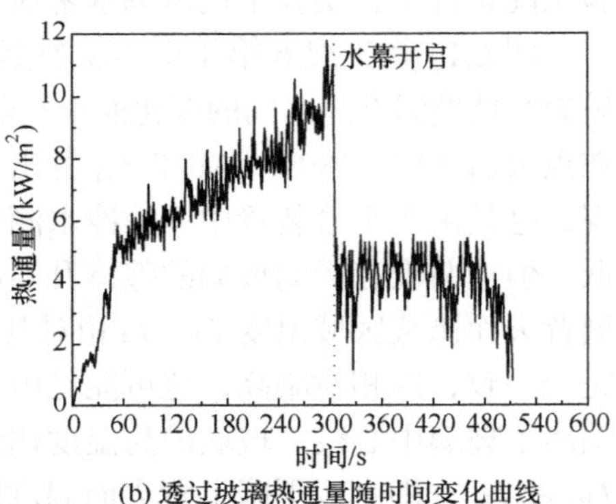

(b) 透过玻璃热通量随时间变化曲线

图 6.15　工况 6 第 2 次实验，250℃施加水幕玻璃破裂

图 6.16 是工况 7 玻璃温度与透过玻璃热通量随时间的变化曲线。玻璃温度达到 280℃时开启水幕，玻璃表面所有测点温度立即下降，水幕与受热玻璃接触瞬间玻璃发生破裂并脱落。透过玻璃的热通量也从 9.0kW/m^2 下降到 2.5kW/m^2，由于失去了玻璃对火源热辐射的阻挡，所测热通量也出现了很大程度的波动。

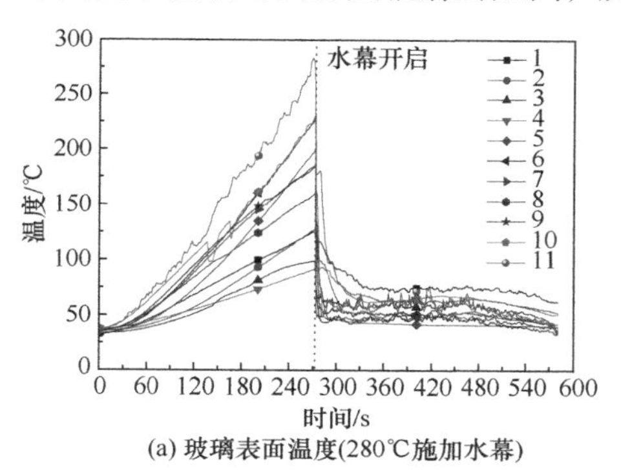

(a) 玻璃表面温度(280℃施加水幕)

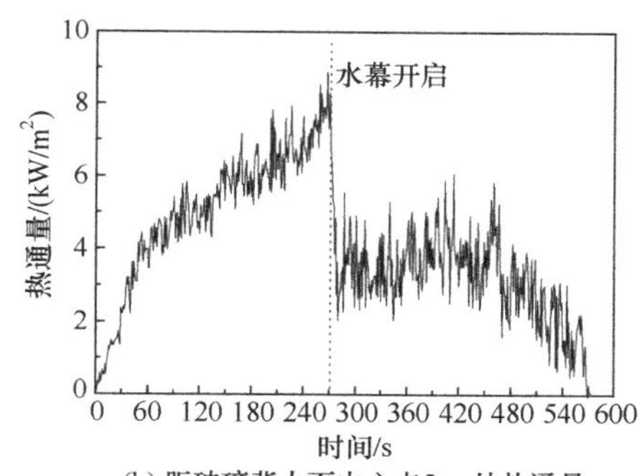

(b) 距玻璃背火面中心点5cm处热通量

图 6.16　玻璃温度与透过玻璃热通量随时间变化曲线(工况 7)

图 6.17 是工况 8 中玻璃温度与透过玻璃热通量随时间的变化曲线。点火后 390s 玻璃达到 310℃，水幕开启后玻璃立即破裂并脱落。水幕开启时玻璃背火面 5cm 处热通量达到 13kW/m^2。假设火源为点火源，则火源周围空间内任何一点处的热通量可以通过下式估算：

$$q = \frac{kQ}{4\pi x^2} \tag{6.2}$$

式中，k 为常数，通常取 1；Q 为火源热释放速率，kW；x 为空间内某点与火源距离，m。由图 6.10 可知，火源稳定燃烧阶段热释放速率为 275～350kW，玻璃向火面距玻璃 55cm，则通过式(6.2)可知，玻璃向火面受到的热辐射为 72～92kW/m^2。因此绝大部分热流没有透过玻璃，而是被玻璃和水幕阻隔或吸收。

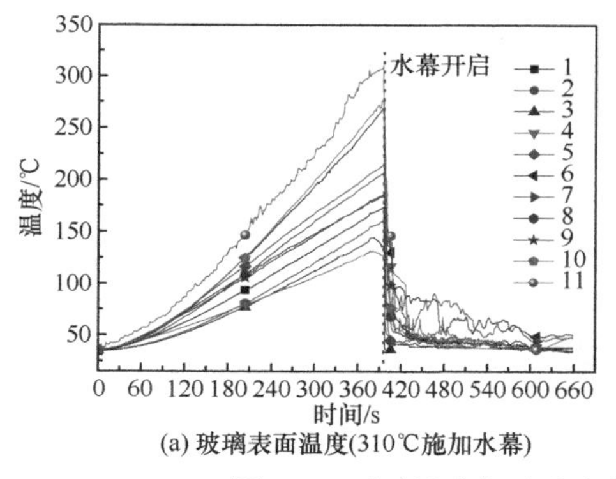

(a) 玻璃表面温度(310℃施加水幕)

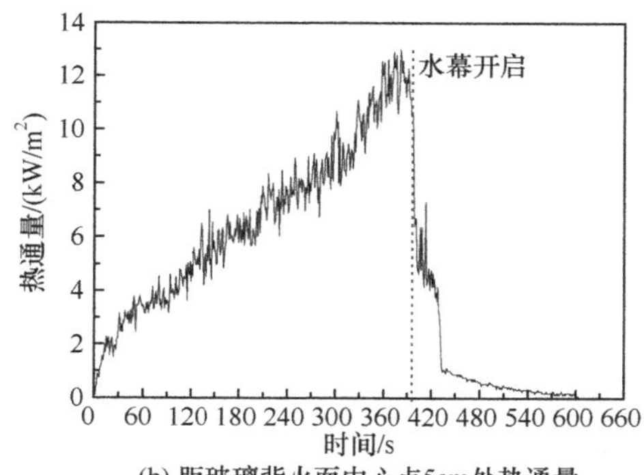

(b) 距玻璃背火面中心点5cm处热通量

图 6.17　玻璃温度与透过玻璃热通量随时间变化曲线(工况 8)

2. 钢化玻璃破裂行为

图 6.18 为水幕作用下钢化玻璃破裂脱落过程的实物图，图中水幕与玻璃接触瞬间记为 0 时刻。实验中所用摄像机采样速率为 25 帧/s，即每帧用时 0.04s。图 6.18(a)中，水幕已经覆盖玻璃上半部分，但整块玻璃上没有出现裂纹。但是仅 0.04s 以后，图 6.18(b)中已经出现大量裂纹且裂纹主要集中在玻璃上半部分，即首先与水幕接触的地方。水幕与玻璃接触 0.04s 后，玻璃上出现了更多裂纹，此时裂纹已扩展到玻璃中部和下部，但玻璃仍然保持在框架内没有脱落。0.16s 后，玻璃开始从顶端脱落。0.28s 以后，玻璃上半部分完全脱落，但下半部分还没有脱落。0.68s 时，整块玻璃已基本完全脱落，只剩玻璃底部少量碎片还保持在原来位置。

图 6.19 为水幕作用下钢化玻璃裂纹扩展图(工况 8)。钢化玻璃从破裂到脱落的时间很短，肉眼难以观察到裂纹的出现和扩展情况，通过摄像机则可以完整记录裂纹扩展模式。图 6.19(a)中玻璃上半部分和左半边布满了裂纹，该裂纹不同于

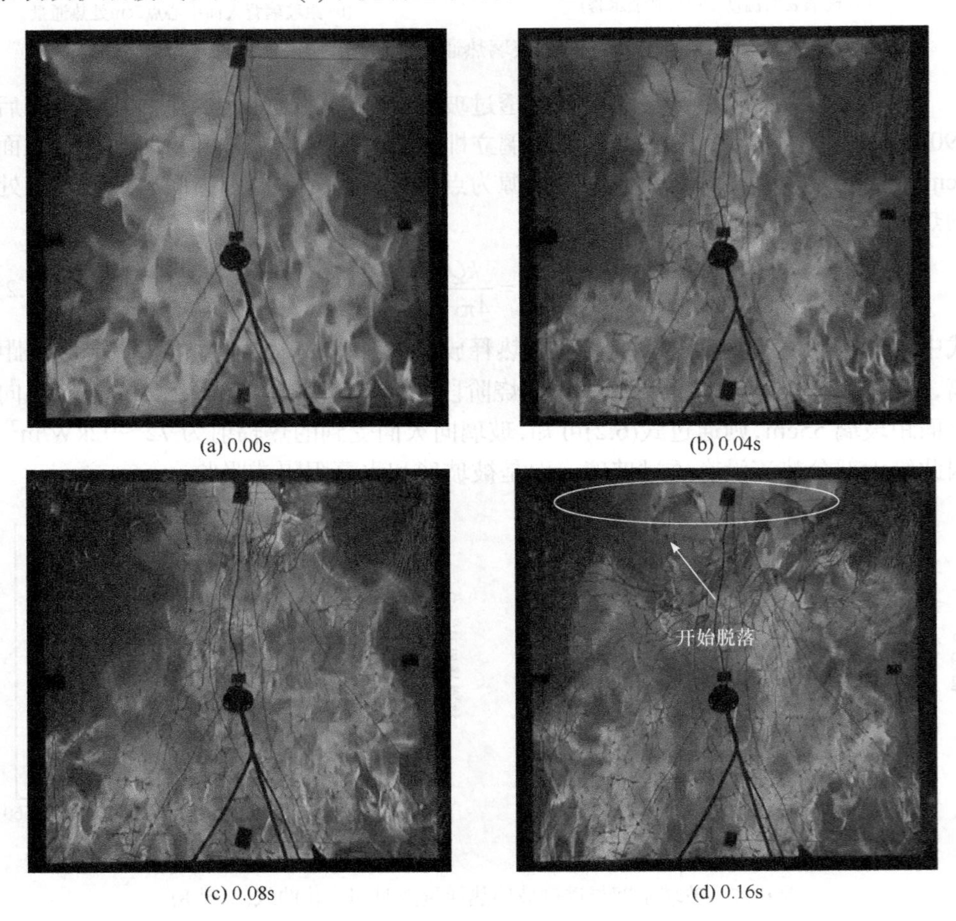

(a) 0.00s (b) 0.04s

(c) 0.08s (d) 0.16s

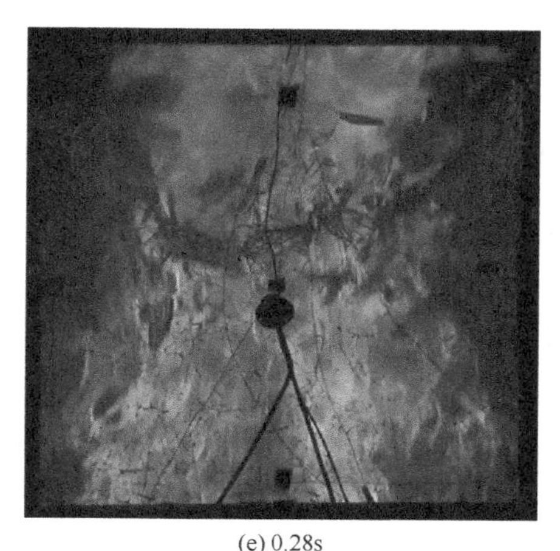

(e) 0.28s

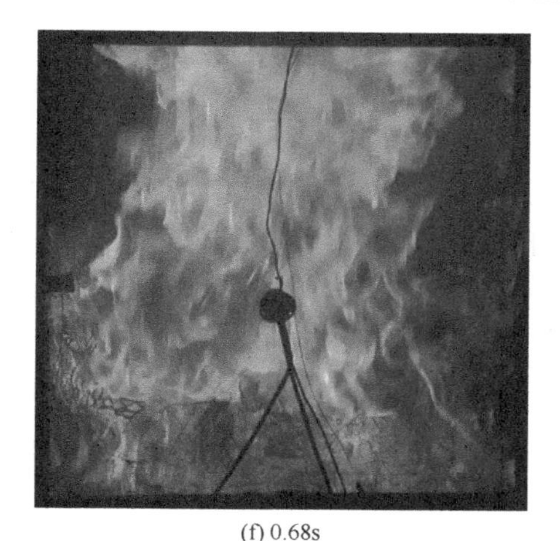

(f) 0.68s

图 6.18　水幕作用下钢化玻璃破裂脱落过程(工况 7)

(a) 未脱落

(b) 开始脱落

图 6.19　水幕作用下钢化玻璃裂纹扩展图(工况 8)

普通玻璃的裂纹，具有更加杂乱无序、长度短等特点。图 6.19(b)中，玻璃上半部分已经完全脱落，但下半部分的裂纹仍清晰可见。在水幕作用下钢化玻璃破裂脱落呈现从上到下的顺序。

图 6.20 是水幕开启后钢化玻璃脱落比例随时间的变化曲线。图中脱落比例数据通过逐帧分析实验视频而得到。图中时间从水幕开启计时，分别为 250℃、280℃、310℃开启水幕玻璃的脱落比例随时间的变化情况。三个工况中玻璃在水幕开启 0.2s 以内便开始脱落，整个脱落过程在 1s 以内完成，由于时间极短，肉眼观察到的现象就是：水幕一接触玻璃，玻璃便开始破裂并脱落。三组实验中玻璃脱落比例均高于 80%，甚至接近 100%。温度越高时开启水幕，玻璃脱落的速度越快，脱落比例越大。由于水幕的存在，不仅加速了玻璃的破裂脱落，而且增加了玻璃的脱落比

例。水幕流下时对玻璃存在冲击力的作用，在该作用下玻璃出现裂纹后很快开始脱落且脱落比例远远大于没有水幕的情况。在本章所述安装方式下，不施加水幕的玻璃即使破裂也会保持在原来的位置，不会立即大范围脱落，这样玻璃虽然已经丧失了完整性但没有形成通风口，在实际火灾中对阻止火势的进一步蔓延仍然具有一定的作用。但在水幕作用下玻璃破裂后基本完全脱落，就会形成新的通风口，火焰和热烟气可以通过该通风口蔓延到其他楼层或其他防火分区，加剧火灾危害。钢化玻璃加水幕是目前工程中广泛采用的模式，所以上述问题应该得到充分重视。

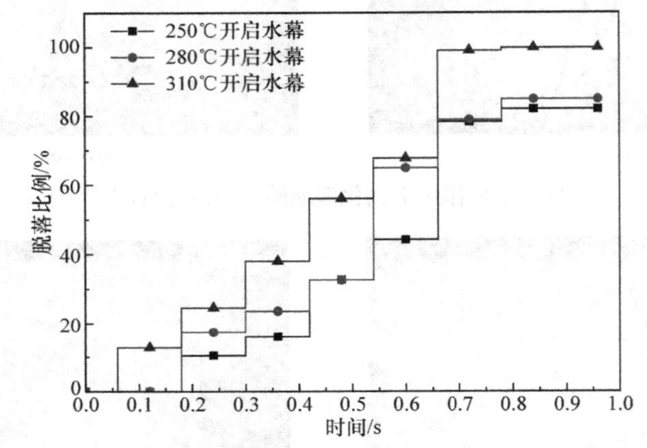

图 6.20　水幕开启后钢化玻璃脱落比例随时间的变化曲线

图 6.21 为碎裂后的钢化玻璃实物图。裂纹扩展到整块玻璃以后，玻璃立即碎裂成很多玻璃碎片。绝大部分碎片如图 6.21(a)所示，为不规则多边形碎片，这些大小不一的碎片完全分离，散落在玻璃框架周围。小部分玻璃虽然已经布满裂纹，但玻璃碎片仍然由玻璃内部某种微弱的黏性力连接在一起，如图 6.21(b)和(c)所示，这些大块的碎片遇到很微小的外力或者稍加移动就会完全碎裂为图 6.21(a)所示的碎片。钢化玻璃碎片不像浮法玻璃碎片一样锋利，破裂脱落过程中虽然碎裂

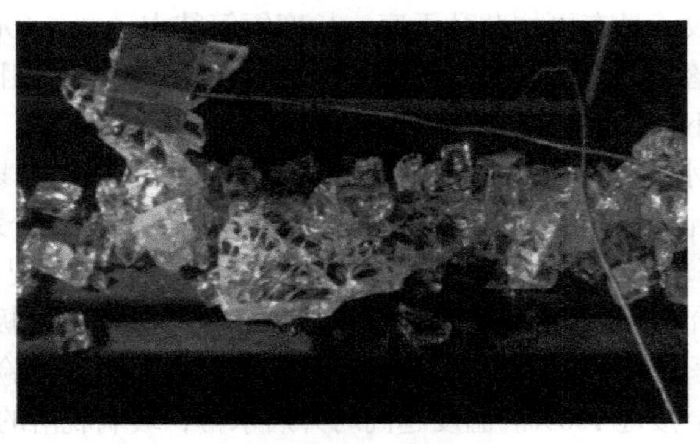

(a) 脱落后的不规则钢化玻璃碎片

(b) 未脱落的玻璃碎片

(c) 未完全分离的玻璃碎片

图 6.21　破裂后的钢化玻璃碎片

为众多小碎片但不会飞溅很远，不会对人或周围设施造成严重伤害，这是钢化玻璃广泛使用的原因之一。

3. 水幕吸热量计算

表 6.4 是工况 2～5 中水幕参数。其中，初始水温 T_{Initial} 由水箱中的水温表测得；回收水温 T_{Recycled} 由回收水槽中的热电阻 Pt-100 测得，水槽中布置三根热电阻，表中数据为平均值；总耗水量 V_{Total} 由管路中的涡轮流量计测得；回收水体积 V_{Recycled} 通过回收水槽中刻度尺读取(水槽底面积已知)。实验过程中少量水溅出或者蒸发掉，因为该部分水所占比例极小，所以本章将该部分水吸热忽略，用于吸收热量并阻挡热辐射的主体部分是从玻璃上流下的水幕，这部分水幕通过升温的方式吸收大量热量。因此水幕利用率可以由回收水体积 V_{Recycled} 与总耗水量 V_{Total} 的比值代替。从表中可以看出，工况 2～5 中水幕利用率均高于 90%，工况 5 中甚至高达 96.6%。水幕吸热量 Q 由下式求得：

$$Q = cm\Delta T \tag{6.3}$$

式中，c 为水的比热容，4.2kJ/(kg · ℃)；m 为回收水幕的质量，$m = \rho_{\text{water}} V_{\text{Recycled}}$，kg；$\Delta T$ 为回收水温与初始水温之差，$\Delta T = T_{\text{Recycled}} - T_{\text{Initial}}$，℃。

表 6.4　水幕参数统计

工况	水压 /MPa	初始水温 T_{Initial}/℃	回收水温 T_{Recycled}/℃	总耗水量 V_{Total}/m³	回收水体积 V_{Recycled}/m³	水幕利用率/%	吸热量 Q/kJ
2	0.15	30.8	52.1	0.0901	0.0833	92.5	7453.1
3		30.5	54.3	0.0803	0.0731	91.0	7312.3
4		30.5	54.9	0.0760	0.0711	93.6	7288.4
5		30.9	56.2	0.0704	0.0680	96.6	7233.3

4. 水幕特性

本节对水幕在玻璃上的流速、水幕厚度等水幕特性进行定量分析。表 6.5 中 t_1 是水幕作用时间，t_2 是水幕从玻璃上边缘流到玻璃下边缘所用时间。t_2 通过逐帧分析实验视频而得，已知实验中所用摄像机帧速率为 25 帧/s。通过计算出水幕从玻璃上边缘流到玻璃下边缘所用帧数，即可计算出 t_2。

表 6.5　工况 2～5 水幕参数

工况	回收水体积 $V_{Recycled}$/m^3	水幕作用时间 t_1/s	t_2/s
2	0.0833	446	0.96
3	0.0731	382	0.84
4	0.0711	375	1.00
5	0.0680	316	0.92
合计	0.2955	1519	3.72

水流平均流速 q 表示单位时间内的水幕流量，由式(6.4)计算：

$$q=\frac{V_{\text{Recycled,合计}}}{t_{1,\text{合计}}}=\frac{0.2955\,\text{m}^3}{1519\,\text{s}}=1.945\times10^{-4}\ \text{m}^3/\text{s} \tag{6.4}$$

水幕平均下落速度 u 表示水幕在玻璃上的流速，由式(6.5)计算：

$$u=\frac{h}{t_2}=\frac{0.6\times4\,\text{m}}{3.72\,\text{s}}=0.645\,\text{m/s} \tag{6.5}$$

式中，h 为玻璃高度，m；t_2 为水幕从玻璃上流下所用的时间，s。

水幕平均厚度即水流在玻璃表面形成的水膜厚度，由式(6.6)计算：

$$D=\frac{q}{uz}=\frac{1.945\times10^{-4}\ \text{m}^3/\text{s}}{0.645\,\text{m/s}\times0.6\,\text{m}}=5.03\times10^{-4}\ \text{m}=0.503\,\text{mm} \tag{6.6}$$

其中，q 为水流流速，m^3/s；u 为水幕下落速度，m/s；z 为玻璃宽度，m。

水幕下落速度看似不大(0.645m/s 左右)，但因为玻璃高度只有 0.6m，所以水幕会在 1s 内覆盖整块玻璃。通过前面的分析，包括玻璃温度、透过玻璃的热通量、水幕利用率、吸热量等，可以看出，尽管水幕厚度只有 0.5mm 左右，但如果水幕在玻璃达到临界温度之前及时启动将会对玻璃起到很好的保护作用。因此，可以充分说明水幕的均匀性与有效性。

6.3.4　防火分隔型水幕实验

工况 1～8 的实验结果表明，当 6mm 钢化玻璃温度超过 250℃时，防护冷却型水幕不仅不再对其起保护作用，反而会加速玻璃的破裂脱落，因此需要寻求新的方式来保护高温玻璃。在这种情况下，对水幕装置进行调整：通过移动旋转支架使水幕产生装置形成的水幕不与玻璃直接接触，而是与玻璃向火面有 2cm 的间隔。这种水幕定义为防火分隔型水幕，它不与玻璃直接接触而是通过阻隔火源热辐射从而达到阻止玻璃继续升温的目的。防火分隔型水幕开启后并不会像防护冷却型水幕一样可以使玻璃剧烈降温，而是首先阻止玻璃继续升温，其次可以吸收火源热辐射达到使玻璃缓慢降温的目的。图 6.22 是玻璃温度与透过玻璃热通量随时间的变化曲线。玻璃在水幕作用下缓慢降温，所以可以避免 6.3.3 节中与水幕接触瞬间冷却产生巨大热冲击而破裂的情况。工况 9 和工况 10 中共进行了 4 次实验验证防火分隔型水幕的有效性，分别在玻璃达到 250℃和 280℃时开启水幕。

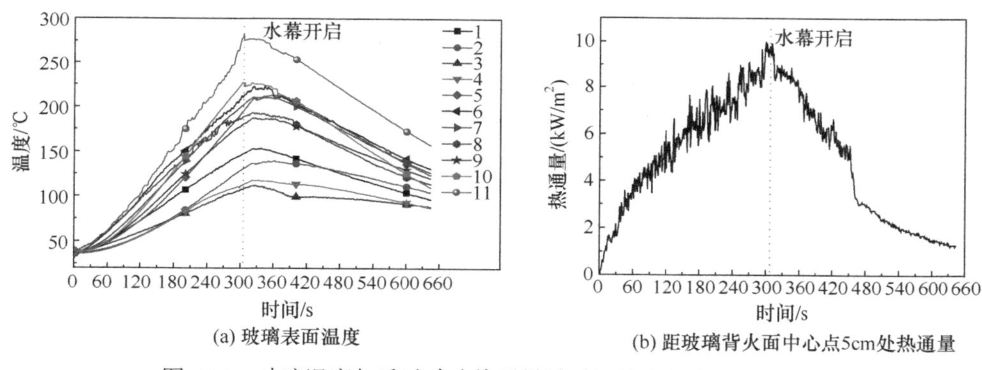

图 6.22 玻璃温度与透过玻璃热通量随时间的变化曲线(工况 10)

6.4 水幕对受热非钢化玻璃破裂行为的影响

6.4.1 总体实验现象及结果

如表 6.6 所示，针对非钢化玻璃共进行 23 次重复实验，分为 10 个工况。其中浮法玻璃 12 次实验，Low-E 玻璃 11 次实验。浮法玻璃分别为不施加水幕(对照实验)，以及 60℃、80℃、90℃和 100℃施加水幕；Low-E 玻璃为不施加水幕(对照实验)，以及 60℃、70℃、80℃和 90℃施加水幕。

表 6.6 非钢化玻璃实验工况概述

玻璃类型	工况	开启水幕时玻璃温度/℃	重复次数	玻璃破裂次数	平均破裂温度/℃
浮法	1-1	—	3	3	102.4
	1-2	60	2	0	—
	1-3	80	3	0	—

续表

玻璃类型	工况	开启水幕时玻璃温度/℃	重复次数	玻璃破裂次数	平均破裂温度/℃
浮法	1-4	90	2	0	—
	1-5	100	2	0	—
Low-E	2-1	—	3	3	93.6
	2-2	60	2	0	—
	2-3	70	2	2	70
	2-4	80	2	2	80
	2-5	90	2	2	90

浮法玻璃不施加水幕时的平均破裂温度为 102.4℃，而在 60℃、80℃、90℃和 100℃施加水幕时均没有破裂，说明浮法玻璃破裂前施加水幕对浮法玻璃的影响不明显。相比而言，Low-E 玻璃不施加水幕时的平均破裂温度为 93.6℃，而在玻璃温度为 70～90℃时施加水幕 Low-E 玻璃均破裂，说明 Low-E 玻璃温度较高时施加水幕会起到明显的反作用。

6.4.2 不施加水幕实验

图 6.23 是对照组实验中(不施加水幕)浮法玻璃温度、空气温度及玻璃向火面热通量随时间的变化曲线。T_7 是距玻璃向火面中心点 5mm 处空气温度。从图中可以看出，点火后一段时间内空气温度迅速上升且升温速率高于玻璃表面温度。这个阶段维持了大概 2min，直到玻璃向火面温度 T_6 达到 85℃，在这个阶段火源主要通过对流的方式向玻璃传递热量。玻璃温度超过周围空气温度以后，火源则主要通过热辐射的方式向玻璃传递热量。整个实验过程中，空气最高温度达到 120℃，然后开始缓慢降温。背火面遮蔽区域温度 T_1～T_4 明显比非遮蔽区域温度 T_5 低。与其他安装方式相比，玻璃在这种有边框遮蔽的方式下更容易形成较大温度差。点火后 158s 玻璃首次出现破裂，破裂温度为 107.3℃。玻璃虽然破裂但大部分并没有脱落，所以火源继续加热。在没有水幕作用的工况中，共进行 3 次重复实验，玻璃的平均破裂温度为 102.4℃。在施加水幕的工况中，即使在玻璃达到 100℃施加水幕，玻璃也没有破裂，这说明在浮法玻璃达到自然破裂温度以前水幕始终可以起到很好的保护作用，而不会像钢化玻璃一样当玻璃温度较高时施加水幕会加速其破裂脱落。这与浮法玻璃的自然破裂温度较低有关。图 6.23(b)是玻璃向火面热通量随时间变化的曲线图。水冷热流计布置在与向火面中心线平齐的位置，且测量的热流包括辐射和对流两部分。点火后玻璃向火面受到的热通量迅速上升，1min 后上升速度略有下降。玻璃首次破裂时向火面受到的热通量为 13.32kW/m^2，

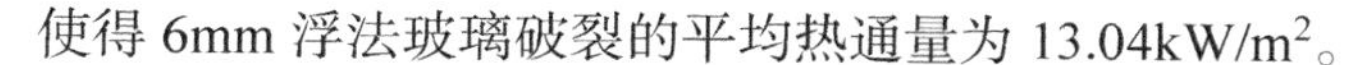
使得 6mm 浮法玻璃破裂的平均热通量为 13.04kW/m^2。

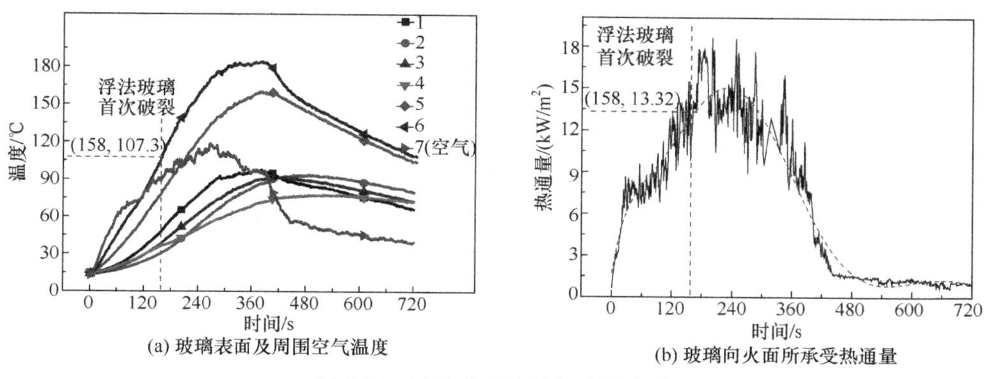

(a) 玻璃表面及周围空气温度　(b) 玻璃向火面所承受热通量

图 6.23　浮法玻璃不施加水幕实验

图 6.24 是不施加水幕工况中 Low-E 玻璃温度、空气温度及玻璃向火面热通量随时间的变化曲线。玻璃及周围空气温度变化趋势与浮法玻璃类似。无水幕作用时，6mm Low-E 玻璃的平均破裂温度为 93.6℃，破裂时向火面平均热通量为 12.27kW/m^2。

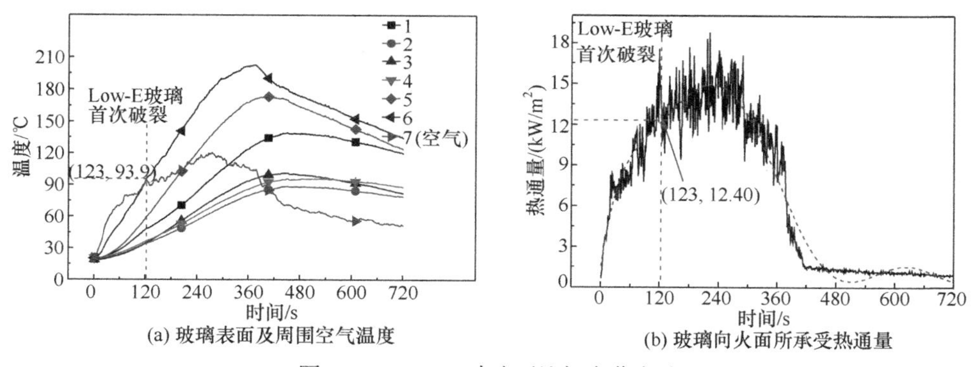

(a) 玻璃表面及周围空气温度　(b) 玻璃向火面所承受热通量

图 6.24　Low-E 玻璃不施加水幕实验

6.4.3　防护冷却型水幕实验

1. 玻璃温度及透过玻璃的热通量

图 6.25 是 60℃施加水幕工况中 Low-E 玻璃温度及透过玻璃的热通量随时间的变化曲线。热流计测量的是距玻璃背火面中心点 5cm 处的总热通量。当玻璃最高温度达到 60℃时立即开启水幕，玻璃向火面温度 TC6 15s 内下降到 30℃。然而，玻璃背火面温度继续上升 20～50s 才开始下降。水幕开启很短时间内玻璃整体温度维持在 40℃以内，这说明只要水幕能在火灾初期(即玻璃温度不太高时)开启就可以很好地保护玻璃。由于玻璃向火面与冷水直接接触，所以出现了玻璃向

火面温度低于背火面的情况，这也说明火源主要通过热辐射的方式向玻璃传递热量，因为辐射热可以透过水幕和玻璃传递到玻璃背火面。图 6.25(b)中的热通量曲线也从另一个侧面反映了水幕对玻璃的保护效果。水幕开启后，玻璃背火面 5cm 处热通量便不再继续上升，而是维持在 2kW/m² 以下，直到实验结束。

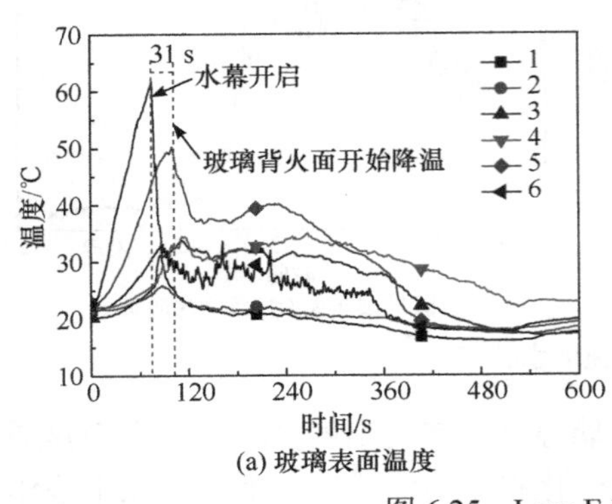

(a) 玻璃表面温度

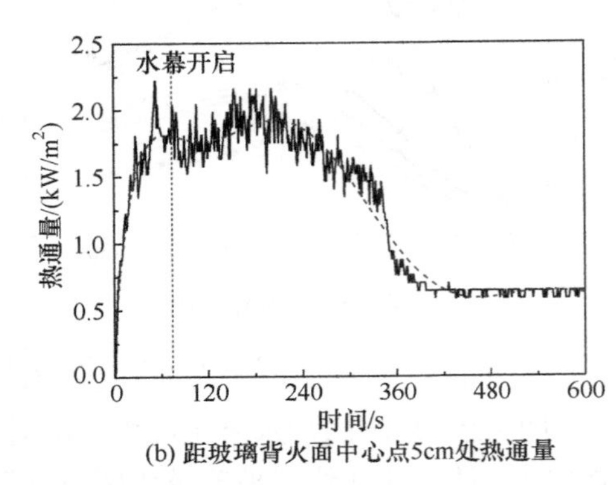

(b) 距玻璃背火面中心点5cm处热通量

图 6.25　Low-E 玻璃 60℃施加水幕实验

工况 1-2～工况 1-5 的浮法玻璃实验中，水幕分别在玻璃最高温度达到 60～100℃时开启，6mm 浮法玻璃均没有破裂。而在工况 2-3～2-5 的实验中，水幕分别在玻璃达到 70～90℃时开启，6mm Low-E 玻璃均破裂。这说明在本实验工况条件下，当 6mm Low-E 玻璃温度超过 70℃以后，水幕不仅不会对其起到保护作用，反而会加速其破裂脱落，因为无水幕作用时同样工况条件下 6mm Low-E 玻璃的平均破裂温度为 93.6℃。浮法玻璃则没有发现这一现象，这可能与两种玻璃的材质属性不同有关，下面将结合具体实例分析造成这一现象的原因。

2. 裂纹扩展模式

为了去除无关因素的干扰，更好地展示裂纹形态，根据实物照片描绘出图 6.26

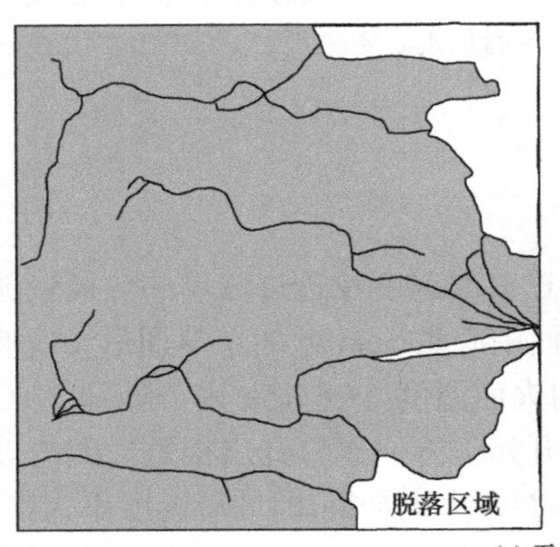

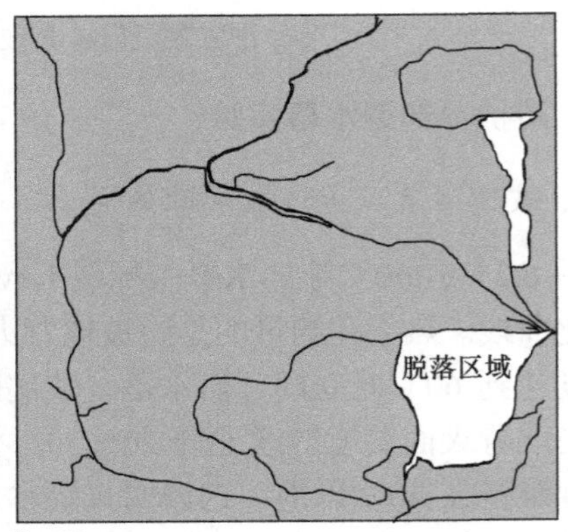

(a) 无水幕工况

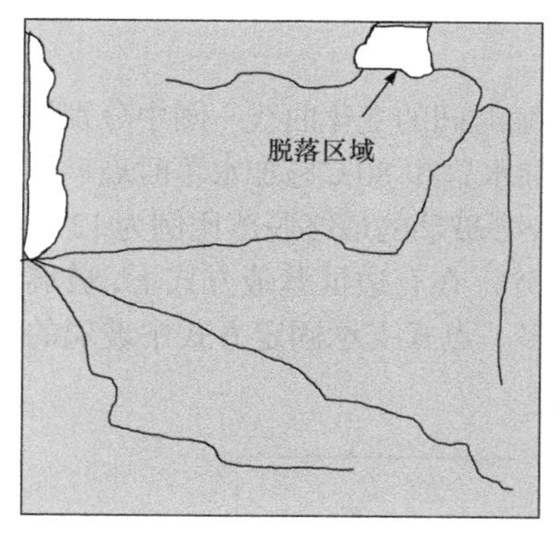

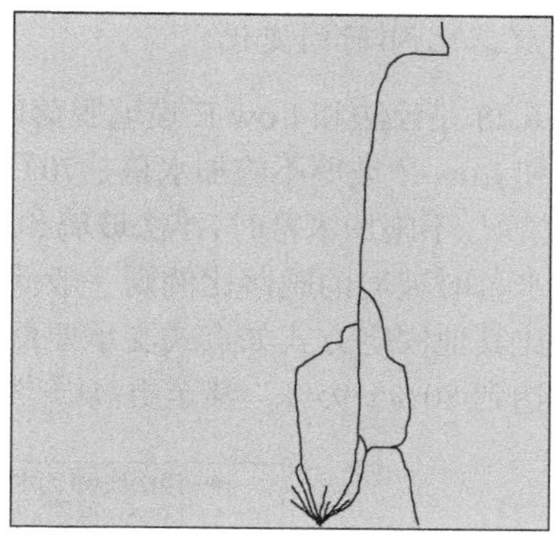

(b) 水幕分别在70℃和80℃开启

图 6.26　Low-E 玻璃裂纹扩展模式(根据实物照片描绘)

所示的 Low-E 玻璃裂纹扩展模式。图中裂纹是实验结束后玻璃最终的破裂脱落状态，其中白色区域表示已脱落区域，灰色区域表示未脱落区域，曲线表示裂纹。可以发现，不施加水幕时脱落比例更大，因为此时玻璃形成的裂纹更多且裂纹扩展更充分，所以裂纹之间交汇形成“孤岛”而脱落的概率更大。相反，施加水幕工况中玻璃破裂时形成的裂纹较少且扩展不够充分，所以交汇形成“孤岛”脱落的概率就更低。这主要是因为冷水幕与受热高温玻璃接触时玻璃内部积累的部分热应力已释放，所以破裂时裂纹更少且扩展不充分。

图 6.27 是水幕作用下 Low-E 玻璃裂纹扩展模式。非钢化玻璃裂纹起裂点一般位于玻璃边缘遮蔽区域，裂纹扩展过程中会多次分叉，最终裂纹交汇形成“孤岛”而脱落。Yuse 等[16]的研究表明，玻璃裂纹分为三种：直裂纹、振荡裂纹和分叉裂纹。其中，直裂纹和分叉裂纹比较常见，振荡裂纹在特定条件下才会出现。本实验过程中在水幕作用下 Low-E 玻璃裂纹末端出现振荡裂纹，这与水幕的冷却作用有关，水幕改变了玻璃内部的应力分布从而影响了裂纹的扩展模式。

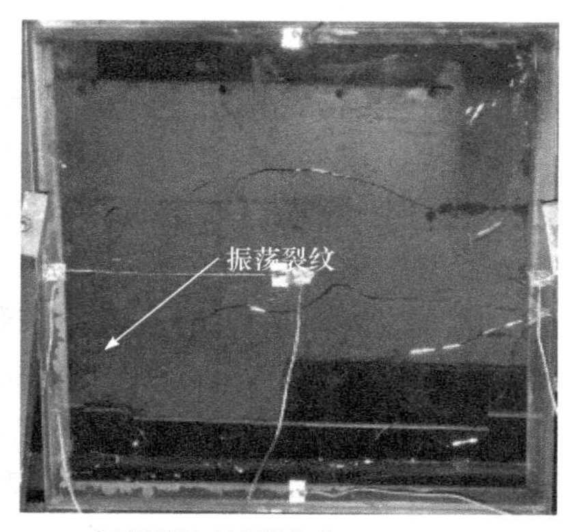

图 6.27　水幕作用下 Low-E 玻璃裂纹扩展模式

3. 脱落比例-时间变化

图 6.28 是浮法和 Low-E 玻璃脱落比例随时间的变化曲线。图中分别展示了浮法玻璃和 Low-E 玻璃不施加水幕、70℃施加水幕和 80℃施加水幕时玻璃的脱落比例变化情况。不施加水幕时，浮法玻璃和 Low-E 玻璃的最终脱落比例为 12%～17%，而施加水幕时玻璃的脱落比例则一般低于 5%。在有边框遮蔽方式下，玻璃的脱落比例要比其他固定方式如点式支承要低得多。点式支承固定方式中玻璃的脱落比例可以达到 80%～95%，甚至更高[17, 18]。

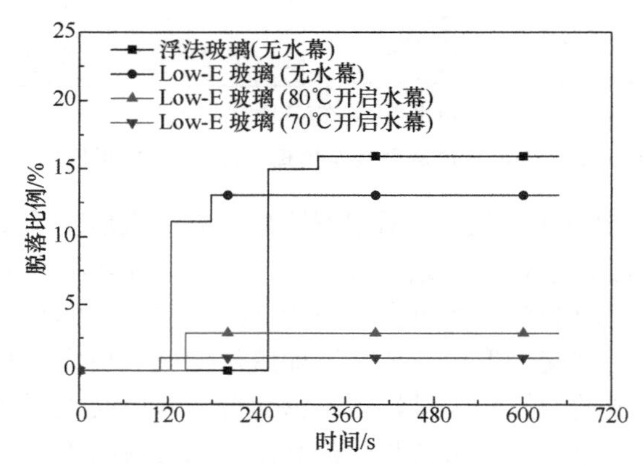

图 6.28　浮法玻璃和 Low-E 玻璃脱落比例随时间的变化曲线

4. 水幕作用下非钢化玻璃破裂机理

在有水幕的实验工况中，玻璃并没有在接触水幕的瞬间就破裂脱落，而是在水幕开启几十秒后破裂。这与钢化玻璃不同，在 6.3 节的实验中当钢化玻璃达到温度较高时施加水幕，玻璃会在接触水幕的瞬间破裂并脱落[19]。这是因为钢化玻璃能承受水幕保护的临界温度较高(对于 6mm 钢化玻璃是 250℃)，如果玻璃温度超过这一临界温度则水幕瞬间冷却造成的热冲击会超过玻璃的破裂应力，足以导致玻璃碎裂。然而，相对来说水幕开启时非钢化玻璃的温度不高，通常低于 100℃，所以水幕瞬间冷却造成的温度差不足以导致玻璃破裂。随着水幕对玻璃的持续冷却，玻璃向火面表层的温度持续降低，背火面包括靠近背火面的玻璃部分并没有立即降温，而是因为部分热辐射透过水幕和玻璃所以继续升温一段时间。也就是，靠近火源的一薄层玻璃持续降温，同时远离火源的那部分玻璃却在继续升温，这就会在玻璃的厚度方向形成一个温度差梯度。一旦玻璃向火面与玻璃厚度上某一点(薄层)的温度差达到使玻璃破裂的临界值，玻璃就会破裂。

为验证上述观点，对工况 2-3 中玻璃表面温度差随时间的变化曲线进行分析，如图 6.29 所示。其中，中心点温度差代表玻璃向火面与背火面两侧中心点温度差(T_6-T_5)；最大温度差代表玻璃向火面最高温度 T_6 与玻璃背火面最低温度之差。水幕开启时玻璃向火面与背火面中心点温度差达到 25℃，最大温度差达到 43℃，最大温度差引起的热应力不足以促使玻璃破裂。水幕与玻璃接触后，玻璃中心点温度差立即下降为 0 然后数值由正数转变为负数，即玻璃背火面温度超过了向火面温度，玻璃首次破裂时玻璃中心点温度差达到–25℃(T_6–T_5)。根据上面的分析可知，此时，玻璃的最高温度位于玻璃厚度方向。这一区域与玻璃向火面之间的温度差大于 43℃，至少为 57℃。因为在无水幕作用的工况中，玻璃破裂的平均中心点温度差和最大温度差分别为 43℃和 57℃。因为实验中只是测量了玻璃表面的温度并没有测量玻璃内部温度，所以具体数值需要进一步研究。

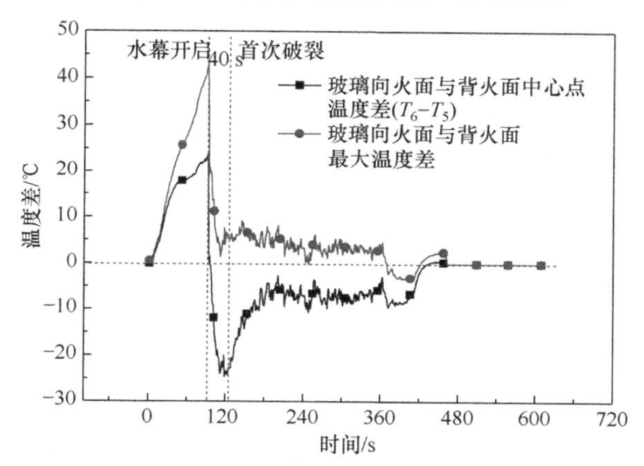

图 6.29　工况 2-3 中玻璃表面温度差随时间变化曲线(70℃施加水幕)

火灾中导致玻璃破裂最直接的因素是玻璃内部的热应力。玻璃内部温度差和热应力之间的关系可以用公式 $\sigma_b = E\beta\Delta T$ 表示[18]。Wang 等[20]研究了不同温度下浮法玻璃的临界断裂应力，发现浮法玻璃和镀膜玻璃的平均断裂应力分别是 35.72MPa 和 32.91MPa。而且任何对玻璃的再加工，包括像 Low-E 玻璃镀膜，都会降低它的临界断裂应力。本实验无水幕的工况中，浮法玻璃和 Low-E 玻璃的平均最大破裂温度差别是 71℃和 57℃。此温度差对应的断裂应力分别是 37.99MPa 和 36.93MPa，两者均与 Wang 等[20]的测量结果非常接近。

本章中，浮法玻璃的弹性模量 E 和线膨胀系数 β 分别取 7.3×10^{10}Pa 和 7.33×10^{-6}℃$^{-1}$；而 Low-E 玻璃的弹性模量 E 和线膨胀系数 β 分别取 7.2×10^{10}Pa 和 9.0×10^{-6}℃$^{-1}$[21]。计算得到浮法玻璃破裂的临界温度差为 67℃，使得 Low-E 玻璃破裂的临界温度差就小得多，只有 51℃。如图 6.29 所示，水幕开启时 Low-E 玻璃的最大温度差达到 43℃，这一温度差引起的热应力是 27.86MPa，比临界破裂应力(32.91MPa)略小，所以此刻玻璃并没有破裂。随着水幕的持续冷却，玻璃内部温度差一直上升，直到 40s 后达到临界值，玻璃首次发生破裂。对于浮法玻璃，玻璃在水幕保护下一直没有破裂，因为玻璃内部温度差一直没有达到可以促使玻璃破裂的临界值。

火源大致相同的情况下，玻璃内部温度差很大程度上取决于玻璃的材料特性，尤其是玻璃对热辐射的透过率。Low-E 玻璃与普通浮法玻璃的不同之处在于 Low-E 玻璃一侧表面镀上了一薄层低辐射材料(通常为金属 Ag)和金属氧化物(通常为 SnO_2、ZnO_2、TiO_2 等)。正是这层膜的存在，使得 Low-E 玻璃的传热系数 U 大大降低。传热系数 U 可以通过下式计算[22]：

$$U = \frac{W}{S\,t\,(T_o - T_i)} \tag{6.7}$$

式中，W 为透过玻璃的热量，J；S 为玻璃面积，m^2；t 为时间间隔，s；T_o、T_i 分别为玻璃两侧的温度，℃。

单层浮法玻璃的传热系数 U 是 5.8W/(m^2 · ℃)，而单层 Low-E 玻璃的传热系数 U 是 3.6W/(m^2 · ℃)。Low-E 玻璃的这一特性决定了在火源大致相同的情况下透过的热量会更少，这也意味着玻璃向火面和背火面的温度差会更大。

实验中测量了玻璃向火面或透过玻璃的热通量，数据见表 6.7。在不施加水幕的对照实验中，热流计布置在与玻璃向火面水平中心线平齐的位置，测量的是玻璃向火面受到的热通量。工况 1-1 和工况 2-1 中的热通量数据是玻璃破裂时玻璃向火面的热通量。不施加水幕时，导致 Low-E 和浮法玻璃破裂的热通量大致相等，为 12～15kW/m^2。在有水幕的工况中，热流计布置在距玻璃背火面中心点 5cm 的位置，用于测量透过玻璃和水幕的热通量。从表 6.7 可以看出，在向火面达到大致相同温度的时刻，透过 Low-E 玻璃的热通量只有透过浮法玻璃的 35%～45%，且透过玻璃的热通量随着加热时间的延长而增加。当玻璃温度将要达到平均破裂温度时，透过浮法玻璃的热通量大概占总热通量(辐射到向火面的热通量)的 47.0%，而透过 Low-E 玻璃的热通量只占总热通量的 19.4%左右。

表 6.7　玻璃向火面或透过玻璃的热通量

玻璃类型	工况	开启水幕时玻璃温度/℃	玻璃破裂或水幕开启时热通量/(kW/m^2)
浮法	1-1	—	13.04*
	1-2	60	4.03**
	1-3	80	4.50**
	1-4	90	5.92**
	1-5	100	6.13**
Low-E	2-1	—	12.27*
	2-2	60	1.63**
	2-3	70	1.81**
	2-4	80	2.04**
	2-5	90	2.38**

*表示对照组(不施加水幕)辐射到玻璃向火面的热通量。

**表示实验组(施加水幕)透过玻璃距离玻璃背火面中心点 50 mm 处热通量。

为了更直观地展示浮法玻璃和 Low-E 玻璃的特性，图 6.30 表示了两种玻璃的辐射透过率。浮法玻璃温度介于 60～100℃时，透过浮法玻璃的热通量是 4.0～6.5kW/m^2，但是透过 Low-E 玻璃的热通量只有 1.5～2.5kW/m^2。

图 6.30 中方块表示浮法玻璃和 Low-E 玻璃辐射透过率的比值。在火源情况大致相同的情况下，也就是玻璃向火面受到的热通量大致相同的情况下，透过 Low-E 玻璃的热通量大概只有透过浮法玻璃的热通量的 40%。Low-E 玻璃的这种低辐射透过率的特性导致了玻璃向火面和背火面的温度差更大，这是 Low-E 玻璃比同厚度的浮法玻璃更容易破裂的一个重要原因。

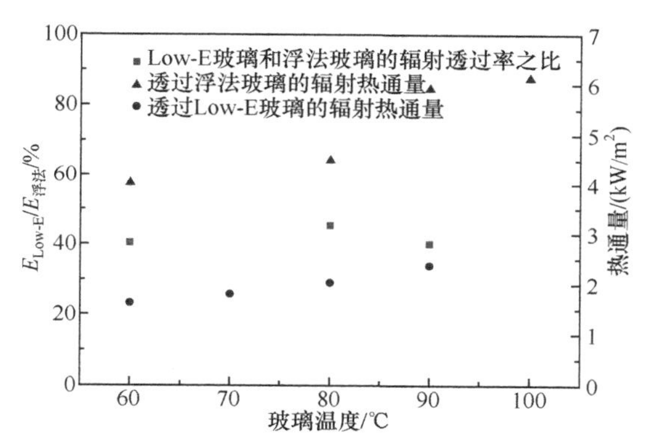

图 6.30　浮法玻璃和 Low-E 玻璃的辐射透过率

图 6.31 是不施加水幕工况中浮法玻璃和 Low-E 玻璃温度差随时间的变化曲线。图中，中心点温度差指的是向火面中心点温度 T_6 与背火面中心点温度 T_5 之间的温度差；最大温度差指的是玻璃向火面和背火面之间的最大温度差。由于 Low-E 玻璃的辐射透过率较小，所以直至 Low-E 玻璃首次破裂，其最大温度差和中心点温度差都大于浮法玻璃。因此，在面对相同强度的火源辐射时，Low-E 玻璃较浮法玻璃更容易达到导致其破裂的临界温度差，所以 Low-E 玻璃比同厚度的浮法玻璃更容易破裂。

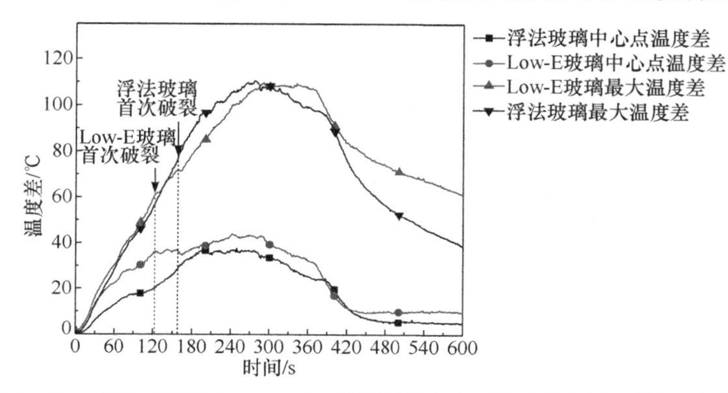

图 6.31　浮法玻璃和 Low-E 玻璃温度差随时间的变化曲线(不施加水幕)

6.5 本 章 小 结

本章主要研究水幕作用下受热玻璃的破裂行为、破裂机理等内容。通过实验的方式围绕水幕对玻璃的保护效果、水幕对玻璃破裂脱落行为的影响、施加水幕时玻璃破裂机理与不施加水幕时的区别等，研究对象为钢化玻璃与非钢化 Low-E 玻璃和浮法玻璃。本章通过实验定量计算了水幕厚度、水幕下落速度、水幕吸热量、水幕利用率等参数，深入研究了水幕对受热玻璃破裂脱落的作用机理，为发展水幕保护玻璃的工程应用提供了理论依据和参考。

参 考 文 献

[1] Chen H T, Lee S K. Estimation of heat-transfer characteristics on the hot surface of glass pane with down-flowing water film. Building and Environment, 2010, 45(10): 2089-2099.

[2] Wu C W, Lin T H, Lei M Y, et al. Fire test on a non-heat-resistant fireproof glass with down-flowing water film. Fire Safety Science, 2005,(8): 327-338.

[3] Wu C W, Lin T H. Full-scale evaluations on heat resistance of glass panes incorporated with water film or sprinkler in a room fire. Building and Environment, 2007, 42(9): 3277-3284.

[4] Wu C W, Lin T H, Lei M Y, et al. Fire resistance tests of a glass pane with down-flowing water film. Journal of the Chinese Institute of Engineers, 2008, 31(5): 737-744.

[5] Kim A K. Protection of glazing in fire separations by sprinklers//6th International Fire Conference, Oxford, 1993: 83-93.

[6] Kim A K, Tabe K B C, Lougheed G D. Sprinkler protection of exterior glazing. Fire Technology, 1998, (34): 116-138.

[7] Richardson J K, Chown G A. Glazing in fire-resistant wall assemblies. Construction and Building Materials, 1989, 3(1): 40-43.

[8] Beason D. Fire endurance of sprinklered glass walls. Fire Journal, 1986, (7): 43-45.

[9] Kim A K, Lougheed G D. The protection of glazing systems with dedicated sprinklers. Journal of Fire Protection Engineering, 1990, 2(2): 49-59.

[10] Ng C M Y, Chow W K. Review on the design and scientific aspects for drencher systems in different countries. Architectural Science Review, 2002, 45(4): 323-335.

[11] 中华人民共和国住房和城乡建设部. GB 50084—2017 自动喷水灭火系统设计规范. 北京: 中国计划出版社, 2017.

[12] 中华人民共和国住房和城乡建设部. GB 50016—2014 建筑设计防火规范(2018 年版). 北京: 中国计划出版社, 2018.

[13] 邵光正. 火灾场景中水幕对玻璃破裂行为影响的实验研究. 合肥: 中国科学技术大学, 2015.

[14] 胡隆华. 隧道火灾烟气蔓延的热物理特性研究. 合肥: 中国科学技术大学, 2006.

[15] Lentini J J. Behavior of glass at elevated temperatures. Journal of Forensic Sciences, 1992, 37(5):

1358-1362.
[16] Yuse A, Sano M. Transition between crack patterns in quenched glass plates. Nature, 1993, 362(6418): 329-331.
[17] Wang Y, Wang Q S, Shao G Z, et al. Fracture behavior of a four-point fixed glass curtain wall under fire conditions. Fire Safety Journal, 2014, (67): 24-34.
[18] Keski-Rahkonen O. Breaking of window glass close to fire. Fire and Materials, 1988, 12(2): 61-69.
[19] Shao G Z, Wang Q S, Zhao H, et al. Maximum temperature to withstand water film for tempered glass exposed to fire. Construction and Building Materials, 2014, 57: 15-23.
[20] Wang Y, Wang Q S, Shao G Z, et al. Experimental study on critical breaking stress of float glass under elevated temperature. Materials & Design, 2014, 60: 41-49.
[21] 张毅. 热荷载作用下浮法玻璃和 Low-E 玻璃破裂行为研究. 合肥: 中国科学技术大学, 2011.
[22] 王颖. SnO_2: F 薄膜第一性原理计算及 Low-E 玻璃的性能研究. 秦皇岛: 燕山大学, 2007.

第7章　风-热耦合荷载下玻璃的破裂行为

随着社会的发展，人们对生活和工作环境的要求越来越高。玻璃由于其美观、经济和良好的透光性越来越广泛地应用到现代高层建筑中。但是它在给人们带来舒适生活的同时，也给安全设计人员造成很大的困扰。一旦发生高层建筑室内火灾，玻璃受到热荷载的作用发生破裂就会形成通风口，大量的室外空气进入室内会加大火势，同时破裂的玻璃散落在地面。而在高层建筑火灾中，玻璃幕墙的破裂不仅会受室内火灾的影响，同时还会受到外界环境风的作用。

本章介绍 600mm×600mm×6mm 的浮法玻璃幕墙在框支承和点式支承安装方式下受到热辐射荷载和风荷载共同作用情况下的响应规律。根据实验的目的设计出实验方案：保持玻璃受到的热荷载不变，通过改变玻璃所受到的风荷载来研究玻璃的响应特性。通过实验得出玻璃首次破裂时间、玻璃内外表面中心点温度、玻璃表面的入射热通量、玻璃表面的平均温度差等数据，计算玻璃发生首次破裂时玻璃内部的应力。研究结果可为玻璃幕墙的工程应用提供技术支撑。

本实验一共设计 27 组实验，其中 15 组是框支承安装方式玻璃破裂实验。

在框支承玻璃安装方式下，玻璃的破裂时刻热荷载一侧玻璃表面受到的对流传热在破裂时间内起主导作用，占总热量的 75%左右。箱体内空气与热荷载一侧玻璃表面的热对流作用为 3.12～3.91kW/m^2，要远大于风荷载一侧玻璃表面与外界空气的热对流作用(不超过 1.1kW/m^2)；分布在玻璃表面的裂纹交叉可以导致在玻璃表面形成孤岛，而这些孤岛可能在外力的作用下发生脱落，但玻璃表面是否形成孤岛与风速的大小没有特别明显的关系。而在点式支承玻璃安装方式下，在无外界风作用的工况下，玻璃破裂的起裂位置往往在用于支承玻璃的孔径处，有风荷载的作用会导致起裂位置可能在玻璃的边缘。由于风荷载改变了玻璃内部的应力分布，风荷载越大，在玻璃表面形成的裂纹越复杂。

在相同的实验条件下，点式支承的玻璃安装方式往往比框支承安装方式表现出更好的火灾安全性，如无风荷载时点式支承安装方式浮法玻璃需要 829s 发生破裂，而框支承安装方式玻璃破裂仅需要 629s。

在两种玻璃安装方式下，风荷载都会降低风荷载一侧玻璃表面中心点温度变化范围，即风荷载对玻璃风荷载一侧表面具有冷却降温的作用。风荷载的作用会加速玻璃的破裂。当风荷载的速度为 0m/s 时，破裂时刻玻璃表面温度差为 63.5℃和 78℃；当风荷载的速度增加为 11m/s 时，破裂时刻玻璃表面温度差为 43.4℃和 62℃。即玻璃破裂是玻璃所受到的热荷载和风荷载共同作用的结果，且这两种影响效果是叠加的，即当玻璃发生破裂时玻璃所受到的热应力与其受到的压应力是此消彼长的关系：玻璃所受的压应力越大，其破裂时所受的热应力越小。

7.1 实验模拟的设计及实现

本节关注的是高层建筑火灾时玻璃的破裂性能。因为风速随着离地高度的增加而增加[1]，所以在高层建筑发生火灾时必须考虑风荷载的作用，这样能够更好地预测玻璃的破裂性能，更有益于高层建筑火灾人员疏散。因此，研究热荷载和风荷载耦合作用下的玻璃破裂机理是目前高层建筑火灾科学领域研究的重点之一。

火灾情况下玻璃破裂研究的实验装置主要分为两类。其中一类是全尺寸热释放速率实验台，如 ISO 9705 实验台[2]。这类实验台往往是按照一定比例 1：1 模拟真实火灾的场景，在这种实验台开展实验能够真实地得出在受限空间内火灾的发展和温度的分布，得出的结论也非常有参考意义，所以在实际中应用较广泛。但是由于研究玻璃的破裂脱落只是该标准实验台操作的一方面，虽然能模拟真实的火灾场景，但是毕竟不是很专业，很多需要注意的细节并没有考虑到，只能够改变少量的实验条件进行玻璃破裂实验，很难全面地揭示火灾场景下玻璃的破裂机理。同时由于此类实验台的热源主要是油池火或固体可燃物火，很难控制，研究难度较大，一般需要自行设计。还有一类是非全尺寸实验台[3]，其规格大小不一，往往采用与实际场景成一定比例的实验装置，以小尺寸为主。这类实验台很少关注影响玻璃破裂的诸多因素，只能实现少数工况的更换，如改变玻璃大小、安装方式、种类等。因此，这类实验台难以实现系统地对多参数作用下玻璃破裂机制的研究。张毅[4]提出了一种热荷载作用下玻璃破裂行为模拟实验装置，它能够通过多元素改变来实现玻璃破裂的研究。本节在张毅提出的实验台的基础上引入风荷载的作用来进行玻璃响应特性的研究[5]。

7.1.1 实验台的总体设计与搭建

本实验台研究的是热荷载和风荷载双重作用下玻璃的破裂机理，主要包括施加热荷载部分和施加风荷载部分。图 7.1 为实验台布置示意图。

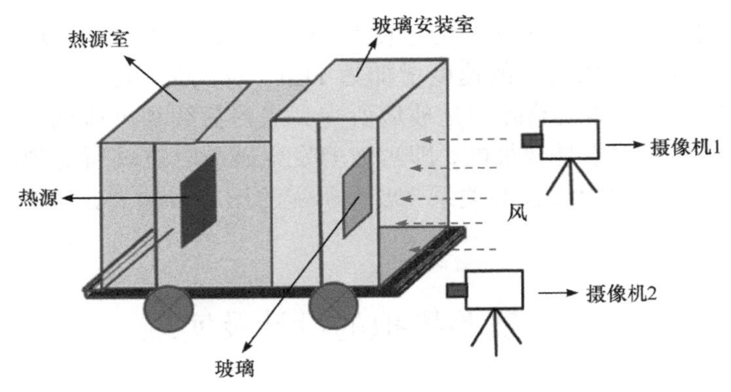

图 7.1　实验台布置示意图

1. 热荷载施加装置

这部分由组装式箱体、加热丝和控制系统(图 7.2)组成。组装式箱体主要包括热辐射箱体和安装玻璃的箱体，这是必不可少的两个箱体。加热丝(热辐射源)的设定功率最大为 90kW，使用非常高的热辐射率能够保证在实验中装置的升温速率具有较强的可调节性，便于实验条件的控制。温度控制系统安装在控制柜上，在实验中通过温度控制系统表盘来设置多段升温速率和升温时间，从而控制热辐射源的工作功率，控制封闭箱体内的升温速率。本实验通过智能温控表来实现对玻璃热荷载的控制。

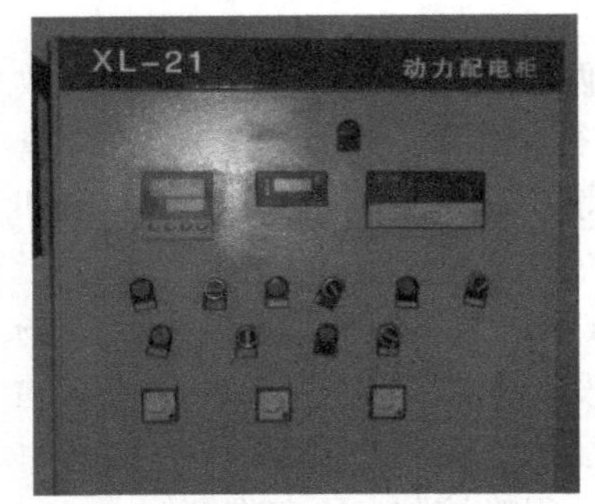

图 7.2　热荷载施加装置控制系统

2. 风荷载施加装置

风荷载施加装置主体部分是一个风机(图 7.3)。其内径为 800mm，功率为 4kW，最大通风量为 37200m^3/h。风机连接一个升降装置和变频器。升降装置可以使风机根据实验的需要改变高度。风机的下底面高度变化范围是 0.2～1.2m。变频器频谱范围为 0～50Hz，可以改变扇叶的转速，从而改变风速。实验时通过改变风速来改变实验变量。本节确定风速的方法是：在玻璃表面选取九个点，如图 7.4 所示，计算其平均风速作为作用在玻璃表面的风速。通过前期的预实验，不断迭代风速，最终确定实验所需要的频率。

图 7.3　风机

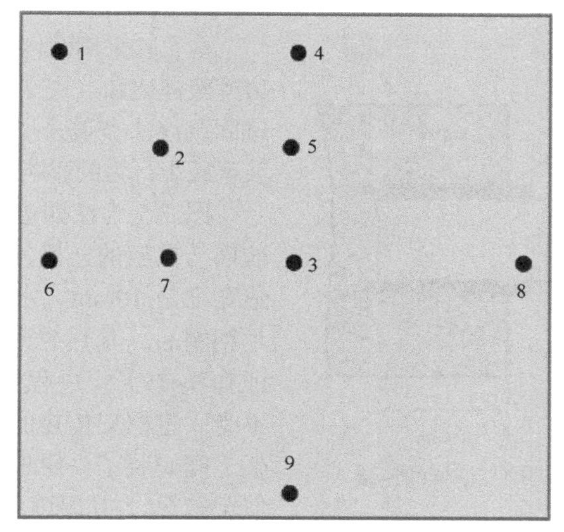

图 7.4　风速测点分布图

7.1.2　实验的设计

1. 实验目的

本实验的目的主要是研究环境风和热荷载耦合作用下玻璃的破裂机理，主要包括以下几个方面。

(1) 在热辐射作用下，对比有风和无风状态下玻璃的响应特性，包括玻璃保持完整性的时间、随着时间的变化玻璃向火面和背火面温度的变化情况、透过玻璃热辐射强度变化、整个过程中热交换作用、玻璃的脱落情况等。

(2) 在热辐射作用下，有梯度地改变施加在玻璃背火面的风速，来观察玻璃的响应特性。主要包括玻璃保持完整性的时间随风速增加的变化、玻璃破裂时表面温度差随风速增加的变化情况等。

(3) 在热辐射作用下，对比四边遮蔽和点式支承两种玻璃安装方式来研究改变安装方式对玻璃破裂行为的影响，包括玻璃保持完整性时间的对比、玻璃保持完整性的时间随风速增加的变化情况的对比、玻璃破裂时表面温度差随风速增加的变化情况的对比等。

2. 实验材料

本实验所需要的材料如下。

1) 浮法玻璃

采用工程中常用的浮法玻璃，平面尺寸是600mm×600mm，玻璃层厚度是6mm。本实验中选用两种类型的磨边玻璃：四角打孔的玻璃和普通的平板玻璃(图 2.8)。

2) 玻璃框架

本实验采用两种形式的玻璃框架，四边遮蔽框架和点式支承框架，其目的是通过固定浮法玻璃来研究不同安装方式对玻璃破裂行为的影响。

图 7.5 为在四边遮蔽安装方式下，玻璃与框架的连接方式。玻璃的四边遮蔽宽度是 10mm。由于固定玻璃的框架是钢制品，其热导率非常大[6]，为了保证在整个实验过程中遮蔽部分的升温不受固定框架传热的影响，在玻璃与框架之间安装了一层玻璃棉(热导率低，近似于绝热)，其厚度为 2mm。

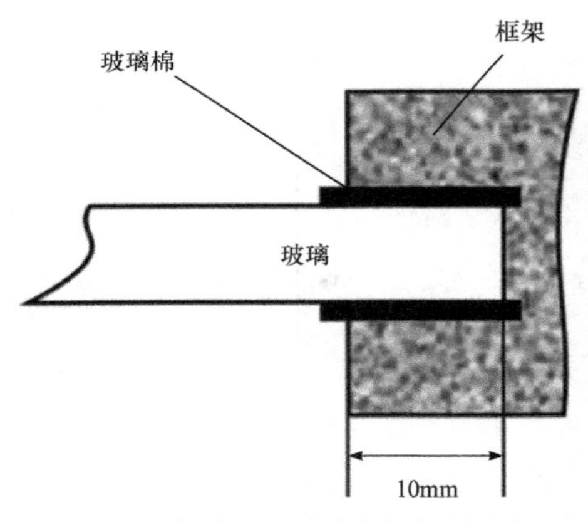

图 7.5　框支承时玻璃与框架的连接

图 7.6 则是点式支承安装方式时，玻璃与玻璃框架的固定连接方式。如侧视图所示，玻璃与玻璃框架的连接时，每一个孔由一个螺栓和两个螺母完成，所以为了使玻璃能够固定安装牢固，每一组实验都需要八个螺母。俯视图则显示每一个螺栓孔的孔径大小是 10mm，孔径中点距玻璃边缘 35mm。

3) 热电偶及热流计

用于测量玻璃表面测点和近玻璃表面空气的温度，分析玻璃破裂行为实验中的温度响应。本实验采用贴片式和铠装式两种类型的 K 型热电偶，两种热电偶均为镍铬-镍硅热电偶，如图 7.7 所示。直径为 1mm 的铠装热电偶被放置在热荷载一侧近玻璃表面附近，测量的是近玻璃表面附近空气的温度来研究封闭箱体内空

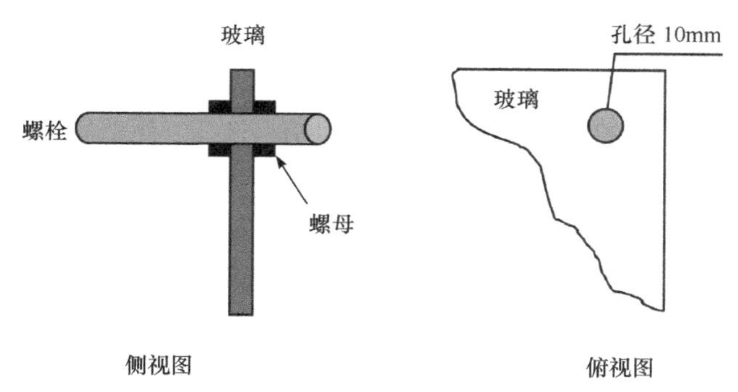

图 7.6　点式支承时玻璃与框架的连接

气与玻璃表面的热对流作用。铠装式热电偶的测量范围是 0～1300℃。本实验一共用到一个。贴片式热电偶是通过高温玻璃胶(ST-1250)附着在玻璃表面，其大小是 10mm×20mm，其测量范围是 0～800℃，能满足本节测量的需要。这种类型的热电偶布置点图见实验方案，在四边遮蔽框支承玻璃破裂实验中一共用到 18 个贴片式热电偶，而在点式支承破裂实验中仅用到 10 个贴片热电偶。

本研究采用两种热流计：一种是量程为 50kW/m^2，型号为 64-10-20 的 MEDTH ERM 64 系列的水冷型热流传感器(图 7.8(b))，其测量结果是总的热通量

(a) 贴片式热电偶

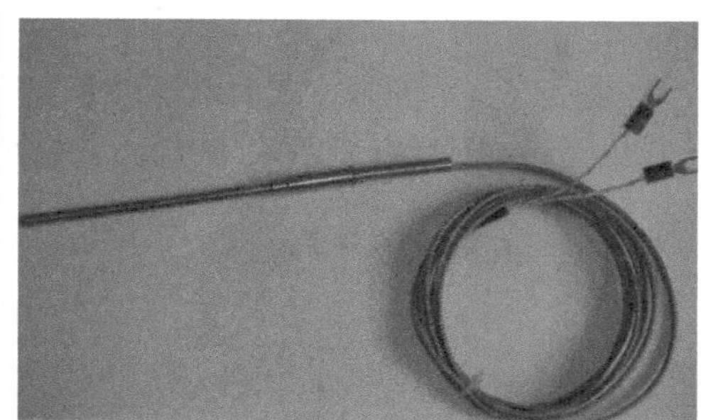

(b) 铠装式热电偶

图 7.7　热电偶

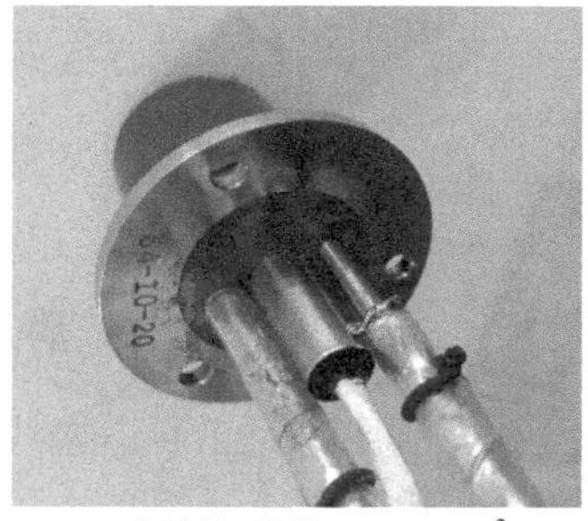

(a) 热流计(量程：100kW/m^2)

(b) 热流计(量程：50kW/m^2)

图 7.8　热流计

结果，涵盖辐射热通量和对流热通量。另外一种是量程为 100kW/m²，型号为 64-10-20 的 MEDTHER M 64 系列的冷型热流传感器(图 7.8(a))，其测量结果为辐射热通量或总热通量。将总的热通量和辐射热通量分开测量，便于研究整个实验过程中热传递形式的确定。图 7.9 是四边遮蔽框支承时热电偶及热流计布置图(加括号表示风荷载一侧，不加括号表示向火面一侧)。TC19 测量的是热荷载一侧近玻璃表面空气的温度。测量用的是铠装式热电偶。如图 7.9 所示，在玻璃上方约 100mm 处为点 1，距玻璃外表面中心点 100mm 处为点 2。在点 1 和点 2 处分别布置热流计来收集玻璃热荷载一侧玻璃表面和透过玻璃表面一次接收到的热通量数据。

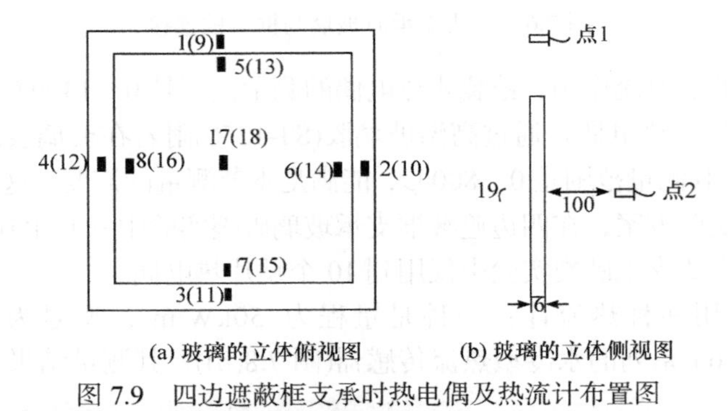

图 7.9 四边遮蔽框支承时热电偶及热流计布置图

图 7.10 是点式支承安装方式时玻璃破裂实验热电偶布置图。其中 TC1～TC10 都是贴片式热电偶。TC11 是铠装式热电偶，测量热荷载一侧近玻璃表面空气的温度。

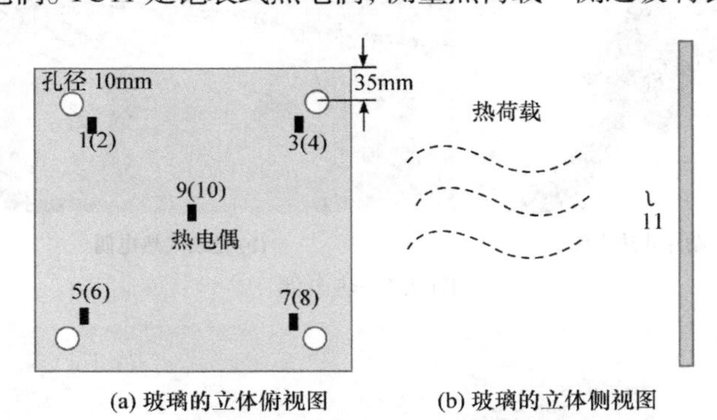

图 7.10 点式支承安装方式时热电偶布置图

4) 数据采集仪

采用 FLUKE 2638 A HYDRA 系列 3 数据采集仪(图 7.11)。它的差分模拟输入通道可从 22 个扩展到 66 个。同时，其灵活的、通用的 22 通道接线盒可用电缆接入各种类型的信号电缆至任一通道，连接和拆卸既快速又简单。每个输入通道都可以测量热电偶的值，热电偶基本测量准确度达到 0.5℃，很好地提高了本实验测量系统的精确性。

图 7.11　数据采集仪

5) 数据采集模块

使用数据采集模块主要是为了采集热流计数据。采用的是隔离 Modbus 协议单通道电流环采集模块(I-7013)和非隔离 Modbus 协议四通道电流环采集模块(I-7018)，采样频率为 1.0s。最终得到的是电压数据，通过热流计自有的计算公式得出热流计接收到的热通量数据。

数码摄像机：摄像机记录玻璃从受热开始一直到破裂整个过程的形态变化。摄像机的型号是 SONY HDR-PJ580E，其采样频率是 50Hz。放置位置如图 7.1 所示，摄像头的位置与玻璃的水平中心线等高，在无风荷载时，放置在正对玻璃平面，而在有风的作用下，放置在玻璃的右侧。摄像机的位置和角度通过三脚架来调节。

3. 实验方案

根据研究的目的和要求，本实验制定了以下方案：对四边遮蔽框支承和点式支承两种安装方式的浮法玻璃进行破裂实验，其尺寸均是 600mm×600mm×6mm，为了保证玻璃特点的统一性，玻璃出自同一厂家同一批玻璃，并且所有的玻璃在出厂前都进行了磨边处理。

因为研究的重点是风荷载对受热玻璃破裂行为的影响，所以把风速的变化作为实验的变量，观察研究当风速呈一定变化速度递增时，受到同一热荷载功率的玻璃破裂行为。在每一组实验的初期都会对玻璃非受热一侧施加一定的风速，用摄像机记录整个过程中玻璃形态的变化，实验中施加的风速有 2m/s、5m/s、8m/s、11m/s。同时，为了与有风状态下的实验做对比，设置了无风荷载的对照组实验。因为玻璃破裂实验随机性比较强，所以每一种工况的实验最少做三组。实验方案设计如下。

根据其他的研究，高层建筑所经受的风速不高于 9m/s，因此实验设计的最大风速在 9m/s 附近。从表 7.1 可以看出，大部分实验工况是三组实验，针对一些实验结果偏差太大的工况，加做一组实验来确保实验结果的可靠性。一共做了 28 组实验，其中四边遮蔽框支承玻璃破裂实验做了 16 组，而点式支承玻璃破裂实验做了 12 组。

表 7.1　实验工况

风速/(m/s)	四边遮蔽框支承	点式支承
0	4	3
2	3	3
5	3	3
8	3	3
11	3	

4. 实验步骤

(1) 实验开始，安装玻璃，布置热电偶、摄像机、风机等；开启摄像机，检查数据采集仪等测试仪器是否正常工作，并检测各测点的数据是否正常记录；打开变频器，测试风机是否正常运转；控制实验台控制柜，查看运行电流来观察其是否正常工作。检测工作完毕后，依次打开风机、数据采集仪、摄像机，热荷载控制柜通电。接着让数据采集仪、摄像机开始记录数据，同时打开控制柜“run”按钮。实验开始。

(2) 观察记录。开始实验后数据采集仪记录各测点的温度数据，模块记录热通量数据。观察玻璃的变化，若玻璃首次破裂，则实验结束。

(3) 实验结束后，观察玻璃的最终形态，拍摄照片，并记录起裂位置。关闭热荷载装置、风机、摄像机、数据采集仪，并保存数据。清理实验场所。

5. 玻璃表面温度差的定义

玻璃在热荷载作用下受到热辐射的加热作用，玻璃表面温度将持续升高。而在四边遮蔽框支承安装方式下的玻璃边缘遮蔽部分温升受到边框的遮蔽作用，仅能靠附近玻璃的热传导作用升温，而暴露在热辐射作用下的玻璃表面受热辐射的作用非常大，这就导致同一玻璃的表面温度上升速率不一样，从而在玻璃的同一表面形成了温度梯度：暴露在热辐射作用下的玻璃表面温度高，而遮蔽区域的温度偏低。同时因为玻璃是热的不良导体，所以热量从玻璃受热表面传导至另一面也需要一定的时间，这样就会在玻璃的厚度方向上形成温度梯度：玻璃背火面的温度要小于向火面的温度。玻璃表面的温度梯度导致玻璃的内部形成一定的热应力，由温度梯度不断增加所带来的热应力超过玻璃表面局部所能承受的应力时，玻璃就会发生破裂。因此，玻璃表面温度差是研究热荷载作用下玻璃破裂需要考虑的物理量之一。为了比较研究温度差定义对研究的影响，定义三种温度差。第一种定义方法是最大温度和最小温度之差，即

$$\Delta T_1 = T_{\max} - T_{\min} \tag{7.1}$$

式中，$T_{\max}$是玻璃表面的最大温度；$T_{\min}$是玻璃表面的最小温度。

第二种定义方法是两种安装方式分别定义，对于四边遮蔽框支承安装方式：

$$\Delta T = T_{\text{exposed}} - T_{\text{ambient-shaded}} \tag{7.2}$$

式中，T_{exposed}是四边中心点热荷载一侧非遮蔽区域温度的平均值；$T_{\text{ambient-shaded}}$是四边中心点风荷载一侧遮蔽区域温度的平均值，表征遮蔽区域与非遮蔽区域连接处的温度差。

而对点式支承安装方式来说，有

$$\Delta T = T_{\text{exposed}} - T_{\text{ambient}} \tag{7.3}$$

式中，T_{exposed}是热荷载一侧玻璃表面所有测点的平均温度；T_{ambient}是风荷载一侧玻璃表面所有测点的平均温度，表征玻璃风荷载和热荷载表面的温度差。

第三种定义是玻璃热荷载与风荷载两侧玻璃中心点温度之差：

$$\Delta T_2 = T_{\text{r}} - T_{\text{w}} \tag{7.4}$$

式中，T_{r}是热辐射一侧玻璃表面中心点温度；T_{w}是风荷载一侧玻璃表面中心点温度。

7.2 风-热耦合荷载下框式安装玻璃的破裂行为

本节探究外界风对框式支承安装方式中浮法玻璃破裂行为的影响。实验装置由热辐射源、浮法玻璃及玻璃框架、安装热辐射源和玻璃的组合箱体、风机及测量系统组成，如图 7.12 所示。实验采用了工程上用的 600mm×600mm×6mm 浮法

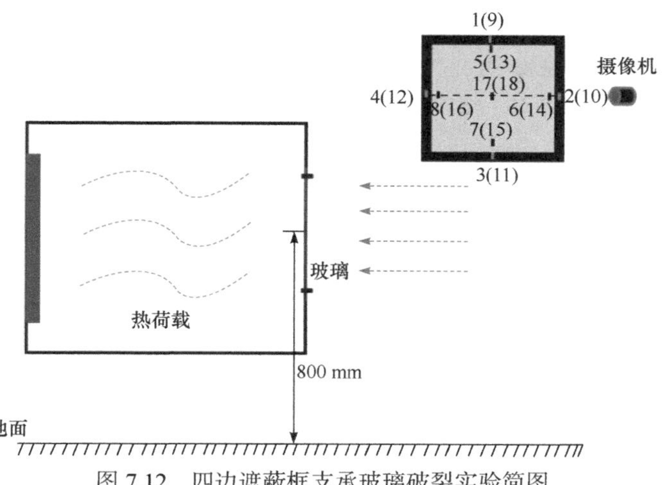

图 7.12　四边遮蔽框支承玻璃破裂实验简图

玻璃。其中玻璃中心距地面的距离是 800mm。组合箱体下表面距地面 300mm。而摄像机放置在与玻璃中心同一等高线上，且位于玻璃的右侧。热辐射源距玻璃热荷载一侧表面 900mm。设定热辐射源的加热功率是 90kW。

热电偶的布置如图 7.13 所示。TC1～TC9 布置在热荷载的一侧，直接面对热辐射源一侧玻璃表面的温度。TC10～TC16 布置在风荷载的一侧，直接测量风荷载一侧玻璃表面的温度。其中，TC1～TC4 分别布置在热荷载一侧各边遮蔽区域的中点，测量的是非遮蔽部分的温度；TC5～TC8 分别布置在热荷载一侧各边非遮蔽区域的中点，测量的是遮蔽部分的温度；TC9～TC12 分别布置在风荷载一侧各边遮蔽区域的中点，测量的是遮蔽部分的温度；TC13～TC16 分别布置在风荷载一侧各边非遮蔽区域的中点，测量的是遮蔽部分的温度；TC17 测量玻璃热辐射源一侧中心点附近的温度。TC17 测量玻璃风荷载一侧中心点附近的温度。热电偶 TCi 测量的温度用 T_i 表示。每一边遮蔽部分的宽度是 10mm。这种安装方式玻璃与框架的连接如图 7.5 所示，热流计在点 1 和点 2 处分别测量总热通量和辐射热通量。最终测到的热通量数据将用于整个实验过程的传热分析。

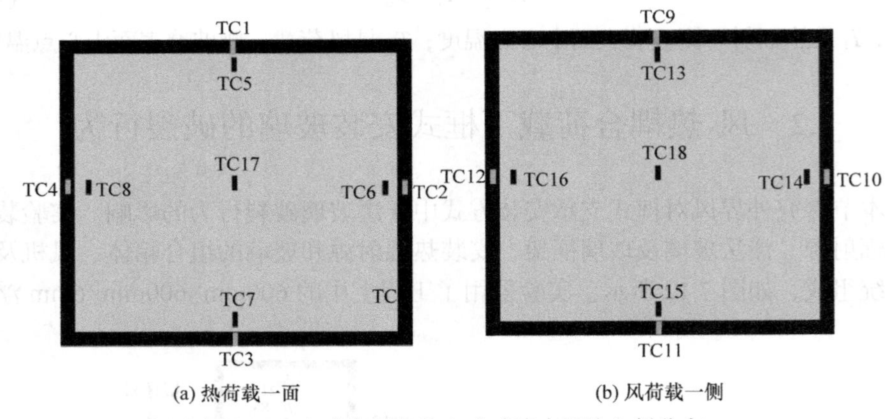

(a) 热荷载一面　　(b) 风荷载一侧

图 7.13　点式支承安装方式玻璃表面热电偶分布

本实验温度差 ΔT 的第二种定义方式的计算公式为

$$
\begin{aligned}
&T_{\text{exposed}} = (T_5 + T_6 + T_7 + T_8 + T_{17})/5 \\
&T_{\text{ambient-shaded}} = (T_1 + T_2 + T_3 + T_4)/4 \\
&\Delta T = T_{\text{exposed}} - T_{\text{ambient-shaded}}
\end{aligned}
\tag{7.5}
$$

本节在热荷载不变的情况下，改变玻璃另一侧的风速，观察对玻璃破裂行为的影响。实验台搭建完成后对浮法玻璃一共进行了 16 组实验。可依次标记为五个工况，分别按照 0m/s、2m/s、5m/s、8m/s、11m/s 来改变施加在玻璃上的风荷载速度。实验工况详见表 7.2。为了保证实验结果的可靠性，每一种工况做三组实验，当实验结果出现非常大的波动时，可加做一或两组实验，如在无风荷载作用的情况下，为了保证实验结果做四组实验。本节使用的玻璃的相关力学和光学参数如下：密度 $\rho = 2360\text{kg/m}^3$，弹性模量 $E = 61.6\text{MPa}$，泊松比 $\nu = 0.22$，维氏硬度 $H_{\text{v}} = 5.99\text{GPa}$，可见光透射率 $\tau_{\text{v}} = 0.77$，传热系数 $U = 5.70\text{W/(m}^2 \cdot ℃)$。

表 7.2　风-热耦合荷载下框式安装玻璃实验工况概述

实验风速/(m/s)	热荷载/kW	辐射源距离/mm	重复次数	破裂次数
0	90	900	4	4
2	90	900	3	3
5	90	900	3	3
8	90	900	3	3
11	90	900	3	3

实验采用单一变量的科学方法来研究玻璃的破裂行为，保持对玻璃的加热功率和热辐射源与玻璃表面的距离不变，改变风速的大小。由表 7.2 可以看出，实验用的玻璃在实验中全部发生破裂。发生破裂仅是研究玻璃破裂的一方面，玻璃破裂时的温度差，有荷载情况下玻璃表面温度的变化，玻璃首次破裂时间等都是研究玻璃破裂非常重要的问题。

表 7.3 统计了实验最终的结果，包括在四边遮蔽框支承安装方式下，玻璃首次破裂的时间、玻璃上是否形成孤岛、玻璃是否发生脱落、三种温度差定义的结果、箱体内空气的温度等。

表 7.3　风-热耦合荷载下框式安装玻璃实验结果统计

风速/(m/s)	实验编号	首次破裂时间/s	是否脱落	是否形成孤岛	玻璃首次破裂时的温度/℃			
					T_{17}	ΔT	ΔT_1	空气
0	1	620	N	Y	145.6	63.5	117.5	309.6
	2	612	N	Y	140.4	64.8	109.4	312.1
	3	646	N	N	145.2	65.3	112.4	—
2	4	607	N	Y	136	62.6	103	267.6
	5	590	N	N	116.7	62.2	90	247.6
	6	610	N	N	119.3	61	100	270
5	7	550	N	N	125	54.2	93.9	283.6
	8	587	N	N	124.3	53.5	90.7	275.1
	9	589	N	Y	123.1	55.2	89.3	280.2
8	10	559	Y	Y	100	52.8	76.9	262.4
	11	543	Y	Y	95	42.9	71	—
	12	555	Y	Y	93	48	60	264.3

续表

风速/(m/s)	实验编号	首次破裂时间/s	是否脱落	是否形成孤岛	玻璃首次破裂时的温度/℃			
					T_{17}	ΔT	ΔT_1	空气
11	13	500	Y	Y	102.4	43.4	70	266.5
	14	498	Y	Y	94.2	45.8	63.8	215.8
	15	466	N	N	87.5	41.4	54.2	269.9

注：Y 表示是，N 表示否；空气指的是箱体内空气。

7.2.1　风速与玻璃表面温度变化的关系

图 7.14 是在无风荷载状态下(自然状态下)玻璃表面七个点的温度变化曲线。由图可以看出，随着实验的进行，箱体内的空气的温度(T_{19})变化率越来越小(图 7.14(b))。原因可能是在实验开始时，箱体内外的空气温度相差很小(图 7.14(a))，基本不存在箱体内空气对外的传热作用，箱体内空气吸收的热量全部用于自身的加热。随着时间的推移，箱体内温度上升导致箱体内外空气温度差发生变化，箱体内空气吸收的热量不仅用于维持自身温度的上升，还有一部分热量要经过玻璃传递到箱体外的空气。这样就会稀释掉原本用来加热自身的热量，所以箱体内空气的温度变化率慢慢下降。其中，TC2、TC6、TC17 测量的是热荷载一侧玻璃表面的温度，而 TC10、TC14、TC18 测量的是风荷载一侧玻璃表面的温度。不难看出，在热荷载一侧玻璃表面中心点的温度最高，而在风荷载一侧的温度数据呈现相同的规律，即在同一受热平面，平面的中心点所测得的温度数据最高。

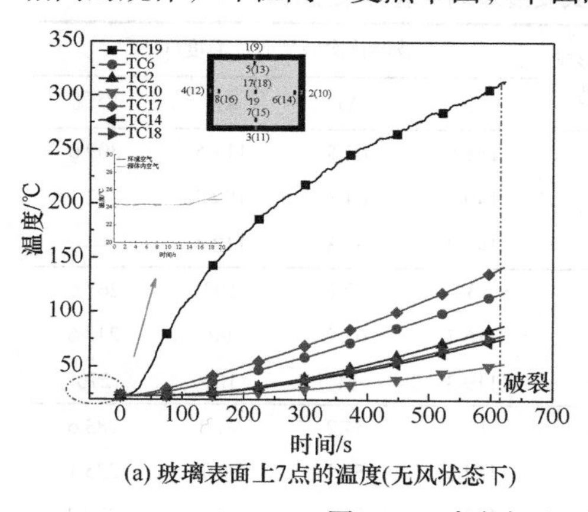

(a) 玻璃表面上7点的温度(无风状态下)

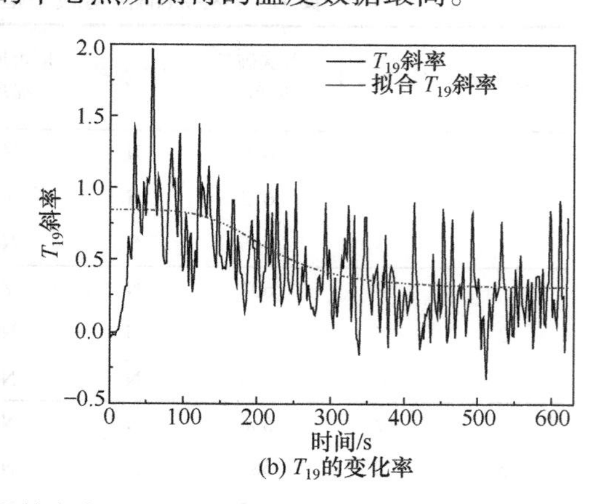

(b) T_{19}的变化率

图 7.14　玻璃表面一些特定点的温度变化率

图 7.15 是不同工况下风荷载一侧玻璃表面中心点温度。在破裂时间区域内(466～640s)，在无风荷载状态下，风荷载一侧玻璃表面中心点温度变化范围

为 53.9～72.6℃，而在 11m/s 的风速下，风荷载一侧玻璃表面中心点温度变化范围为 43.3～54.1℃，远小于前者。同时从图中可以看出，随着风速的增加，不同工况风荷载一侧玻璃表面中心点温度变化范围逐渐降低，即风荷载降低了风荷载一侧玻璃表面中心点温度变化范围。风荷载对玻璃风荷载一侧具有冷却作用。

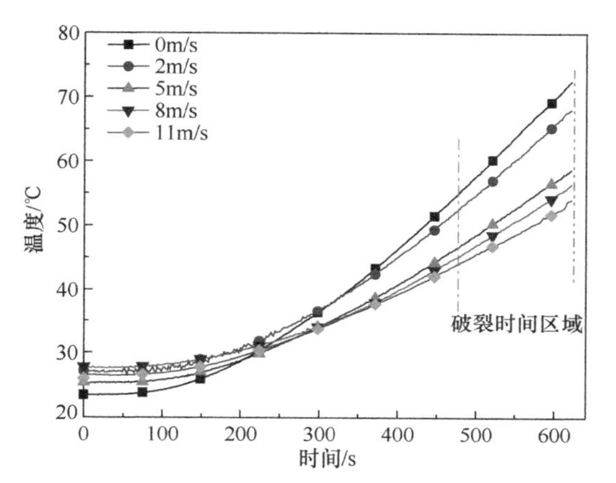

图 7.15　不同工况下风荷载一侧玻璃表面中心点温度

图 7.16～图 7.20 是在五种工况分别随机选取一组实验的玻璃表面及热荷载一侧玻璃表面附近的空气温度曲线。图 7.16 是无风状态下玻璃表面及热荷载一侧玻璃表面附近空气温度曲线。选取实验 1 的数据，首次破裂时间是 620s，玻璃表面温度最高点是 T_{19}。其中，热荷载一侧近玻璃表面的温度最高，在遮蔽部分的区域特定小范围测点得到的数据往往热荷载一侧未遮蔽部分的温度最高。在图 7.16 中，$T_5>T_1>T_9$；$T_6>T_{14}>T_2>T_{10}$；$T_7>T_3>T_{11}$；$T_8>T_4>T_{12}$；$T_{19}>T_{17}>T_{18}$。

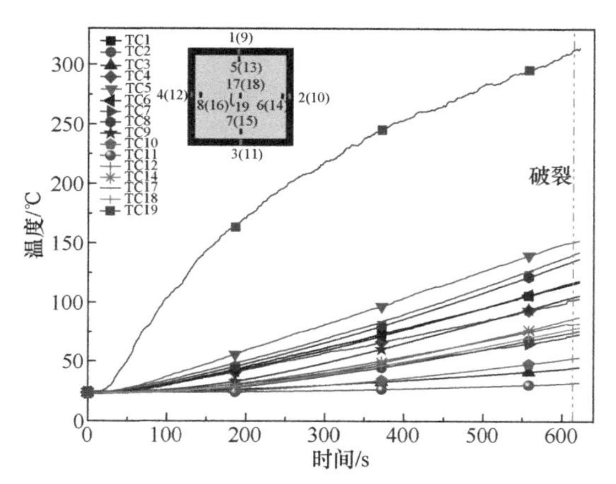

图 7.16　玻璃表面及热荷载一侧玻璃表面附近空气温度曲线(无风)

图 7.17 是风速为 2m/s 时玻璃表面及热荷载一侧玻璃表面附近空气温度曲线。选取实验 4 的数据，首次破裂时间是 607s，玻璃表面温度最高点是 T_{19}。其中热荷载一侧近玻璃表面的温度最高。在图 7.17 中，$T_6>T_2>T_{10}>T_{14}$；$T_7>T_3>T_{11}$；$T_8>T_{12}$；$T_{19}>T_{17}>T_{18}$。

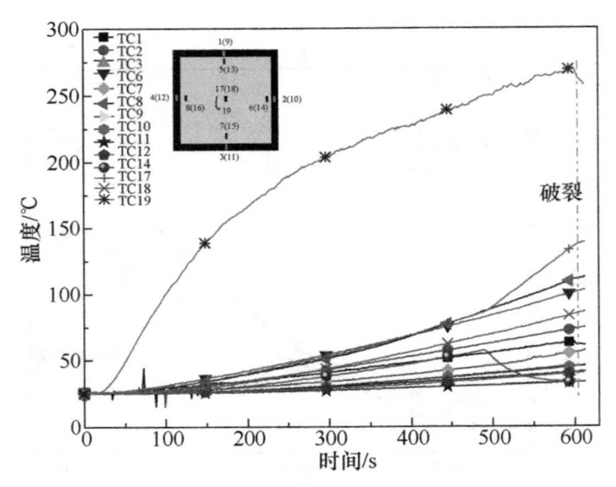

图 7.17　玻璃表面及热荷载一侧玻璃表面附近空气温度曲线(2m/s)

图 7.18 是风速为 5m/s 时玻璃表面及热荷载一侧玻璃表面附近的空气温度曲线。选取实验 9 的数据，首次破裂时间是 589s，玻璃表面温度最高点是 T_{19}。在图中，$T_5>T_1>T_9$；$T_6>T_{14}>T_2>T_{10}$；$T_7>T_3>T_{11}$；$T_8>T_4>T_{12}$；$T_{19}>T_{17}>T_{18}$。

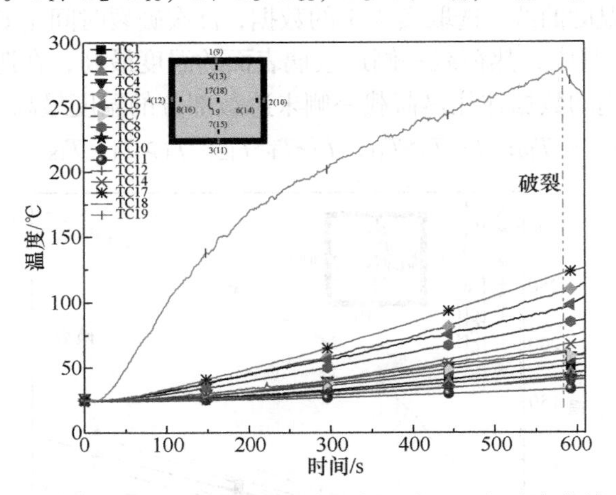

图 7.18　玻璃表面及热荷载一侧玻璃表面附近空气温度曲线(5m/s)

图 7.19 是风速为 8m/s 时玻璃表面及热荷载一侧玻璃表面附近的空气温度曲线。选取实验 12 的数据，首次破裂时间是 555s，玻璃表面温度最高点是 T_{19}。在图中，$T_5>T_1>T_9$；$T_6>T_{14}>T_2>T_{10}$；$T_7>T_3>T_{11}$；$T_8>T_4>T_{12}$；$T_{19}>T_{17}>T_{18}$。

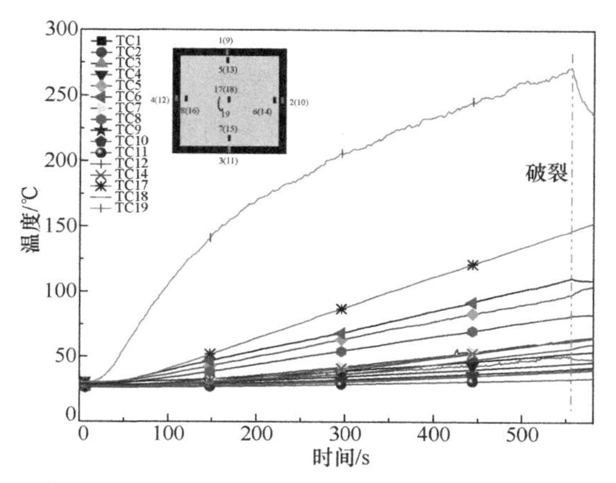

图 7.19 玻璃表面及热荷载一侧玻璃表面附近空气温度曲线(8m/s)

图 7.20 是风速为 11m/s 时玻璃表面及热荷载一侧玻璃表面附近空气温度曲线。选取实验 13 的数据，首次破裂时间是 500s，玻璃表面温度最高点是 T_{19}。在图中，$T_5>T_1>T_9$；$T_6>T_{14}>T_2>T_{10}$；$T_7>T_3>T_{11}$；$T_8>T_4>T_{12}$，$T_{19}>T_{17}>T_{18}$。

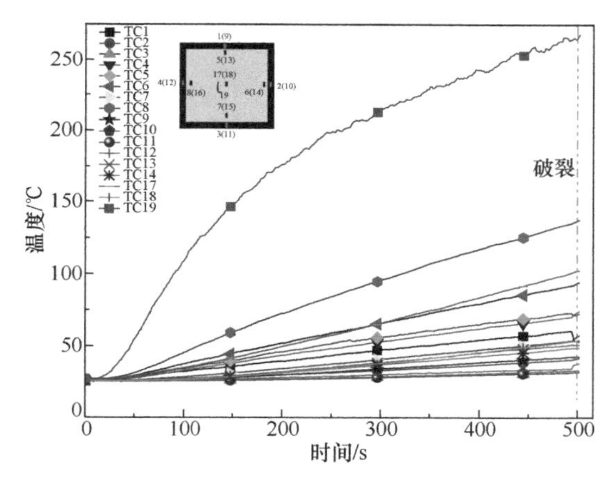

图 7.20 玻璃表面及热荷载一侧玻璃表面附近空气温度曲线(11m/s)

由图 7.16～图 7.20 可以看出，在整个实验过程中，各测点温度一直在上升。箱体内空气的温度在上升过程中升温速率不断下降，导致其温度变化曲线越来越平缓。在温度上升曲线中，对于四边每一个特定的测点，热荷载一侧未遮蔽区域的温度总是最高的。而根据现有的测量结果，风荷载一侧遮蔽区域的温度是最低的。原因可能是热荷载一侧未遮蔽区域直接面对的是热辐射源，其升温速率就很快，而对于风荷载一侧遮蔽区域其受热要依靠附近区域的热传导，所以上升速率很慢。这种上升速率的差别在时间上的累积就导致这两个区域温度上的差异。因此它们之间的差值也是玻璃上遮蔽区域与非遮蔽区域的最大温度差。而在垂直于玻璃中心线上，所有的测量结果都表明，热荷载一侧近玻璃表面空气的温度最高，热荷载一侧玻璃表面中心点次之，而风荷载一侧玻璃表面中心点温度最低。玻璃表面温度最高点的统计也表明，整个实验过程中温度的最高点在热荷载一侧未遮蔽区域。

7.2.2　风速与玻璃破裂温度差的关系

本实验采用第二种定义方式研究玻璃破裂时玻璃表面的温度差，根据 7.2.1 节中随机选出的几组实验来说明玻璃破裂时表面温度差与风荷载速度之间的关系。图 7.21 是不同工况下温度差变化曲线图。在无风状态下，实验 1 破裂发生破裂的时间是 620s，破裂时温度差为 63.5℃。实验 1 破裂发生的时间是 607s，破裂时温度差为 62.6℃。实验 9 破裂发生破裂的时间是 589s，破裂时温度差为 55.2℃。实验 12 破裂发生的时间是 555s，破裂时温度差为 48℃。实验 13 破裂发生破裂的时间是 500s，破裂时温度差为 43.4℃。

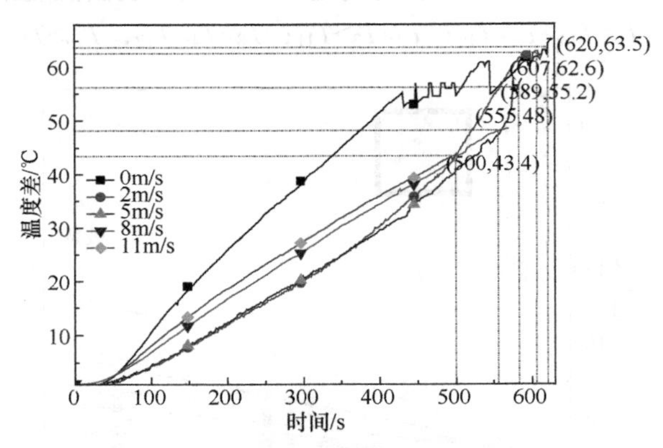

图 7.21　不同工况下温度差变化曲线图

由图 7.22 可以看出，随着风速的增加，玻璃破裂时玻璃表面的平均温度差有递减趋势。根据风压转换公式：

$$P_{\mathrm{w}} = \gamma v_0^2 / (2g) \tag{7.6}$$

式中，P_{w}是风压；v_0是风速；γ是空气的比重量；g是重力加速度。$g = 9.8\mathrm{m/s}^2$，$\gamma = 0.012\,\mathrm{kN/m}^3$[7]。也就是说，作用在玻璃上的风压与风速的平方成正比。因此，作用在玻璃上的风速越大，玻璃所受的压应力越大。根据温度差判据可知，温度差与玻璃受到的热应力成正比。所以，当玻璃发生破裂时玻璃所受的热应力与其受到的压应力是此消彼长的关系。玻璃所受到的压应力越大，其破裂时所受到的热应力越小，反之亦然。

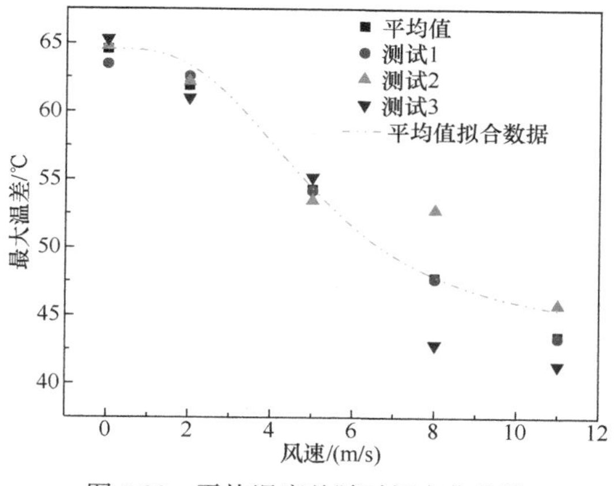

图 7.22 平均温度差随时间变化曲线

7.2.3 风速与玻璃首次破裂时间的关系

在实际火灾中，玻璃的首次破裂时间是非常重要的，准确地预测玻璃的破裂时间有利于采取措施，防止玻璃破裂形成敞口造成更大的灾难。图 7.23 是玻璃首次破裂时间随风速的变化曲线。不难看出，随着风荷载一侧施加风速的增加，玻璃发生首次破裂所需要的时间变短。原因可能是在热荷载和风荷载共同作用于玻璃的情况下，玻璃的破裂是风荷载作用于玻璃的压应力和热辐射作用于玻璃的热应力共同造成的。实验中各个工况受到的是相同的热辐射，唯一的变量是受到的风荷载。玻璃发生破裂时玻璃所受的热应力与其受到的压应力是此消彼长的关系。玻璃所受到的压应力越大，其破裂时所受到的热应力越小。由图 7.23 看出，风速越大的情况，达到玻璃破裂条件的时间就越短。

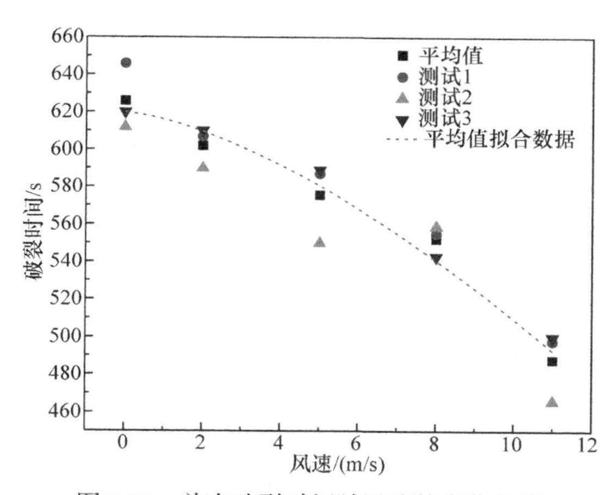

图 7.23 首次破裂时间随风速的变化曲线

7.2.4　传热分析

图 7.24 是玻璃破裂过程中三种主要的传热方式：热传导、热对流和热辐射作用。其中，有热辐射源(电热丝)的热辐射作用，其计算公式为

$$q = \varepsilon T^4 \tag{7.7}$$

式中，q 是辐射源辐射功率；T 是辐射源温度。由于同一时刻辐射源的功率一定，则不同位置接受的辐射功率与其和辐射源的距离有关系。根据球面表面积的计算方法，不同位置的接受辐射功率与其和辐射源的距离的平方成反比。由于热辐射源与箱体内空气一定存在温度差，所以热辐射源与箱体内空气产生热对流作用。从图 7.16～图 7.20 看出，箱体内空气要远大于玻璃表面的温度，因此箱体内空气与玻璃表面存在热对流作用。箱体内外也存在温度差，因此箱体内外经过玻璃存在热传导作用。同时逐渐升温的玻璃也有热辐射作用。

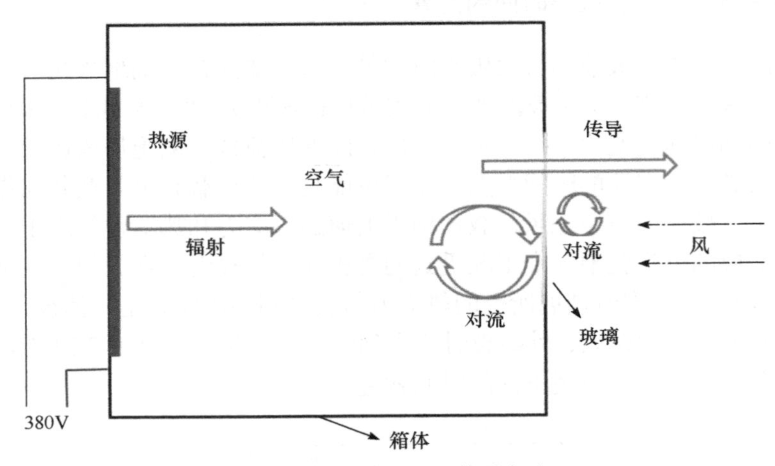

图 7.24　实验中的热传递方式

就传热介质而言，整个换热过程存在两种传热介质：箱体内的空气和玻璃。空气的导热系数是0.023W/(m·K)，属于导热性一般的介质。箱体内的空气所吸收的热量主要来自与热辐射源的热交换，其温度要低于热辐射源。它吸收的热量一部分用于加热自身，提高自身的温度，另一部分以热交换的形式扩散出去。这种扩散作用主要包括与玻璃的热对流作用和经过玻璃向环境的热传导作用。此扩散作用中主要的传热介质是玻璃。同箱体内的空气一样，玻璃吸收的热量一部分用于自身的加热，另一部分则经过对流传热的作用传递到环境中。在此实验过程中，风荷载一侧没有施加风的作用时，环境中的空气与玻璃的风荷载一侧表面是自然对流，有风的情况下则是受迫对流。传热体系中自变量便是环境空气与风荷载一侧玻璃表面的对流传热。q_{r2} 是辐射热流计在点 2 处测到的辐射热通量数据。q_{r1} 是辐射热流计在

点 1 处测到的辐射热通量数据。q_2 是热流计在点 2 处测到的热通量数据。q_1 是辐射热流计在点 1 处测到的辐射热通量数据。q_{h1} 是箱体内空气与热荷载一侧玻璃表面的热通量数据。

图 7.25 是无风状态下热流计测得的热通量数据。测得的热通量数据包括点 1 和点 2 处的辐射热通量和总热通量。在整个实验过程中，所有测点所测得的热通量数据都在增加。在破裂时间区域内，点 1 处的总热通量为 4.02～5.20kW/m^2，而辐射热通量仅为 0.90～1.29kW/m^2，为总热通量的 25%左右，远远小于总热通量。而在点 1 处总热通量不仅包含辐射热通量，还包括箱体内空气与玻璃表面经过对流传热交换的热通量，为 3.12～3.91kW/m^2。因此，热荷载一侧玻璃表面受到的热量对流传热在破裂时间区域内起主导作用。在两个热流计测点处所测得的数据发现，每一处总热通量都要大于辐射热通量。因为总热流计测得的结果不仅包含测点的辐射热通量，还包括测点处的热对流作用强度。

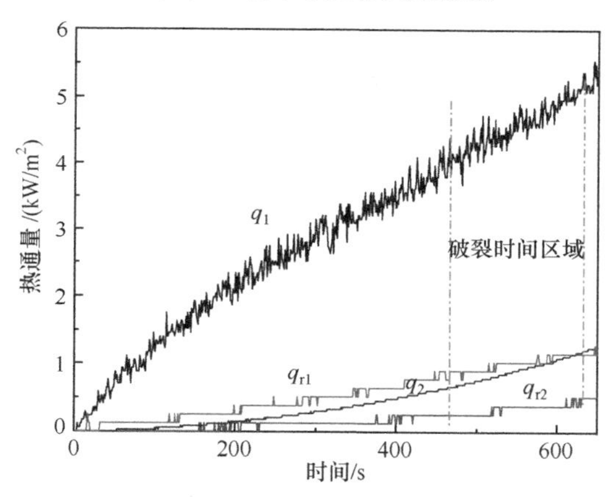

图 7.25　无风状态下热流计测得的热通量数据

图 7.26 是热荷载一侧风速为 5m/s 时点 2 处辐射热通量与总热通量。由图可知，点 2 处总的热通量有非常大的波动。究其原因是总热通量由两部分组成：辐射热通量和对流换热通量。由图可知，辐射热通量并没有很明显的波动。因为风速的不稳定，环境与风荷载一侧的受迫对流系数也处于不断变化当中[8]，从而使得对流换热通量出现比较大的波动。从而总的热通量数据有非常大的波动。辐射热通量的变化范围是 0～0.5kW/m^2，而总热通量的变化范围是 0～1.1kW/m^2，即外界空气与玻璃表面的热对流作用不超过 1.1kW/m^2。

图 7.27 点 1 和点 2 处辐射热通量与总热通量的比值。q_{h2} 为风荷载一侧玻璃表面与外界空气的热对流数据。根据公式推导可知，$q_{r2}/q_{r1}=0.72$。但是从图 7.27 中不难看出，q_{r2}/q_{r1} 的值在 0.34 左右。这是由于热辐射的能量在穿过浮法玻璃时，有一定波段的能量被玻璃吸收了，剩下的便是透过玻璃在点 2 处测到的热通量。计算

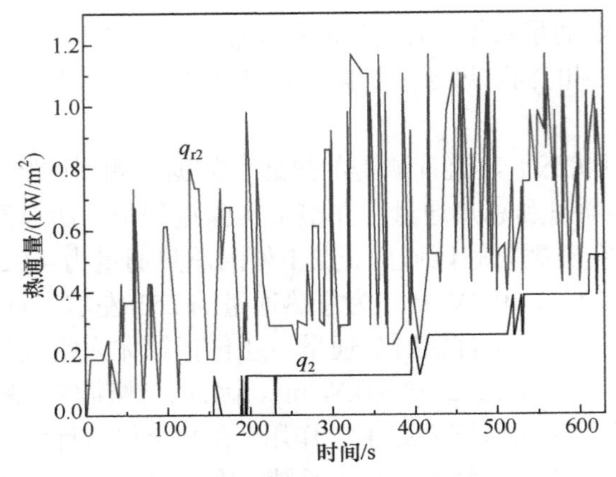

图 7.26 点 2 处辐射热通量与总热通量(5m/s)

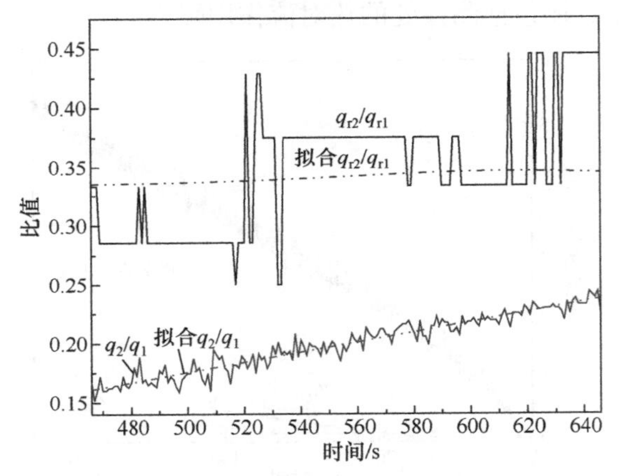

图 7.27 点 1 和点 2 处辐射热通量与总热通量的比值

可知，热透射率为$0.34/0.72=0.472$。另外，点 2 和点 1 处总热通量之比q_2/q_1处于近似线性增长但是一直小于 0.34。根据实验过程中传热分析可知，$q_2/q_1=(q_{r2}+q_{h3})/(q_{r1}+q_{h1})<0.34$。所以不难推断出$q_{h3}/q_{h1}<0.34$。即箱体内空气与热荷载一侧玻璃表面的热对流作用要远小于风荷载一侧玻璃表面与外界空气的热对流作用。

7.2.5 玻璃裂纹的产生、扩展及脱落

图 7.28(a)为有风状态下玻璃破裂后的形态。从图中可以看出，在玻璃表面有三种形式的裂纹：直裂纹、分叉裂纹、振荡裂纹。三种裂纹产生的条件不同[9]，在这三种裂纹形态中，直裂纹的产生需要较小的温度差，而振荡裂纹是最复杂的形态，需要更多的热应力才会产生。这也说明在玻璃受热过程中，产生振荡裂纹的附近受到更大的热应力。

(a) 三种裂纹

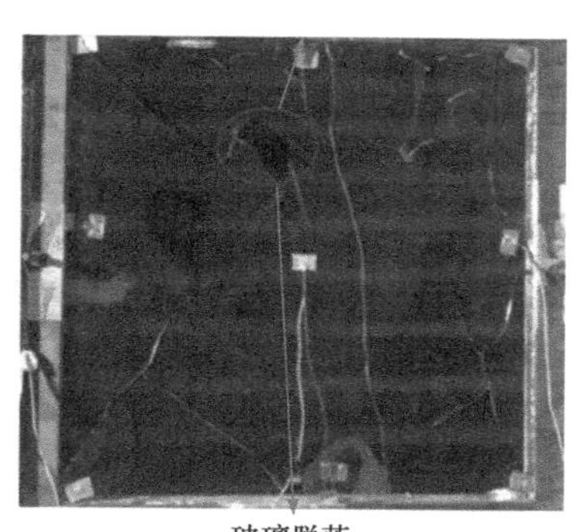

(b) 玻璃脱落

图 7.28　玻璃破裂后的形态

根据实验结果的统计发现，在 0m/s、2m/s、5m/s 的工况下，玻璃都没有发生脱落，8m/s 的情况下玻璃全部发生脱落，最大风速下却存在一组没有发生脱落。对玻璃在实验过程中最终是否形成“孤岛”的统计中发现，在 0m/s、2m/s、5m/s 等低风速情况下，一部分玻璃表面形成孤岛，而另外一部分没有形成孤岛。8m/s 时玻璃表面全部形成孤岛，而在最高风速下，恰好没有脱落的那一组数据没有发生脱落。也就是说在低风速情况下(0m/s、2m/s、5m/s)，玻璃形成孤岛也没有造成玻璃的脱落，而在较高风速下(8m/s、11m/s)，一旦受热过程中玻璃表面形成了孤岛，玻璃就会发生脱落。其原因可能是当玻璃表面形成孤岛后，这一区域的玻璃与周围其他的部分已经失去了“黏附力”，在没有风的作用或者很小的风速情况下，这一片失去了“黏附力”的区域受到的垂直压力并不能使之在空间上脱离其他部分对它的束缚(即脱落)，一旦受到的垂直压力超过临界压力，玻璃就会发生脱落，这种垂直临界压力点应发生在 5～8m/s。也就是说，分布在玻璃表面裂纹的交叉可以导致在玻璃表面形成孤岛，而这些孤岛可能在外力的作用下发生脱落。但是玻璃表面是否形成孤岛与风速的大小没有特别明显的关系，这一点有待进一步研究。

本节研究外界风对点式支承浮法玻璃破裂行为的影响。重点探究了玻璃表面和热荷载一侧近玻璃表面附近空气的温度变化，玻璃破裂时表面的温度差和最大温度差、首次破裂时间、玻璃的破裂过程中传热分析及玻璃起裂之后的脱落情况等。得出以下主要结论。

(1) 箱体内的空气温度在上升过程中温升速率不断下降，导致其温度变化曲线越来越平缓。在温度上升曲线中，对于四边每一个特定的测点，热荷载一侧未遮蔽区域的温度总是最高的。风荷载改变了风荷载一侧玻璃表面中心点温度变化范围，由 53.9～72.6℃降为 43.3～54.1℃，即风荷载对玻璃风荷载一侧具有冷却作用。

(2) 当风荷载的速度是 11m/s 时，破裂时刻玻璃表面温度差为 63.5℃，当风荷载的速度降为 0 时，破裂时刻玻璃表面温度差为 43.4℃。即玻璃所受到的压应力越大，其破裂时所受到的热应力越大，反之亦然。

(3) 风速越大的情况，需要更短的时间就能达到玻璃的破裂条件。

(4) 在玻璃的升温过程中热荷载一侧玻璃表面受到的热量对流传热在破裂时间区域内占主导作用。且箱体内空气与热荷载一侧玻璃表面的热对流作用为 3.12～3.91kW/m^2，要远大于风荷载一侧玻璃表面与外界空气的热对流作用(不超过 1.1kW/m^2)。热辐射透过玻璃时，一定范围波长的辐射被浮法玻璃吸收用于自身的加热，其热辐射透射率为 0.472。

(5) 分布在玻璃表面的裂纹交叉可以导致在玻璃表面形成孤岛，而这些孤岛可能在外力的作用下发生脱落。但是玻璃表面是否形成孤岛与风速的大小没有特别明显的关系。

7.3　风-热耦合荷载下点式支承玻璃的破裂行为

本节探究外界风对点式支承浮法玻璃破裂行为的影响。实验装置由热辐射源、玻璃、玻璃框架、安装热辐射源和玻璃的箱体、风机以及测量系统组成，如图 7.29 所示。测量系统包括 10 个贴片式热电偶、1 个铠装式热电偶及数据采集仪。实验采用工程上用的 600mm×600mm×6mm 的浮法玻璃，玻璃的四边均做磨边处理。其中玻璃中心和地面的距离是 800mm。组合箱体下表面距地面 300mm。而摄像机放置在与玻璃中心同一等高线上，且位于玻璃的一侧，记录玻璃破裂的过程。热辐射源距玻璃热荷载一侧表面 900mm。设定热辐射源的加热功率是 90kW。

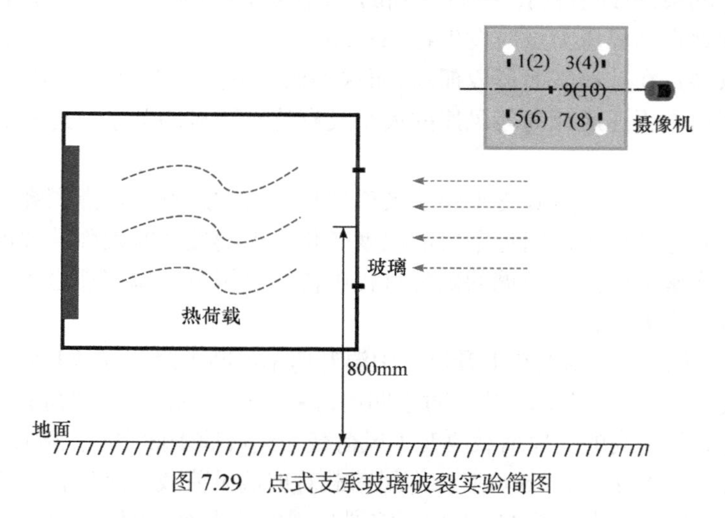

图 7.29　点式支承玻璃破裂实验简图

本实验采用点式支承的玻璃安装方式，玻璃与玻璃框架的连接方式如图 7.29

所示。玻璃与玻璃框架连接时，每一个孔由一个螺栓和两个螺母来完成固定，玻璃上有 A、B、C、D 四个孔(A、B、C、D 四个孔和上、下、左、右四个边缘的位置)，因此为了使得玻璃能够安装牢固，每一组实验都需要 8 个螺母。每一个孔的孔径为 10mm，孔径中心距最近的玻璃边缘为 35mm。

热电偶的布置如图 7.30 所示。TC1、TC3、TC5、TC7、TC9 布置在热荷载的一侧，直接测量热辐射源一侧玻璃表面的温度。TC2、TC4、TC6、TC8、TC10 布置在风荷载的一侧，直接测量风荷载一侧玻璃表面的温度。TC11 测量玻璃热辐射源一侧中心点附近的温度。热电偶 TCi 测量的温度用 T_i 表示。TC1～TC10 位于孔径周围且距孔径中心 15mm。为了保证实验时箱体的密封性，玻璃安装在一个玻璃框架的槽内。本实验定义 3 种温度差。

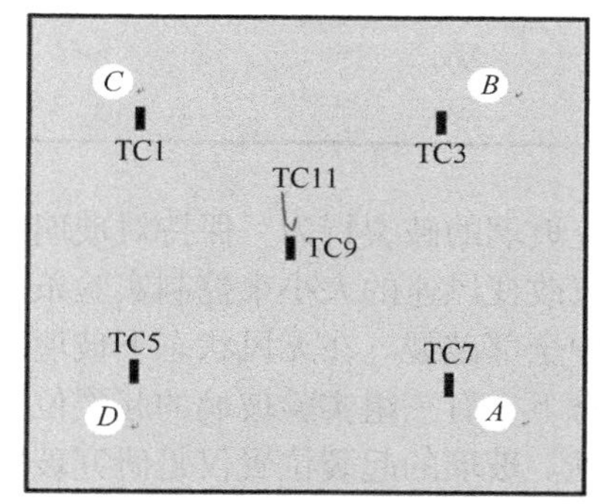

(a) 热荷载侧热电偶布置图

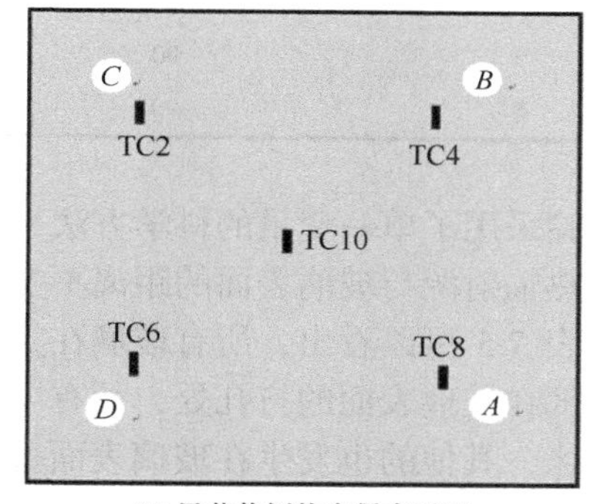

(b) 风荷载侧热电偶布置图

图 7.30　点式支承安装方式玻璃表面热电偶分布示意图

温度差 ΔT_1 公式为

$$\begin{cases} T_{\text{exposed}} = \dfrac{T_1 + T_3 + T_5 + T_7 + T_9}{5} \\ T_{\text{ambient}} = \dfrac{T_2 + T_4 + T_6 + T_8 + T_{10}}{5} \\ \Delta T_1 = T_{\text{exposed}} - T_{\text{ambient}} \end{cases} \tag{7.8}$$

温度差 ΔT_2 公式为

$$\Delta T_2 = T_{\max} - T_{\min} \tag{7.9}$$

式中，$T_{\max}$ 是破裂时刻玻璃表面的最大温度；$T_{\min}$ 是破裂时刻玻璃表面的最小温度。

温度差 ΔT 公式为

$$\Delta T = T_9 - T_{10} \tag{7.10}$$

本实验在热荷载不变的情况下，改变玻璃另一侧的风速，研究其对玻璃破裂行为的影响。实验台搭建完成后对浮法玻璃一共进行了 12 组实验，可依次标记为四种工况，分别按照 0m/s、2m/s、5m/s、8m/s 来改变施加在玻璃风荷载侧的风速。实验工况详见表 7.4。为了保证实验结果的可靠性，每种工况做三组实验。本实验使用的玻璃相关力学和光学参数如下：密度 $\rho = 2360\text{kg/m}^3$，弹性模量 $E = 61.6\text{GPa}$，泊松比 $\nu = 0.22$，维氏硬度 $H_\text{v} = 5.99\text{GPa}$，可见光透射率 $\tau_\text{v} = 0.77$，传热系数 $U = 5.70\text{W/(m}^2\cdot℃)$。

表 7.4　风-热耦合荷载下点式支承玻璃实验工况概述

实验风速/(m/s)	热荷载/kW	辐射源距离/mm	重复次数
0	90	900	3
2	90	900	3
5	90	900	3
8	90	900	3

实验采用了单一变量的科学方法来研究玻璃的破裂行为，保持对玻璃的加热功率和热辐射源与玻璃表面的距离不变，仅改变风速的大小来控制实验条件。

由表 7.5 可以看出，所有玻璃在实验中全部破裂。在无风状态下玻璃破裂的位置全部在玻璃表面的打孔处，而有风状态下，有三组实验玻璃的起裂位置在玻璃的边缘，其他的也发生在玻璃表面打孔处。玻璃的起裂位置仅是研究玻璃破裂的一方面，玻璃破裂时的温度差、有荷载情况下玻璃表面温度的变化、玻璃首次破裂时间等都是研究玻璃破裂非常重要的问题。

表 7.5　风-热耦合荷载下点式支承玻璃实验结果统计

风速/(m/s)	实验编号	首次破裂时间/s	起裂位置
0	1	799	*A*
	2	833	*C*
	3	854	*D*
2	4	816	上边缘
	5	810	左边缘
	6	809	*A*
5	7	730	*B*
	8	720	*C*
	9	709	*D*
8	10	576	*D*
	11	579	上边缘
	12	583	*B*

7.3.1　玻璃表面温度变化

图 7.31(a)～(d)给出了四种工况下玻璃表面及附近空气温度随时间的变化曲线。四种工况下，玻璃热荷载侧近玻璃表面空气的温度变化率基本相同。T_1、T_3、T_9 在几组实验中都是玻璃表面温度最高的三个点，原因也主要是热浮力的作用使得玻璃上部表面的温度要高于下部表面的温度。

图 7.31(a)是无风状态下玻璃表面及热荷载侧近玻璃表面附近空气温度的变化曲线。从图中可以看出，所有的测点温度都在一直上升，且热荷载侧近玻璃表面附近空气的温度(T_{11})从加热开始就大于玻璃表面任何一个测点的温度，一直持续到玻璃破裂。组合箱体内温度要高于玻璃表面所有测点的温度，因此箱体内空气与玻璃表面存在热对流作用。玻璃不仅受到来自热辐射源的辐射加热作用，也受到玻璃热辐射源一侧空气的对流作用。热荷载侧近玻璃表面附近空气的温度变化存在两个不同的阶段。图 7.31 说明空气的温度经历了一个非常快的上升过程，之后温度的上升率慢慢变小，最后维持在一个相对稳定的状态，直至实验结束。观察玻璃两个表面温度的变化曲线发现，在玻璃的热荷载侧表面，T_1、T_3 和 T_9 的温度要大于 T_5 和 T_7 的温度，即热荷载侧玻璃上半部分温度要高于下半部分，其原

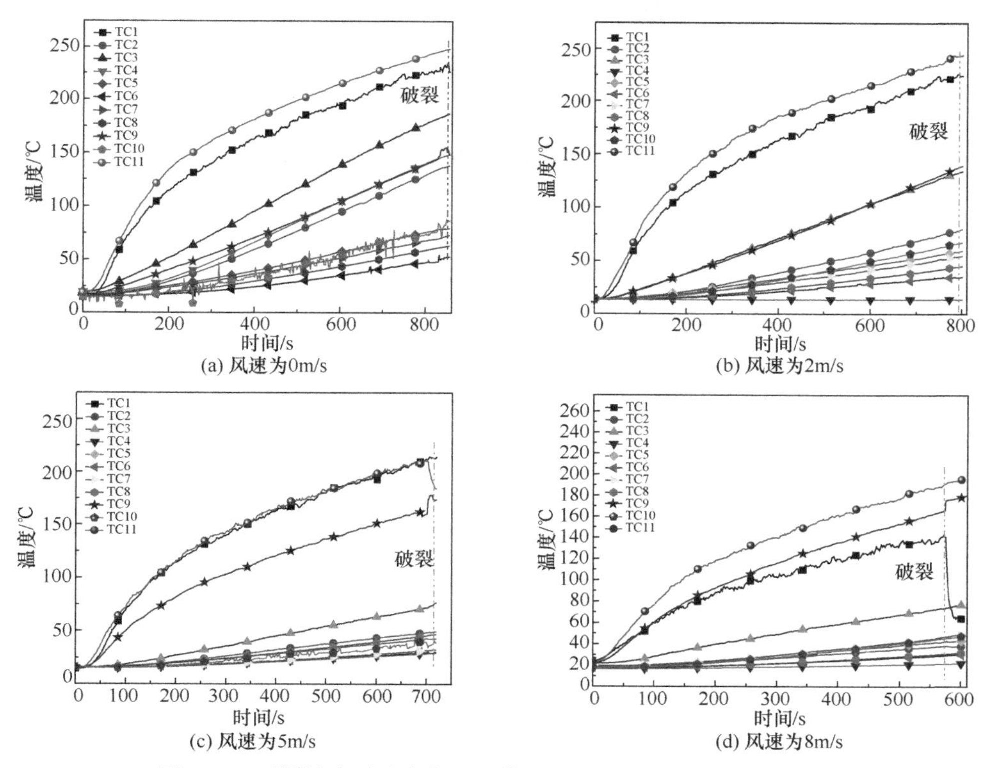

(a) 风速为0m/s　(b) 风速为2m/s　(c) 风速为5m/s　(d) 风速为8m/s

图 7.31　不同风速下玻璃表面及附近空气温度随时间的变化曲线

因是组合箱体内的空气受到热的作用温度上升，而热烟气在浮力的作用下向上流动，造成在箱体内上部的空气温度要大于下部空气的温度[10]，空气上部热空气对玻璃的加热作用要大于下部空气对玻璃的加热作用，从而使得在热荷载侧玻璃表面上部温度要大于下部温度。风荷载侧玻璃表面的温度变化曲线呈现相同的变化规律，原因则可能是热荷载侧温度高的玻璃上部对风荷载一侧表面的传热作用更大。实验中出现的上部温度远高于下部中心点温度[11]，与开放空间下测到的温度变化趋势不同。

图 7.32 给出了不同工况下风荷载一侧玻璃表面中心点温度的变化率。从每一种工况中选取一组实验中风荷载一侧玻璃表面中心点温度数据来说明问题。每一组数据长短不一的原因是所取的数据从实验加热开始，到玻璃首次破裂结束(由表 7.5 可知风速越大，玻璃发生首次破裂的时间越短)。由图 7.33 可以看出，随着

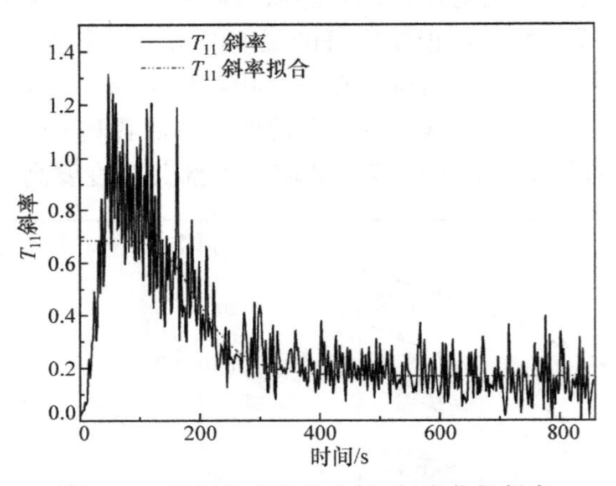

图 7.32　无风状态下热电偶 T_{11} 变化的斜率

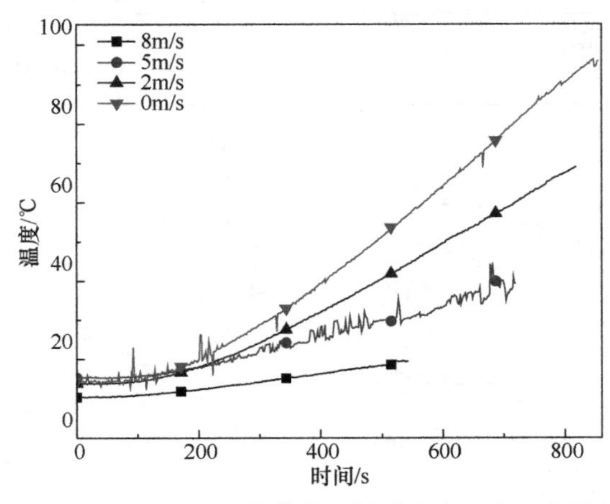

图 7.33　不同工况下风荷载一侧玻璃表面中心点温度

风荷载侧施加风速的增加，风荷载侧玻璃表面中心点温度呈递减的趋势。即在玻璃受热过程中，风荷载的加入对玻璃风荷载侧表面有降温作用，且这种降温的效果是随着风速的增加而更加明显的。

图 7.34 是无风状态下玻璃表面温度差随时间的变化曲线。其中，ΔT_1 是热荷载侧玻璃表面和风荷载侧表面玻璃表面的平均温度差，ΔT_2 是玻璃表面的最大温度差，ΔT 是玻璃热荷载侧表面和风荷载侧表面中心点的温度差。由图 7.34 可以看出，无论哪一种定义方式，玻璃表面的温度差都是随着时间的变化而增大的，其中 ΔT_2 变化最大，而 ΔT 变化最缓慢。本实验中采用 ΔT_1 的温度差定义，原因是这种定义方式考虑玻璃表面所有的测点，影响因素越多，得到的结果越趋向于真实值。图 7.34 也可以看出使用这种定义方法更接近三者的平均值。

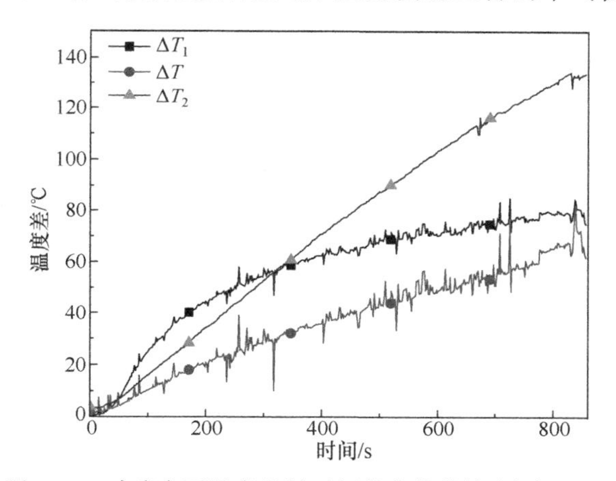

图 7.34　玻璃表面温度差随时间的变化曲线(风速 0m/s)

7.3.2　风速与玻璃破裂时间及温度差的关系

实验结果显示，12 组实验中浮法玻璃全部破裂，本节统计了各实验工况首次发生破裂所需要的时间，各工况首次破裂时间的平均值与风速的关系如图 7.35 所示。结果表明，在无风荷载状态下，点式支承安装方式下玻璃发生首次破裂的平均时间是 829s，是这四种工况中发生首次破裂所需时间最长的；而在风荷载速度为 8m/s 时，玻璃发生首次破裂的平均时间仅为 579s，远小于无风状态下玻璃发生首次破裂所需要的时间，即玻璃风荷载侧表面受到的风速越大，其发生首次破裂所需要的时间越短。玻璃风荷载侧表面受到的风速为 2m/s 和 5m/s 时，玻璃的破裂时间也符合这一规律。比较无风状态与有风状态下的实验结果发现，保持玻璃受到的热辐射条件不变，玻璃两侧受到热辐射和风荷载双重作用时，风荷载的施加会加速玻璃的破裂；且玻璃受到的风载荷越大，这种加速作用就会越大。原因可能是玻璃在受热过程中由热胀冷缩会产生向热辐射一侧的挠度，而风的作用会扩大这种挠度[12]，对玻璃的破裂起到加速作用。

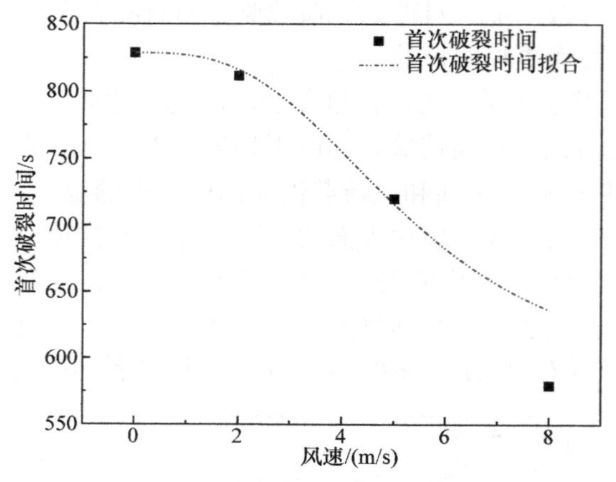

图 7.35　首次破裂时间随风速的变化曲线

图 7.36 是不同工况下温度差 ΔT_1 随时间的变化曲线。可以推断出，在玻璃两侧受到热辐射和风荷载双重作用时，玻璃表面的温度差是随着时间递增的，玻璃内外表面的平均温度差是不断扩大的。在无风状态下，玻璃首次破裂时温度差为 77.5℃，风荷载速度为 2m/s 时，玻璃首次破裂时温度差为 74.8℃，风荷载速度为 5m/s 时，玻璃首次破裂时温度差为 69℃，风荷载速度为 8m/s 时，玻璃首次破裂时温度差为 61.7℃。即随着外部风荷载的增加，不仅首次破裂时间呈现递减趋势，同时首次破裂表面的温度差 ΔT_1 也呈现递减趋势。

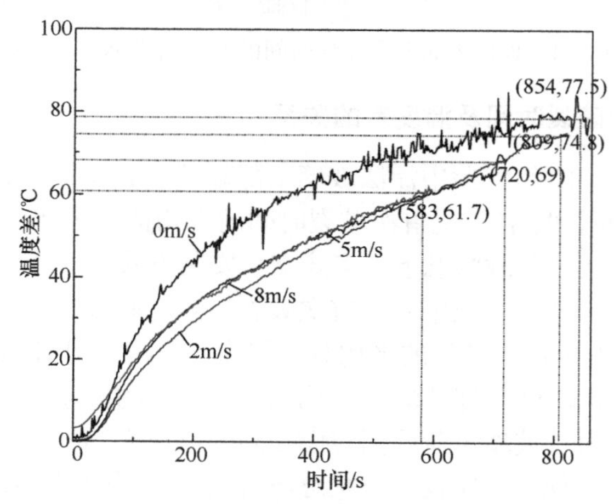

图 7.36　不同工况下温度差 ΔT_1 随时间的变化曲线

玻璃的破裂是有热辐射产生的热应力和风荷载产生的压应力共同作用的结果。根据式(7.1)可知，玻璃内部的热应力与玻璃内部的温度差是成正比的。温度差越大，则玻璃内部的热应力越大。而风速是与风压成正比的，风速越大，作用在玻璃表面的风压就越大。当作用在玻璃表面的风压越大时，玻璃破裂时玻璃内部的热应力越小，由此不难推测出这两种作用是具有叠加效应的。因此，当玻璃两侧受到热辐射和风荷载双重作用时，风荷载产生的压力越大，玻璃破裂时玻璃内部的热应力越小(即玻璃内部温度差越小)，玻璃表面的温度差随着时间的延长而增加，因此玻璃破裂所需的时间就越短。

7.3.3　玻璃裂纹的产生及扩展

玻璃在破裂时，在无风状态下破裂的位置全部经过四个打孔的点，但是在有风的情况下出现了三组经过从边缘破裂的实验(实验 4、实验 5、实验 11)。这是由于所有的实验都是在同一种受热条件下：热辐射功率为 90kW。原因可能是风荷载的施加改变了玻璃内部的应力分布，使得玻璃破裂时最大应力出现在玻璃的边缘，因而破裂的位置也发生在边缘。

图 7.37(a)～(c)是无风状态下玻璃破裂时刻表面的裂纹扩展图。相比于图 7.37(a)和(b)，图 7.37(c)在玻璃的下部形成孤岛 1，但是这部分玻璃并没有脱落；相反，另外有两部分(2、3)却发生脱落。原因可能是为了保证箱体密封性的安装方式使得 1 部分在孤岛形成后脱落过程中受到玻璃框架的支承作用没有完全脱落，而 2 和 3 并没有受到这种支承，所以发生了脱落。

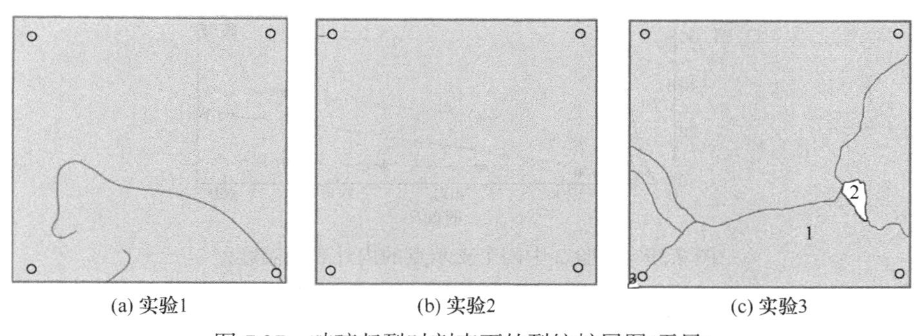

(a) 实验1　(b) 实验2　(c) 实验3

图 7.37　玻璃起裂时刻表面的裂纹扩展图(无风)

由图 7.37、图 7.38 可知，当玻璃首次破裂时，分布在玻璃表面的裂纹是随着施加在玻璃上风荷载的增加而变复杂的。由图 7.37 可知，在无风状态下分布在玻璃表面的裂纹很少，实验 2 只有一条，实验 1 有两条，这两组工况也没有形成孤岛，而实验 3 裂纹最多，也只有五条。而图 7.38(a)显示风速为 2m/s 时裂纹数是六条，图 7.38(b)显示风速为 5m/s 时裂纹数是八条，图 7.38(c)显示风速为 8m/s 时裂纹的数是 13 条。即风荷载越大，则在玻璃表面形成的裂纹越复杂。原因可能是风荷载改变了玻璃内部的应力分布，使玻璃的应力分布更复杂。一旦玻璃通过产生裂纹释放能量，就会产生复杂的裂纹。

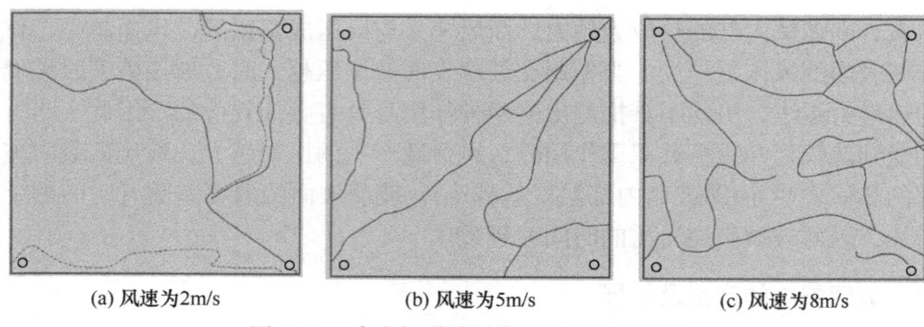

图 7.38　玻璃起裂时刻表面的裂纹扩展图

图 7.39 是实验 2 中四个支承点(A、B、C、D)的内外表面温度差。从图中发现，C 点的温度差最大，而 A 点的温度差最小，而本组实验中起裂位置正好在 C 处。所以在无风状态下，首次破裂经常发生在温度差最大的支承点处。这与其他的研究结果相似[13]，也在实验上证明了其结果的科学性。

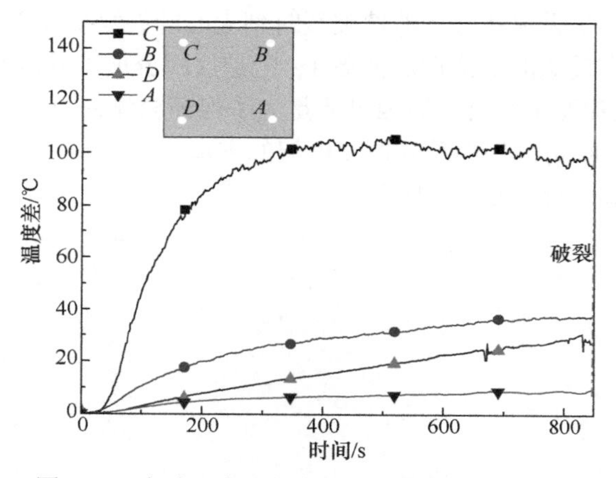

图 7.39　实验 2 中四个支承点的内外表面温度差

本节研究外界风对点式支承浮法玻璃破裂行为的影响。重点探究了玻璃表面和热荷载一侧近玻璃表面附近空气的温度变化、玻璃破裂时玻璃表面的温度差和最大温度差、首次破裂时间及玻璃起裂情况等，得出以下主要结论。

(1) 箱体内的空气的温度在上升过程中温升速率不断下降，导致其温度变化曲线越来越平缓。在温度上升曲线中，对于四边每一个特定的测点，热荷载一侧温度总是最高的。风荷载改变了风荷载一侧玻璃表面中心点的温度变化范围。风荷载对玻璃风荷载一侧表面具有冷却的作用。

(2) 当风荷载的速度为 11m/s 时，破裂时刻玻璃表面温度差为 62℃，当风荷载的速度降为 0 时，破裂时刻玻璃表面温度差为 78℃。即当玻璃两侧受到热辐射和风荷载双重作用时，玻璃发生破裂是玻璃所受到的热应力与其受到的压应力共同作用的结果，且这两种作用是有叠加效果的。玻璃破裂时所受到的压应力越大，其破裂时玻璃内部所受到的热应力越小，反之亦然。

(3) 当无风荷载作用时，玻璃达到破裂条件需要的时间是 829s，而当风荷载的速度达到 8m/s 时，仅需要 579s 就达到了破裂条件。即当玻璃两侧受到热辐射和风荷载双重作用时，玻璃风荷载一侧的风速越大，需要更短的时间就可以达到玻璃的破裂条件。

(4) 在无外界风作用的工况下，玻璃破裂的起裂位置往往在用于支承玻璃的孔径处，但风荷载的作用会导致起裂位置可能在玻璃的边缘。风荷载改变了玻璃内部的应力分布，因此风荷载越大，在玻璃表面形成的裂纹越复杂。当风荷载的速度增加到 8m/s 时，玻璃最终形态的裂纹由无风荷载时的寥寥数条增加到 13 条。

7.4　本 章 小 结

本章主要对风-热耦合载荷下玻璃的破裂行为进行了研究，介绍了 600mm×600mm×6mm 的浮法玻璃幕墙在框式安装和点式支承安装方式下受到热辐射荷载和风荷载共同作用情况下的响应规律。根据实验目的设计出实验方案：保持玻璃受到的热荷载不变，通过改变玻璃所受到的风荷载来研究玻璃的响应特性。通过实验得出玻璃首次破裂时间、玻璃内外表面中心点温度、玻璃表面接收的入射热通量、玻璃表面的平均温度差等数据，计算了玻璃发生首次破裂时玻璃内部的应力。

参 考 文 献

[1] 王志春，宋丽莉，何秋生. 风速对高度变化的曲线拟合. 广东气象, 2007, 29(1): 13.
[2] 张庆文. 受限空间火灾环境下玻璃破裂行为研究. 合肥：中国科学技术大学, 2006.
[3] Yuse A, Sano M. Transition between crack patterns in quenched glass plates. Nature, 1993, 362: 329-331.
[4] 张毅. 热荷载作用下浮法玻璃和低辐射镀膜玻璃破裂行为研究. 合肥：中国科学技术大学, 2011.
[5] 赵寒. 风荷载和热荷载耦合作用下浮法玻璃的破裂行为研究. 合肥：中国科学技术大学, 2016.
[6] 苏铁健，王富耻，李树奎，等. 合金钢的热导率计算. 北京理工大学学报, 2005, 23(1): 91-94.
[7] 王娜，马眷荣，刘海波. 负风压下结构密封胶对隐框幕墙力学行为的影响. 硅酸盐通报, 2011, 30(2): 320-324.
[8] Zhou X. Study on the effect between air turbulence intensity and cylindric surface convective coefficient in dynamic thermal environment//Annual Meeting of Engineering Thermal Physics of China, Hefei, 2003: 259.

[9] Kilic B, Madenci E. Prediction of crack paths in a quenched glass plate by using peridynamic theory. International Journal of Fracture, 2009, 156(2): 165-177.
[10] 赫永恒, 刘震, 李艳娜. 小尺寸房间及走廊内烟气流动规律模拟研究. 消防科学技术, 2012, 31(3): 247-250.
[11] 邵光正. 火灾场景中水幕对玻璃破裂行为影响的实验研究. 合肥: 中国科学技术大学, 2015.
[12] 蒋凤昌. 点支式玻璃幕墙的结构计算与优化研究. 镇江: 江苏大学, 2003.
[13] Wang Y, Wang Q, Sun J. Effects of fixing point positions on thermal response of four point-supported glass façades. Construction and Building Materials, 2014, 73: 235-246.

第 8 章　玻璃幕墙消防安全评估

8.1　消防安全评估方法概述

消防安全评估是指消防安全评估机构提供的一种服务活动,具体为社会单位、场所、工矿企业等机构的消防综合情况进行评估。针对评估结果，依据消防法律规定、技术规范提出解决措施的一种服务活动。按评估客体的性质可以分为建筑物的消防安全评估、单位消防管理制度的评估、单位消防设施设备情况评估、人员消防安全知识技能评估等。因为各方面的综合评估才能真正地给出符合单位实际情况的评估结果，其报告书和解决方案才能真正起到作用，所以一般的消防安全评估会选择进行整体评估。

8.1.1　消防安全评估方法的分类

按评估场所的不同可以分为社会单位消防安全评估、工矿企业消防安全评估、机关事业团体消防安全评估、公众聚集场所消防安全评估等。不同场所其消防安全特点不同，消防安全评估工作侧重点也不同。按评估对象的重要性或者火灾后果的不同，可以分为一般社会单位评估和火灾高危单位评估。

按照评估方法可以将安全评估分为对照规范评定的方法、逻辑分析法、综合评价方法以及火灾模化的方法[1,2]。对照规范评定：依据现行的消防法律法规和技术条文，逐项检查评估对象是否符合要求。逻辑分析法：代表性方法为事故树法，采用演绎分析的方法，运用运筹学原理对火灾的原因和结果开展逻辑分析，使用布尔逻辑门组成树枝状图标将可能出现的事件用逻辑系统联系成整体，逐层向下演绎，找出事故发生的主要原因，为确定安全对策提供可靠依据，以达到预测与预防事故发生的目的。综合评价方法：以统计学为基础建立评估对象的影响因素集，并确定它们影响程度的等级和权重再进行分析计算。通过系统工程的方法考察各系统组成要素的相互作用，做出对整个评估对象的消防安全性能评价。火灾模化的方法：搜集和评估对象可能的火灾影响因素，按照最不利条件设置火灾场景进行火灾场景模拟、延期蔓延模拟、人员疏散模拟等工作，获得类似于火灾现场的资料。

8.1.2　消防安全评估的程序

1. 设定消防安全目标

消防安全目标的设定主要包括以下几个方面：①减小火灾发生的可能性；

②生命安全第一，保证安全疏散；③防止火灾对周围空间的危害；④保证消防活动的安全；⑤防止火灾扩大成为城市区域性火灾[3]。

2. 选择定量分析方法，确定相应指标

在消防安全评估中常用的方法有确定性分析方法(又称危害分析法)、概率风险分析方法(又称风险分析法)和比较分析方法。在实际的消防安全评估时，最好将以上方法结合起来，选择有代表性的火灾事件，并与现行规范的设计相比较，以确定建筑物的消防安全性。

3. 确定对安全目标不利的事件

影响消防安全的因素很多，如建筑物的结构和用途、可燃物的数量和分布情况、人员的数量和组成、消防设施的设置和工作状况、消防救援的有效性以及其他许多难以预测的因素(如气象条件、安全意识、管理因素等)，通常只能考虑重要的和可以预测的因素。

4. 设计火灾

在设计火灾时需要选取一些较为严重的有代表性的火灾事件，确定其热释放速率随时间的变化曲线，或直接采用 t^2 火灾曲线。

5. 开展定量分析工作

运用火灾模型进行定量分析可以对火灾的发生、烟气的产生与扩散、消防设施的工作情况以及人员的反应和采取的行动等进行动态模拟，定量计算火场的温度、压力、气体浓度和烟密度等参数，考察各种有关因素的影响并且有效估计火灾对人员和财产的危险程度，从而对建筑物的安全性做出更为合理的消防安全评价。另外，火灾模型可以定量地比较不同消防设计方案的火灾危险程度，方便科学地进行火灾模拟与评估，根据不同建筑物的特点选定最为经济合理的消防措施。

6. 方案改进与调整

在进行定量分析后，如果发现设计方案达不到设定的安全水平，就要对原来的设计方案进行调整，在对原有设计进行修改之后，再次进行火灾模拟与计算。

重复以上过程，直到最后能够满足预先设定的安全标准。

8.2 高层建筑玻璃幕墙的安全评估方法

玻璃幕墙是由支承结构体系与玻璃面板组成的、可相对主体结构有一定位移能力、不分担主体结构所受作用的建筑外围护结构或装饰性结构。近年来，玻璃幕墙在建筑领域特别是高层建筑上得到了广泛应用，与此同时，其自身存在的缺点也被进一步放大，玻璃幕墙存在的光污染问题、耐火能力差及玻璃自爆问题、渗水、增温及热岛效应等缺点所造成的安全问题得到人们越来越多的关注。

近年来，玻璃幕墙的安全事故频频发生，玻璃幕墙的安全性成为人们关注的焦点。2011 年 5 月，上海时代金融中心大厦外墙玻璃坠落，楼下停车场内 50 多辆车受到不同程度的损伤。2017 年 1 月，北京某建筑发生玻璃幕墙坠落事件，经调查分析，事故原因为玻璃幕墙使用年限过长，结构胶出现硬化和老化，其实际黏结宽度小于承载力计算要求的黏结宽度，进而在自重载荷作用下坠落[4]。2018 年 6 月，大连市中山区某高层建筑外侧玻璃幕墙由于高温发生自爆并坠落，导致三人受伤。2019 年 6 月，深圳市福田区京基御景华城小区建筑玻璃坠落，造成一名儿童死亡。2020 年 1 月，义乌市稠城街道江滨北路一高层建筑双层玻璃幕墙摇摇欲坠，在接到群众报警后消防救援人员将该玻璃幕墙拆除。频频发生的安全事故让玻璃幕墙成为悬挂在人们头顶的“不定时炸弹”。

8.2.1　玻璃幕墙安全评估方法概述

近年来，随着玻璃幕墙在建筑行业的广泛应用，其自身的安全性也越来越得到工程界的重视，研究人员也相继提出一些针对玻璃幕墙的安全评估方法，如模糊综合评判的方法、基于固有频率变化的玻璃幕墙评估方法以及集对分析法等[5-8]。

其中，模糊综合评判方法是一种应用较为广泛的多因素综合评价方法。模糊综合评判的分析步骤一般包括：①综合评价指标的选取；②判断矩阵的建立、各因素的一致性判断及权重求解；③建立模糊综合评价矩阵；④多级综合评价；⑤得出最终评价结果。上海某大厦的玻璃幕墙结构安全性评价便是采用了模糊综合评判的方法[9, 10]。但由于影响玻璃幕墙安全性的因素往往具有比较强的不确定性，并且可能是一个区间，相关研究人员便在其他的研究基础上提出了玻璃幕墙安全评估的区间数模糊综合评价方法，以获得更为真实、准确的玻璃幕墙的安全状况评估结果。也有研究者针对玻璃幕墙的抗震安全性进行了相关研究，定义了包括垫圈退化、初始玻璃破裂以及玻璃沉降在内的损伤状态，以此对玻璃幕墙被破坏的可能性以及后果进行安全评估[11]。研究者也针对隐藏式框支承玻璃幕墙由于结构密封失效而导致的玻璃面板脱落问题展开研究，提出了一种基于模态参数的 HFSGCW 玻璃面板安全状态评估模型[12-14]。除此之外，也有研究者采用动态实验和光弹扫描方法来确定失效概率，设计并加工了一种小型偏光扫描装置，用于检测钢化玻璃中的缺陷和应力集中。为了预测玻璃幕墙的坠落风险，在动态测试的基础上开发了一种测试装置，通过评估玻璃板的固有频率退化来确定玻璃幕墙的坠落风险[15]。8.2.2 节将对一种结合层次分析法与模糊综合评价的玻璃幕墙安全评估方法进行介绍。

8.2.2 玻璃幕墙的多因素安全评估方法

在本书前几章，已经讨论过影响玻璃破裂的因素可以分为三类：玻璃的自身因素，包括玻璃的种类、玻璃的尺寸、玻璃的厚度等；安装方式，包括玻璃边框的材质、玻璃遮蔽宽度和玻璃安装位置等；环境方面，包括火源位置、火源热释放速率、室外风速以及室内空气湿度等。可以看到，影响玻璃幕墙破裂的因素非常复杂，这也对相关安全评估方法提出了挑战，本节将介绍一种基于层次分析的模糊综合评判方法，并针对该方法对高层建筑玻璃幕墙的安全性评估步骤以及合理性进行讨论。

层次分析法(analytic hierarchy process，AHP)是美国运筹学家匹兹堡大学教授Satty在20世纪70年代提出的一种定性与定量相结合的、系统化、层次化的分析方法。模糊综合评价是一种基于模糊数学的综合评价方法，该评价方法根据模糊数学的隶属度理论将定性评价转化为定量评价，即利用模糊数学对受到各种因素制约的事物或对象做出一个总体评价。模糊综合评价具有结果清晰、系统性强的特点，能较好地解决模糊的、难以量化的问题，适合各种非确定性问题的解决。其优点在于考虑了不确定性因素的影响，但评价过程中也存在随机性、评价人员主观上的不确定性问题，使评价过程带有一定程度的主观臆测性。在模糊综合评价中采用层次分析的方法来确定权重具有较强的逻辑性、实用性和系统性，能够较为准确地得出各评价指标的权重系数，由于缺乏详细的安全评价基础数据，下面将结合前面章节的部分内容对该方法的评价步骤进行介绍。

模糊层次分析法(fuzzy analytic hierarchy process, FAHP)在使用时的基本步骤如下。

(1) 选取评价指标，整体分析系统评价的最终目标和各因素之间的关系，建立系统的分层结构模型。

(2) 基于准则判断同层中的因素对上一层的重要度，建立模糊判断矩阵。

(3) 用判断公式检验矩阵的一致性，对不一致的矩阵进行调整，使其满足一致性条件。

(4) 按照模糊理论公式计算各元素对上一层的权重并进行综合评价，以此类推直到得到最终评价结果。

1. 综合评价指标的选取及结构模型构建

选择评价指标是决定最终评价结果是否合理的关键，因此评价指标应具有以下特点。①可测性：所选择评价指标的基础数据应易于获取与计算；②代表性：评价指标应能够反映玻璃幕墙的宏观特性和环境状况；③可比性：选取的指标应具有统一的计量标准，方便进行比较。这里可以根据第5章中对影响玻璃破裂因素的分类，将玻璃幕墙的评价指标按照自身因素、安装方式和环境因素进行分类，

其中自身因素 A 中选取玻璃的尺寸、边缘平整度、玻璃的厚度以及夹层的厚度四个因素作为评价指标，即 $A=\{A_1, A_2, A_3, A_4\}$；安装方式 B 中选取边框的材质、遮蔽的方式和遮蔽的宽度作为评价指标，即 $B=\{B_1, B_2, B_3\}$；环境因素 C 中选择热荷载、风荷载和水幕保护作为评价指标，即 $C=\{C_1, C_2, C_3\}$。由此得到的玻璃幕墙安全因素递阶层次结构模型，如图 8.1 所示。

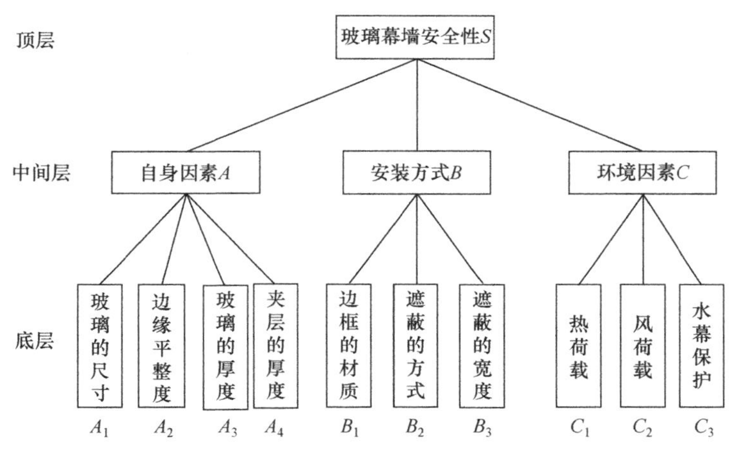

图 8.1　玻璃幕墙安全因素递阶层次结构模型

在这里将顶层用 U_0 表示，中间层用 U_i 进行表示，U_{ij} 表示第 i 个中间层下第 j 个底层因素，即 $U_i=\{U_{i1}, U_{i2}, \cdots, U_{ij}\}$，玻璃幕墙安全评价的评语集设置为 V={非常安全(V_1)，安全(V_2)，一般安全(V_3)，较不安全(V_4)，不安全(V_5)}5 个评价等级，中间层三个因素对玻璃幕墙安全性的影响用矩阵 $\boldsymbol{R}_i$ 表示，即

$$\boldsymbol{R}_i=\begin{bmatrix} r_{i11} & r_{i12} & r_{i13} & r_{i14} & r_{i15} \\ \vdots & \vdots & \vdots & \vdots & \vdots \\ r_{ij1} & r_{ij2} & r_{ij3} & r_{ij4} & r_{ij5} \end{bmatrix} \tag{8.1}$$

式中，r_{ijk} 表示第 i 个因素下第 j 个因素相对于第 k 个评语集的隶属度。对上述每个中间层因素的子因素集 U_{ij}，分别按照一级模型进行评价，再将 U_i 作为一个元素，以上一级结果作为单因素评价矩阵再次评价得到结果。

根据以上构建的递阶层次结构模型，顶层为玻璃幕墙的安全性 S，中间层分别为 $A=\{A_1, A_2, A_3, A_4\}$、$B=\{B_1, B_2, B_3\}$、$C=\{C_1, C_2, C_3\}$。

2. 评价指标权重的确定及一致性判断

指标权重表示指标在指标体系中的重要程度，权重的确定是玻璃幕墙安全状态评估的关键。在这里可以利用层次分析法，先对同一层次的各元素关于上一层次中某一准则的重要性进行两两比较，构造出两两比较判断矩阵，通过求解判断矩阵最大特征值和特征向量得到该层次各指标相对于上一层次准则的相对权重，最终得到指标在整个体系中的权重。

1) 专家意见

由专家针对评价对象填写调查表，如表 8.1 所示(以中间层 $A=\{A_1, A_2, A_3, A_4\}$ 为例)。

表 8.1　专家调查表

评价对象	指标 A_1	指标 A_2	指标 A_3	指标 A_4
指标 A_1	α_{11}	α_{12}	α_{13}	α_{14}
指标 A_2	α_{21}	α_{22}	α_{23}	α_{24}
指标 A_3	α_{31}	α_{32}	α_{33}	α_{34}
指标 A_4	α_{41}	α_{42}	α_{43}	α_{44}

专家组意见调查是应用层次分析法的重要环节，参与层次分析的决策人员要对结构模型中每一层中的各元素进行相对重要度的打分，并通过引入合适的标度用一定的数量表示出来，如表 8.2 所示。

表 8.2　判断矩阵标度含义表

标度数字	定义	含义
1	同样重要	指标 i 与指标 j 同样重要
3	稍微重要	指标 i 比指标 j 稍微重要
5	重要	指标 i 比指标 j 明显重要
7	重要得多	指标 i 比指标 j 重要得多
9	绝对重要	指标 i 比指标 j 绝对重要
2，4，6，8	相邻标度均值	上述相邻标度的折中标度
以上各标度的倒数	反比较得数	反比较，即 $\alpha_{ij}=1/\alpha_{ij}$

2) 判断矩阵的构建及指标权重

经过专家对结构模型中各个层次元素的相关重要性两两比较，并对元素间的相对重要度赋值，进而可以建立判断矩阵。根据判断矩阵求出最大特征值及其对应的特征向量 $\boldsymbol{v}$，所求特征向量即为各评价指标的层次单排序，归一化后就可以得到权重。

$$\boldsymbol{Av} = \lambda_{\max} \tag{8.2}$$

在求解特征方程的解向量并作归一化后，即可认为该特征向量是同一层次各指标的权重。

$$w_{i1} = \frac{v_i}{\sum_{k=1}^{m} v_k} \tag{8.3}$$

3) 一致性检验

由于选取的评价指标之间存在差异性，在构造判断矩阵时专家容易对判断指标和度量指标重要度排序产生偏向，当这种偏向程度较大时就可能导致错误的计算结果，所以需要进行一致性检验，引入一致性指标 CI。

$$\mathrm{CI} = \frac{\lambda_{\max} - m}{m - 1} \tag{8.4}$$

式中，$\lambda_{\max}$ 为根据判断矩阵求出的最大特征值；m 为判断矩阵的阶数。

一致性指标 CI 的值越小，说明 $\lambda_{\max}$ 越接近 m，理想情况下 $\mathrm{CI} = 0$。在实际应用中判断的一致性会随着矩阵维数的增大而变差，因此在实际应用中需要引入平均一致性比率 CR 进行一致性校验，CR 的值越小，一致性越好，一般当 $\mathrm{CR} < 0.1$ 时，认为判断矩阵满足一致性要求，否则就需要调整判断矩阵的元素取值，重新确定权重，对于 1 阶和 2 阶判断矩阵，由于其具有完全一致性($\mathrm{RI} = 0$)而无需计算。

$$\mathrm{CR} = \frac{\mathrm{CI}}{\mathrm{RI}} \tag{8.5}$$

式中，RI 为平均随机一致性指标，对于 1～9 阶判断矩阵，平均随机一致性指标可根据 Satty 给出的平均随机一致性指标表 8.3 确定。

表 8.3 平均随机一致性指标表

m	1	2	3	4	5	6	7	8	9
CI	0	0	0.58	0.90	1.12	1.24	1.32	1.41	1.45

3. 建立模糊综合评价矩阵

根据层次分析法计算出的各层次中各要素的权重，通过专家对每个中间层的各个评价指标进行评价，如表 8.4 所示(以自身因素 A 为例)。

表 8.4　玻璃幕墙自身因素 *A* 评议表

评价项目	权重	评价等级					专家数
		V_1	V_2	V_3	V_4	V_5	
玻璃的尺寸	w_1						X
边缘平整度	w_2						
玻璃的厚度	w_3						
夹层的厚度	w_4						

由专家评议表的结果可计算得到对应的模糊综合评价矩阵：

$$\boldsymbol{R} = [r_{ij}]_{4\times5}$$

式中，$r_{ij} = \dfrac{d_{ij}}{\sum\limits_{j=1}^{n} d_{ij}}$，$d_{ij}$ 是评价结果表中元素。计算获得各个中间层对应的评价矩阵。

4. 多级综合评价

首先进行一级综合评价，将中间层各自因素的权重与其对应的评价矩阵做乘法运算，得到中间层关于自身因素、安装方式、环境因素的评价结果。然后再进行二级综合评价，根据前面一级综合评价的结果得到由自身因素、安装方式、环境因素评价组成的评价矩阵与各中间层因素的权重进行乘法运算得到二级评价结果。得到的行列式即为玻璃幕墙安全性对评语集的相对隶属度，由此便可以完成对某一特定条件下玻璃幕墙安全性的模糊层次分析评价。

利用模糊层次分析法，从玻璃幕墙自身因素、安装方式、环境因素等多角度出发，能够较为准确地反映出特定条件下玻璃幕墙的安全状况。该方法的基本思想为：选定评价对象的评价指标并构建层次结构模型，通过层次分析法计算出各层次中因素的权重，然后基于权重利用模糊评判的方法计算出玻璃幕墙相对于评语集的相对隶属度，再将上述获得的隶属度进行对比，将排序最大的隶属度评语作为最终的模糊层次分析结果。

8.3　不足与展望

本书较为系统地介绍了火灾条件下玻璃的破裂行为与机理，对玻璃热破裂基础、玻璃热破裂的规律、玻璃热破裂的影响因素、水幕对玻璃热破裂的影响等方面的研究成果进行了全面、系统的论述，内容在一定程度上能够为工程实际问题提供指导性建议，但仍有部分问题尚未考虑全面。

(1) 本书重点研究了热荷载作用下玻璃的首次破裂行为，对于玻璃随后的破裂及破裂后形成的脱落还未研究，而玻璃脱落恰恰是火灾情况下玻璃的危害性原因。因此，开展玻璃多次破裂及脱落的研究是今后进一步开展研究的重点。

(2) 本书实验部分的测量手段主要是热电偶、普通摄像机等，如何应用更深入的测量手段，如高速摄像机、非接触式测温仪、高温应变片等测温仪器，更深入地揭示玻璃受热破裂的机理，也是需要进一步开展研究的方向。

(3) 玻璃的种类繁多，且品种不断更新，随着各国建筑节能计划的实施，新型节能型玻璃将面临极大的发展机遇，如何开展新型节能型玻璃的热破裂研究也是今后的研究重点之一。

(4) 现有的安全评价方法大多以定性或半定性的方式展开安全评估，随着玻璃幕墙广泛应用于不同场景以及新型玻璃幕墙的不断面世，制定适应性更强的安全评估标准以及安全评估方法显得尤为重要。

参考文献

[1] 毕少颖, 王志刚, 张银花. 消防安全评估方法的分析. 消防科学与技术, 2002, (1): 15-17.

[2] 穆凤娇. 关于消防安全评估方法的研究. 科技创新与应用, 2017, (16): 300.

[3] 茹作乾. 浅析建筑消防安全风险评估方法. 消防界(电子版), 2017, (11): 135-136.

[4] 辛雷, 陈佳宇, 幸坤涛, 等. 某建筑幕墙玻璃坠落事故原因分析. 建筑安全, 2019, 34(6): 66-69.

[5] 赵中, 王刚玉, 刘一锋, 等. 玻璃幕墙安全性能评估及其面板失效检测研究. 四川建材, 2019, 45(4): 21-22.

[6] 吴红华, 文洁. 玻璃幕墙安全评估的集对分析方法. 自然灾害学报, 2011, 20(4): 66-70.

[7] 吴红华, 曾赛丽, 李正农. 玻璃幕墙安全评估方法研究. 自然灾害学报, 2010, 19(5): 96-100.

[8] 孙世界. 玻璃幕墙的结构设计和安全评估研究. 山西建筑, 2014, 40(19): 50-51.

[9] 赵鸣, 孙磊, 赵鸿. 既有玻璃幕墙的结构安全性模糊综合评判(Ⅰ). 四川建筑科学研究, 2008, (5): 80-84.

[10] 赵鸣, 孙磊, 赵鸿. 既有玻璃幕墙的结构安全性模糊综合评判(Ⅱ). 四川建筑科学研究, 2008, 34(6): 43-45.

[11] O' Brien W C, Jr, Memari A M, Kremer P A, et al. Fragility curves for architectural glass in stick-built glazing systems. Earthquake Spectra, 2012, 28(2): 639-665.

[12] Huang Z D, Xie M W, Song H K, et al. Modal analysis related safety-state evaluation of hidden frame supported glass curtain wall. Journal of Building Engineering, 2018, 20: 671-678.

[13] Huang Z D, Xie M W, Zhao J H, et al. Rapid evaluation of safety-state in hidden-frame supported glass curtain walls using remote vibration measurement. Journal of Building Engineering, 2018, 19: 91-97.

[14] Huang Z D, Xie M W, Chen C. Engineering application of a safety-state evaluation model for hidden frame-supported glass curtain walls based on remote vibration. Journal of Building Engineering, 2019, 26: 100915.

[15] Bao Y W, Liu X G, Qiu Y, et al. Novel Testing Techniques for Building Glass in Service Conditions. Amsterdam: IOS Press, 2012.